METRO RAILWAY SIGNALLING

도시철도 신호공학

IRSE 프로젝트 그룹
편집책임 : 에드워드 고다드

공학박사
기 술 사 **유 광 균** 역저

INSTITUTION OF RAILWAY SIGNAL ENGINEERS

First published 2003
Institution of Railway Signal Engineers
1 Birdcage Walk
Westminster
London
SW1H 9JJ, UK
www.irse.org

Translated into Korean by Kwang Kiun Yoo, with the permission of the Institution of Railway Signal Engineers, 2008

2008년 IRSE의 허가에 의해 유광균 역

IRSE 회장 서문

피터 스탠리와 에드워드 고다드의 서문에 덧붙여 IRSE Metro Text Book 한국어판에 글을 남기게 되어 기쁘게 생각합니다.

나는 이 책의 한국어판 독자들이 다양한 애플리케이션을 위한 시스템의 설계와 제공에 있어 당면한 도전들에 대한 의미 있는 지식을 얻길 바랍니다.

이 책이 이 분야에 도전하는 사람들과 경험을 가지고 있는 엔지니어 모두에게 유용한 정보를 제공하는 원천이 될 것을 확신합니다.

Alan J Fisher BSc (Hons), CEng, MIET, FIRSE
President, Institution of Railway Signal Engineers 2008-2009

편집자 서문

교과서를 제작한다는 것은 쉬운 일이 아니다. 본 작업이 시작될 때부터 우리의 목표는 기존의 교과서를 보완하는 책을 만드는 것이었으며 이 교과서가 도시철도 신호에 집중되어 있지만 이 책의 많은 부분은 간선 철도 신호에도 동등하게 적용될 수 있을 것이다. 이 책의 범위는 의도적으로 넓게 잡았으며 철도 운영의 보다 넓은 맥락에서 신호를 보아야 할 필요성을 반영하였다.

나는 독자들이 신호 엔지니어들이 당면하였던 도전과 이를 어김없이 극복하는 통찰력을 얻기 바란다. 그 기술들 중 몇 가지는 신호 엔지니어들이 안전하고 신뢰할 수 있는 열차제어를 달성하기 위하여 사용하고 있는 것이며 대부분의 것들은 신호 업무를 실제로 수행하면서 얻었거나 얻을 수 있는 것들이다.

Edward Goddard M.Sc, D.Sc.(hon), CEng, HonF.I.R.S.E., F.I.E.E., F.C.I.T.,
The Train Systems Engineer
London Underground
April 2003

서 문

도시철도 시스템(흔히 '메트로' 또는 '대량교통 시스템'으로 부르는)은 도시와 도시권역 내에서의 지역 교통을 제공한다. 도시철도 시스템의 성공여부는 많은 수의 정기적인 여행자들과 관광객들에게 빈번하고, 빠르게 그리고 안전하고 편안한 여행을 제공할 수 있는 능력에 달려있다. 신호는 이러한 목적을 달성하기 위한 능력에 있어서 주된 역할을 한다. 신호는 철도에 제어시스템을 제공함으로써 열차를 효율적으로 운영할 수 있도록 하며 열차가 안전하게 이동하도록 한다. 또한 신호는 승객과 운영 직원에게 정확한 실시간 정보를 제공하기 위한 기초가 된다.

이 책은 도시철도의 신호, 통신 그리고 제어시스템을 위한 특별한 요구사항에 대한 안내서로서 철도신호에 관한 IRSE의 다른 교과서와 짝을 이루도록 계획되었다. 이 책은 철도에 관심이 있고 철도에 관련된 사람들을 위하여 신호 엔지니어들이 당면한 도전에 대해 소개하고 그들이 채택한 해결책들을 소개하고 있다. 이 책은 신호에 대한 근거를 설명하며 오래된 시스템(많은 시스템이 아직도 운영되고 있다)과 최신의 발전을 모두 다루고 있다. 이 책의 의도는 세부적인 지시 설명서로 사용하기 위한 것은 아니다.

이 책이 도시 중량(重量)철도 시스템에 집중하고 있긴 하지만 경량(輕量)철도에 대해서도 언급하고 있다. 이 둘 간의 차이는 명확하지 않지만 통상 수송능력으로 나타낸다(도시철도는 전형적으로 시간당 2~5만 명, 경량철도 시스템은 5천~2만 명). 도시철도는 전용 통행권을 갖고 있는 반면 경량철도 시스템은 흔히 통행권을 다른 차량들과 공유한다.

이 책의 각 장은 별개의 항목을 다루고 있고 독자에게 도시철도가 무엇이며 어떻게 작동하고 신호 시스템은 어떻게 발전했으며 기술이 어떻게 신호에 사용되었는가에 대해 이해할 수 있도록 구성되어 있다. 채택된 원칙의 개요를 설명한 후에 이 책은 사용된 시스템에 대한 설명, 새로운 신호 시스템의 도입과 관련한 사례연구 그리고 몇몇 전형적인 도시철도 시스템의 설명을 제공함으로서 신호 시스템의 애플리케이션을 집중적으로 다룬다.

대량교통의 철도는 그 이름이 뜻하는 바와 같이 그 목적은 다수의 사람들이, 상대적으로 짧은 거리를, 정기적이며 빈번한 간격으로, 큰 도시의 광역권 내에서 수송하는 것이다. 도시의 환경조건은 전형적으로 대량교통 철도의 역 간격이 가까우며 노선의 많은 부분이 고가구조이거나 터널을 가지고 있다는 것을 의미한다.

초기의 도시철도는 2현시 신호를 바탕으로 하는 간선철도에서 개발된 기본적인 신호원칙을 따랐다. 그 후에 각종 형태의 열차 방호장치가 추가되었으며 그것은 통상 열차정지 기능을 통해서 이루어졌다.

전자 시스템의 발전이 진행되면서 궤도와 열차 간(또는 열차와 궤도 간)에 정보를 전송하는 능력을 사용하여 훨씬 더 정교하고 지능적인 열차 방호와 운전 그리고 철도 제어시스템을 도입할 수 있게 되었다.

전자 시스템의 급속한 성장은 통신 시스템을 유사한 속도로 역시 발전시켰으며 이것은 통합된 도시철도 제어시스템의 발전으로 이어졌다. 이러한 발전과정에서 신호기, 제어센터, 운영자 그리고 기관사에 의해 전통적으로 수행되던 의사결정 역할의 많은 부분을 컴퓨터가 수행하여 무인운전 열차까지 고도의 수준으로 자동화된 철도로 발전하였다.

위 내용에 대한 이유를 이해하기 위해서 독자는 신호를 전통적인 안전성만을 고려하는 개념에서 벗어나 좀 더 넓은 범위에서 신호를 이해할 필요가 있다. 그럼에도 불구하고 이 안전성의 문제는 신호 시스템에서 가장 중요한 기능으로 남아있다.

도시철도의 성격은 즉, 도시철도 제어시스템의 설계자가 간선철도에서는 일반적으로 덜 중대한 넓은 범위의 파라미터 들 간의 상호작용을 잘 알아야 하며 판단해야 한다는 것을 의미한다. 승객, 철도, 환경, 기타 교통수단 그리고 교통이 혼잡한 환경에서 안전에 대한 특정 요구사항들 간의 상호작용은 도시철도 시스템에 많은 것을 요구하고 있다. 그러므로 도시철도는 단일 시스템으로 설계되고 운영되어야 한다는 것이 필수적이다. 그 중에서 열차 제어는 한 부분일 뿐이다. 또한 도시철도 시스템은 간선철도보다 규모가 작고 좀 더 독립적인 경향이 있다. 이 때문에 통합제어 시스템의 도입이 더욱 용이해진다.

철도 성능을 최적화하기 위해 신호 엔지니어는 현재 "제어시스템 엔지니어"가 되고 있다. 이것은 철도 신호의 안전성 측면뿐 아니라 차량, 견인/제동특성, 승객의 흐름, 운영절차와 제한 그리고 철도 운영 측면의 다른 많은 "관제 및 감시"에 대한 인식을 암시하는 것이다.

도시철도 운영에 있어서 신호와 열차 제어시스템의 중요성은 최근 몇 년간 상당히 증가되었다. 이제 신호 시스템은 단축된 운전시격을 통해서 승객의 높은 요구수준을 충족시킴으로써 시스템의 잠재력을 최대화하는 수단을 제공하는 핵심사업 시스템으로 고위 경영층에서 관심을 갖게 되었다. 그래서 신호시스템 성능에 대한 초점은 과거보다 더 커졌으며 또한 기술적 또는 운영 시스템으로 보기보다는 “사업” 시스템으로 보게 되었다. 이러한 사업으로써 고장은 과거보다 훨씬 허용되지 않는데 고장은 거의 즉시 고객의 불만과 수입의 감소 그리고 감독관으로부터의 질문으로 이어지기 때문이다. 그러므로 도시철도 회사의 최고 책임자들은 요구되는 수준의 서비스를 제공할 수 있는 신호 시스템에 대한 필요성에 초점을 맞추고 있다.

도시철도의 운영상 요구사항은 매우 많아서 역과 역 간의 상대적으로 짧은 거리(전형적으로 1km)의 강제된 제한 속에서 가능한 한 고속을 달성해야 하는 한편 짧은 운전시격으로 열차가 주행하도록 요구하고 있다. 만약 철도의 많은 구간들이 터널 내에 있다면 특히 지하역과 승강장에서 높은 초기 자본 비용을 초래하게 된다. 지하역의 높은 비용은 경제적 건설이 되도록 흔히 승강장의 크기를 제한하게 된다. 그 결과 인간인 기관사로서는 일관되게 달성할 수 없는 정도의 정확성으로 열차를 정지시키도록 요구하고 있다.

현재 도시철도 시스템은 많이 있으며 더욱 많은 시스템이 설계되고 매년 건설된다. 몇몇 시스템은 이미 100년 이상 서비스를 하고 있으며 서비스의 특징을 일반화할 수는 없지만 포괄적 특징은 대다수의 경우 다음과 같다.

- 운전시격의 제한을 최소화하기 위해 종단 배선과 환승역에 대한 세심한 설계
- 흔히 터널이나 고가교에서의 짧은 역간 거리
- 시내의 역에서 타고 내리는 많은 수의 승객
- 하루 중 다른 시간에서의 평균보다 훨씬 큰 첨두시 승객부하
- 열차, 승강장, 역에서의 신속한 출입을 위한 용량
- 정확하게 제어되는 역 정차시간
- 높은 가속 및 감속 특성이 유사한 열차
- 역에서 열차의 정밀 정차 필요성
- 조밀한 운전시격의 신호와 열차제어
- 고장, 비상 상황 하에서 열차운영을 유지하기 위한 대체 시스템
- 광범위한 화재예방 설비
- 열차, 터널, 역으로부터 승객 대피 시설
- 역과 차상의 종합 승객 정보 설비
- 신속하고 종합적인 매표, 정산 및 게이트 제어 설비
- 높은 가용성의 전력공급 시스템

이 책은 독자에게 이 많은 상호작용 파라미터의 영향과 그 결과 도시철도 시스템의 설계에 있어서 특별한 주의를 기울여야 할 필요성을 이해시키기 위하여 이러한 측면을 강조하는 장(도시철도의 요건)으로부터 시작된다.

그 후에 이 책은 도시철도 신호의 발전에 대한 개요와 도시철도 환경이 안고 있는 특정한 문제들을 극복하기 위해 개발된 기술에 대하여 설명한다.

머리말

도시철도 노선이 건설되거나 기존 노선이 개량되는 경우에 열차제어 시스템은 인프라 구조, 제어 시스템 그리고 열차가 하나의 완전한 시스템으로 도입되는 통합 프로젝트의 일부분이 된다. 제어 시스템의 기능적 요구사항과 범위는 시스템 엔지니어링의 높은 기준 그리고 안전성과 가용성 있는 철도를 요구하는 정확한 서비스 요구사항으로 광범위하고 복잡해지기 쉽다.

이러한 통합 시스템은 필연적으로 특정 도시철도의 독특한 요구사항을 반영하게 되고 그 결과 전 세계에서 광범위한 각종의 솔루션을 발견할 수 있다.

현재 유럽에서는 장치와 인터페이스에 대한 공통 플래트홈의 정의 개발을 구상하고 있다. ERTMS와 유사한 개념인 UGTMS가 안전성, 제조 그리고 정보교환의 표준화 수단으로 고려되고 있으며 동시에 지역적인 특수 기능 요구사항을 포함할 수 있도록 정의된 신축성을 남겨 놓고 있다.

이 책은 독자에게 핵심적인 운영상의 문제와 안전성의 문제 그리고 기술과 시스템 엔지니어링에서 이루어진 결정 배경의 논리를 쉽게 이해할 수 있도록 충분한 설명과 함께 각종 도시철도에 적용된 실제에 대한 배경을 쉽게 이해할 수 있도록 하였다. 이것은 새로이 이 분야에서 일하려는 사람들에게 필요한 주제에 대한 종합적인 입문서로 그리고 경험 있는 엔지니어에게는 참고서가 될 것이다.

이 책으로부터 얻은 이해는 미래 공통 플래트홈 시스템의 맥락에서 이러한 문제들이 어떻게 접근될 수 있는지에 대해 생각해보는 유용한 시발점이 될 것이다. 이것은 또한 간선철도에서 차상 열차제어 시스템의 개발과 애플리케이션에 관련된 사람들의 관심사일 것이다.

이 책의 풍부한 세부 내용은 IRSE가 진심으로 감사를 드리는 많은 기여자들과 각 장의 편집자들의 지식과 경험을 반영하고 있다.

P W Stanley BSc CEng FIEE FIRSE
President, Institution of Railway Signal Engineers
April 2003

이 책의 구성은 다음과 같다.

제1장 도시철도의 요건

도시철도의 특징, 사업상의 필요 그리고 신호 시스템 요구사항의 개요

제2장 기술의 발전

지난 19세기부터 현재까지 신호 기술의 구체적 발전 내용

제3장 신호의 원리

신호제어의 기초가 되는 원리의 설명. 도시철도 신호 시스템의 원리와 사용된 특성의 개요. ATP, ATO, 진로설정, 진로제어, 선구조정 그리고 열차 서비스를 최적화할 수 있는 시스템 설계를 보장하기 위한 원리들의 시행과 관리

제4장 사용된 기술

기계 신호, 전기 신호 및 최신 디지털 전송기반 시스템의 기술적 배경

제5장 시스템 운영의 원칙

열차 제어에 사용된 원칙과 실제

제6장 시행

개념에서 운영까지 신호 프로젝트가 거쳐야 하는 단계의 이상적인 버전. 각종 형태의 설치에 고려해야 할 문제에 대한 세 가지 시나리오와 표본 점검표

제7장 재산권이 있는 신호 시스템

현재 공급되고 있고, 이미 공급되어 일반적으로 사용되고 있는 주요 시스템의 공급자 기고

제8장 사례 연구

새로운 시스템을 개발할 때 당면하는 문제와 고안된 솔루션의 설명. 추가의 설명을 위한 세 가지 사례 연구

제9장 세계의 도시철도 시스템

주요 도시철도 시스템과 재산권이 있는 장치의 개요를 제공하는 예로써 6개 도시철도의 내역

제10장 끝맺음

신호는 무엇이 그렇게 특별한가, 교훈과 미래 그리고 UGTMS

부록에서 고객 만족과 시스템 개선을 위하여 도시철도 시스템이 어떻게 ISO 9001:2000 품질 모델을 활용하는지 개략적으로 설명하고 도시철도 시스템과 관련된 모든 두문자 단어와 약어 그리고 용어해설과 찾아보기의 목록으로 끝을 맺는다.

감사의 글

너무 많은 사람들이 이 책의 출판을 위해 기여를 하여 여기에 모두 언급하기는 어렵지만 기여한 모든 사람들의 도움에 대해 감사하며 공급자와 철도의 지원에 대해서도 감사한다.

다음 사람들은 이 책에서 각 장의 작성에 큰 기여를 하였다.

Phil Bartlett, Ray Blakey, Wim Coenraad, Steve Clarke, Alan Cooksey, John Crisp, Franco Fabian, Nabil Ghaly, Hugh Hegarty, Monica Jesus, Stuart McKay, Alistair McKillop, Fernando Montes, Alan Rumsey, Bernadette Campbell, Emma Clayton, Marie Cronin, Samantha Sewell.

마지막으로 IRSE는 편집 팀인 Frank Hewlett, Alan Hooper, Mike Lockyear, George Nelson 및 Jaques Pore에게 깊이 감사하며 이들의 노력과 헌신이 없이는 이 책은 출판되지 못했을 것이다.

전문성과 지식으로 우리 모두를 지켜주었으며 책이 적기에 출판되도록 해준 Ray Tricker에게도 특별히 감사한다.

목 차

A. 제 1 장 부록 A

B. 제 1 장 부록 B

1. 도시철도의 요건

설계를 착수하기 전에 시스템이 충족해야 할 요건을 이해하기 위해 시간을 갖는 것이 중요하다. 다음 장부터는 도시철도 신호시스템의 많은 특징들을 설명하고 있다. 여기에서는 신호시스템의 기본적 요건을 개략적으로 설명하고 도시철도에서 요구되는 특징을 알아보기로 한다.

이 특징은 도시환경에서 집중적인 서비스를 운영해야 하기 때문에 생기는 것이다. 이러한 특징은 독특한 것은 아니며 모든 도시철도가 공통적으로 많이 가지고 있는 동일한 특징이다.

모든 내용을 적용하는 것은 어려우며 본 장에서는 신호시스템의 설계와 설치 또는 유지 보수 시에 고려해야 할 사항들을 살펴본다.

1.1 기본적인 필요성

도시철도에 대한 근본적인 요구사항은 다른 모든 교통시스템과 마찬가지로 안전과 효율적인 운영이다. 국유 철도에 대해서도 대개는 마찬가지이지만 안전에 대한 요구사항은 여러 관점에서 다르며 국유 철도에서의 요구사항보다 더 크다고 할 수 있다. 도시철도 열차는 제한된 공간에서 운영되며 더 복잡하고 빈번히 터널과 고가 구조를 통과한다. 조밀한 열차 운행은 신호를 거의 하루 종일 긴장시키고, 열차간격을 유지하기 위하여 시간표에만 의존할 수 없으며 열차들이 신호에 의한 운전시격에 근접해서 주행하여 신호는 매우 빈번하게 위험한 상황에 처하게 된다.

터널 환경에서는 흔히 선로의 곡선으로 인해 신호 가시거리가 매우 제한된다. 차량은 국유철도의 내 충격성과 동일한 표준으로 설계되지 않으며 좀 더 크게 부과된다. 사고가 발생한 경우에 현장 접근이 매우 어려우며 제한된 공간은 개방된 지역에서 보다 충돌의 결과가 더욱 커진다.

두 번째의 안전 측면 역시 고려해야 한다. 즉 지연의 파급(때론 위험할 수 있는)과 터널에서 멈춘 열차에 갇혀 있는 승객에 대한 위험, 특히 뜨거운 날씨나 습기가 많은 조건에서의 위험 측면을 고려해야 한다. 열차에 타고 내리는 사람의 수가 많다는 것 역시 상당한 위험이 있다는 것을 의미한다.

혼잡을 피하기 위해서 도시철도 시스템은 승객들의 흐름을 부드럽고 균형이 잡힌 상태에서 이동 되도록 설계하고 운영되어야 한다. 역에 진입하는 사람의 수는 승강장으로 안전하게 이동할 수 있는 수를 초과해서는 안 되며, 그 자리에서 기다려 다음 열차를 타야 한다. 마찬가지로 열차에서 내린 승객의 수도 승강장과 열차에서 출구통로의 수용능력을 초과해서는 안 된다(열차를 타기 위해 기다리고 있는 사람들을 위한 여유를 감안하여).

열차 제어시스템이 시스템에 진입하는 승객의 수에 맞추어 적절한 빈도로 열차를 제공하지 않거나 또는 역에서 빠져나가는 수보다 더 많은 승객이 역으로 들어가게 하면 역에서 승객이 증가하여 과밀로 인해 안전하지 못하게 될 것이다.

열차운영 빈도는 열차 제어시스템이 허용하는 운전시격 보다는 승객이 열차에 타고 내리는 시간을 고려하여 제한될 수 있다.

Sao Paulo

그림 1-1 : 출퇴근 시간의 전형적인 승강장

효율적인 운영은 열차가 효율적으로 배치되고 사고에 대해 가능한 한 가장 신속한 방법으로 대응하며 열차의 지연이 최소화되는 것을 요구한다. 한 열차의 지연은 곧바로 서비스의 혼란을 일으킬 수 있으며 열차는 더욱 혼잡해지고 역의 혼잡도 더하게 된다. 열차가 계획된 간격으로 운영되는 것이 중요하다.

연착한 열차에는 타고 내리려는 승객이 더 많아지고 그 결과 정차시간이 길어져 열차는 더욱 시간이 지연된다. 연착된 열차가 있는 역은 더욱 혼잡해지고 다른 열차가 그 뒤에 밀려 있게 된다.

열차 제어시스템에 의해 제공되는 운전시격은 연착한 열차가 회복할 수 있는 여유 시간을 허용하기 위하여 계획된 열차의 빈도보다 적어야 할 것이다. 정상 간격을 유지하기 위하여 역에서 출발해야 할 때, 빨리 출발해야 할지 아니면 늦게 출발해야 할지를 기관사에게 알려주는 시스템을 만드는 것이 바람직하다. 이것이 기존의 열차 제어시스템에 없는 경우에는 이러한 시스템을 열차 제어시스템에 부가해야 할 것이다.

주 ▶ "운전시격"은 열차 간의 시간 간격을 의미한다. 최소 운전시격은 열차들이 운영될 수 있는 가장 가까운 간격으로 정의한다.

승객들은 자신의 이동 경로를 계획하거나 또는 이동 중에 지연이나 서비스 상황을 알려주는 실시간 정보가 필요하다. 이 정보는 열차의 위치, 특정 목적지까지 가는 다음 열차와의 간격을 설정하기 위하여 열차 제어시스템에서 입력하도록 요구될 수 있다.

안전하게 열차 간격이 유지되는 동안 열차 제어시스템은 역과 역 사이의 터널에서 열차를 정지시키는 일이 없도록 하여야 한다. 열차 제어시스템은 열차를 보내면서 그 속도를 허가할 때 선행열차의 승객이 승강장을 비울 때까지 다음 역에 도착하지 않도록 고려해야 한다. 또한 승객들에게 좀 더 부드럽고 안락한 여행을 제공하면서 어떤 시스템은 불필요한 정차와 출발을 피하도록 요구하여 견인동력을 감소시킬 수 있어 상당한 비용을 절약하기도 한다. 열차가 지연되는 경우 터널에서 정지한 열차는 승객에게 극도로 불편을 줄 수 있다.

터널이 뜨겁고 습기가 많은 경우 열차 제어시스템은 터널에서의 환경 제어시스템을 자동으로 작동시켜 열차의 상황을 너무 불편하지 않게 하여 승객의 건강에 위험을 끼치지 않도록 하는 것이 필요할 수도 있다.

도시철도는 진로의 다양성이 적고 높은 가용성을 얻기가 쉽지 않다. 이것은 보수유지와 장치의 수리 접근이 제한적이어서, 장치의 고장 발생 시 열차운전이 지속 되도록 하는 대안이 필요하다. 그러한 수단으로는 부가적인 신호, 차상 열차제어, 또는 엄격한 절차에 의한 통제로 지원되는 전용 통신시스템이 사용될 수 있다.

1.2 자금 및 경영관리

도시철도는 통상 그 도시 업무의 한 부분으로 흔히 시장에게 보고되고 그 도시의 전체 교통시스템의 한 지류로 간주된다. 자금은 시와 도 또는 국가가 분담한다. 그 결과 새로운 노선을 개발하기 위한 자금을 조달하기 위해서는 복잡한 조정을 해야 하는 경우가 종종 있다. 사실 도시철도가 그러한 개발을 위해 스스로 자금을 조달하지는 못한다.

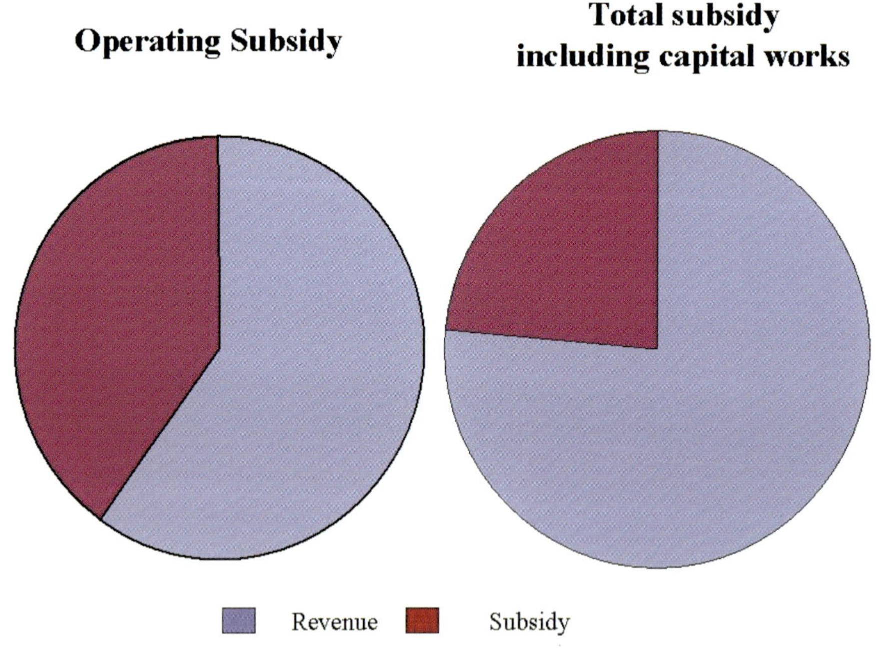

Extracted from "The performance and development of rail mass transit in developing countries, HMSO Research report 278" for 10 Metros

그림 1-2 : 총 지출 비율로서의 자금조달 수준

도시철도는 도시교통시스템의 통합된 부분으로 간주되므로 다른 교통수단과의 인터페이스를 고려할 필요가 있다. 이러한 인터페이스는 역의 위치와 물리적 배치, 시간표의 운영과 공통적인 발권 시스템을 제공할 필요, 그리고 다른 시스템에 관한 실시간 정보를 제공할 필요 등을 포함한다.

도시철도의 범위는 규모 면에서 대도시(런던, 파리, 마드리드, 뉴욕, 싱가포르, 홍콩 등)에서부터 20개 역 이하의 단 하나의 노선을 가진 작은 시스템으로 구성된 도시(제노아, 글라스고우 및 나폴리)까지 있다. 도시철도가 기본적으로 시스템을 준비하여 제공하는 공급자에게 의존하는 것은 이상한 일이 아니다. 도시철도의 보수유지를 전문조직에 하도급하는 것 역시 점점 더 보편화되어 가고 있다. 그 결과 도시철도 조직 내에 자체적으로 신호시스템에 관한 경험을 갖고 있는 조직이 별로 없다.

도시철도 기관사의 역할 역시 국유철도의 경우와 다르다. 그들의 일차적인 역할은 열차를 안전하게 운행하는 것이지만 또한 빈번하게 승객을 위한 의무를 수행하도록 요구한다. 이것은 출입문의 작동과 열차가 역에서 출발하기 전에 승객에게 문제가 없는지 확인하는 것, 항상 열자에 타고 있는 승객들에게 안내하는 것 등을 포함한다. 많은 도시에서 기관사들은 버스 운전기사로부터 채용되고 있으며 어떤 경우에는 버스 운전 임무로 교대하기도 한다.

일반적으로 도시철도는 독립적이며 유사하거나 대개 동일한 열차를 운영한다. 따라서 가속과 제동 특성은 같으며 신호는 열차의 최대 효율을 얻도록 설계된다.

1.3 효율

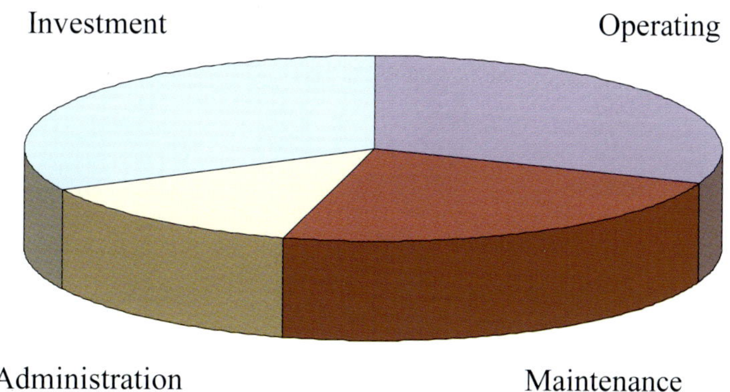

Taken from the COMET group of major metros

그림 1-3 : 비용의 세분

도시철도는 집중적으로 서비스를 운영하게 되고 그 결과 운영 비용의 구조는 국유 철도의 경우와 다르다. 인건비는 압도적으로 가장 큰 비용 요소로 나타난다. 따라서 현실적으로 가능한 한 인건비를 줄이기 위해 높은 수준의 자동화에 대한 요구가 매우 크다. 도시철도의 전형적인 세분화된 비용은 위의 그림 1-3에 나타나 있다.

도시철도의 전력소모(전체 비용에서 적은 퍼센트이지만)는 매우 높을 수 있다. 조명 그리고 환경제어 시스템과 함께 열차의 높은 가속에 소요되는 전력은 단지 그 일부일 뿐이다. 역과 역 사이에서 불필요한 감속과 재 가속을 피하도록 열차를 운영하는 것이 신호시스템의 추가적인 요구사항일 수 있다.

시스템의 관제는 흔히 자동 진로설정, CCTV 시스템을 통한 전체 철도의 감시, 모든 역과 열차에 연결되는 안내방송설비를 갖춘 단일 운영 관제실에서 수행된다. 같은 관제실에서 종종 견인동력을 스위칭하고 터널과 역의 환기시스템을 조정하기도 한다. 같은 관제실에서 고장의 보고와 보수유지 처리센터를 결합 운영하는 것은 이상한 일이 아니다.

그림 1-4 : 상파울루 운영 관제센터

열차의 주행은 신속하고 보다 일관성 있는 서비스를 제공하기 위하여 많은 경우 자동화된다. 이러한 자동화가 기관사의 필요성까지 없애는 경우가 증가하고 있으나 어떤 시스템은 비상시 승객과의 보조를 위해 차상에 직원을 보유하고 있다.

역의 운영은 도시철도의 필수적인 부분이며 승객의 흐름을 관리하는 것은 철도운영의 중요한 부분이다. 이것은 정상적인 상황과 비상 상황을 포함한다. 따라서 철도의 관제에 추가하여 주요 역들은 역을 통해서 오가는 승객들의 안전과 움직임을 감시하기 위한 관제실을 가지고 있다. 이러한 관제실에는 CCTV, 안내방송, 무선 시스템을 갖추고 있으며 관제센터에 연결되어 있다.

1.4 보안

열차 사고에 대한 관점은 별도로 하고 승객들은 도시철도가 위험한 환경으로 대부분이 지하이며 매우 혼잡하다고 간주한다. 그래서 관제시스템에는 여러 가지 추가의 조치가 포함되었다. 역과 중앙 관제실 간에 연결된 CCTV의 사용을 승객 도우미 지점으로 확대하고 방송시스템의 준비에서부터 직원들이 쉽게 눈에 띄도록 가시성이 높은 유니폼을 순비하는 것까지에 이른다. 어떤 역(토론토)에서는 방송으로 배회자들과 훌리건들을 진정시키는 방법으로 클래식 음악을 방송하고 있다.

그림 1-5 : 역의 CCTV

1.4.1 경찰

시 경찰당국은 도시철도 시스템에 긴밀하게 연결되어 있다. 다른 경우로는 국유철도가 경찰력을 보유하며 도시철도를 책임지기도 한다. 몇몇 주요 도시철도는 자체적으로 경찰력을 보유하고 있다(뉴욕과 런던). 경찰 관제시스템을 도시철도에 통합시키는 것은 무선시스템의 연결, 역내의 CCTV와 심지어는 중앙 및 지역 경찰 관제실까지 확장된다.

1.4.2 화재

화재는 도시철도에서 주요 위험요소 중의 하나이다. 접근이 어려운 혼잡한 열차와 역에서의 화재발생시 초래하는 결과는 승객들이 열차나 역으로부터 쉽게 대피할 수 있는 개방된 지역의 경우보다 더 크다는 것을 의미한다. 그러므로 여러 가지의 특별한 예방조치가 필요하다.

소방 서비스와의 통합

명령과 관제 구조는 아주 긴밀하게 시 소방대에 연결된다. 관제센터들 간의 연결에서부터 통합무선 시스템까지 특별한 통신 설비가 제공된다. 예를 들면 런던에는 소방대가 역 외부에서 역의 무선과 방송시스템을 활용할 수 있도록 연결되기까지 한다. 토론토에서는 화재, 경찰, 앰뷸런스 서비스가 그들의 이동전화로 지하철 열차 무선시스템과 연결된다.

그림 1-6 : 소방대원들의 역 설비 활용

화재의 봉쇄와 억제

어떠한 국지적 화재도 확산되지 않도록 하는 것이 필요하다. 최소한의 장비 비치와 케이블 덕트 사용에 대한 제한에 그치지만 자동 화재감지 및 억제 시스템을 준비할 필요까지 확장될 수 있다.

1.4.3 물질의 통제

도시철도는 위험물질의 사용에 대해 특히 지하의 경우 엄격한 통제를 한다(가스통의 적재). 케이블의 절연을 포함하여 각종 장비 장치에 사용되는 재질에 대해 그 요건이 강제된다. 모든 재질은 할로겐을 함유하지 말아야 하며 화재를 견뎌야 한다. 일상 정비에 사용되는 것을 포함하여 자재의 저장은 엄격하게 통제되어야 한다.

1.5 철도 제어시스템

신호시스템의 필요성을 확인하는 방법으로 철도 자체를 좀 더 넓은 관점에서 보는 것이 필요하다.

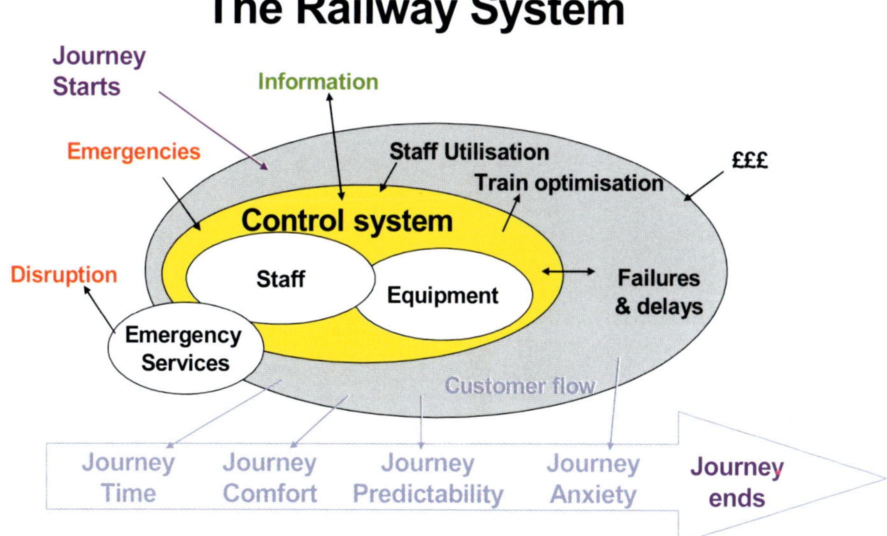

그림 1-7 : 철도 시스템

1.5.1 전체 시스템으로서의 철도

철도는 시스템이다. 이것은 승객 형태의 입력이 있고 수송된 승객 형태로 출력이 있다. 사람들 역시 여행을 경험하고 그 여행이 얼마나 원활하며 예측이 가능한가에 따라서 철도는 승객들에게 안락과 안전성의 느낌을 주거나 아니면 반대로 걱정이나 불안감이나 심지어는 격노하게까지 한다.

효율적이고 효과적인 철도는 장치와 직원이 효과적으로 관리되고 승객의 흐름이 적절하게 통제되는 것을 보장해주는 제어시스템이 필요하다. 이 제어시스템은 철도직원과 장치의 융합체이다. 철도 제어시스템은 지역당국과 국가의 광범위한 시스템 안에 존재한다(런던의 경우, 비상당국 특히 런던 소방 및 비상 기획당국에 인터페이스 권한이 있다). 사고가 발생하는 경우 명령과 통제 구조는 주요 혼란을 방지하기 위하여 통합되어야 한다. 화재와 일반적인 철도의 안전성에 대한 요건은 함께 고려되어야 한다는 점이 중요하다(런던에서는 화재 및 비상 기획 당국과 HM 철도 감독관(HMRI)이 긴밀하게 함께 일한다).

1.5.2 철도 제어 피라미드

철도 제어시스템은 직원, 준수되어야 하는 절차 그리고 직원들의 임무 집행을 가능케 하는 장치로 구성된다. 도시철도마다 사람에 의한 처리과정과 자동화 시스템간의 균형이 크게 다르지만 기본적인 임무는 모든 도시철도에서 대부분 공통적이다.

다음은 전형적인 도시철도의 조직과 신호, 통신 및 제어시스템의 구성을 설명해 주고 있다.

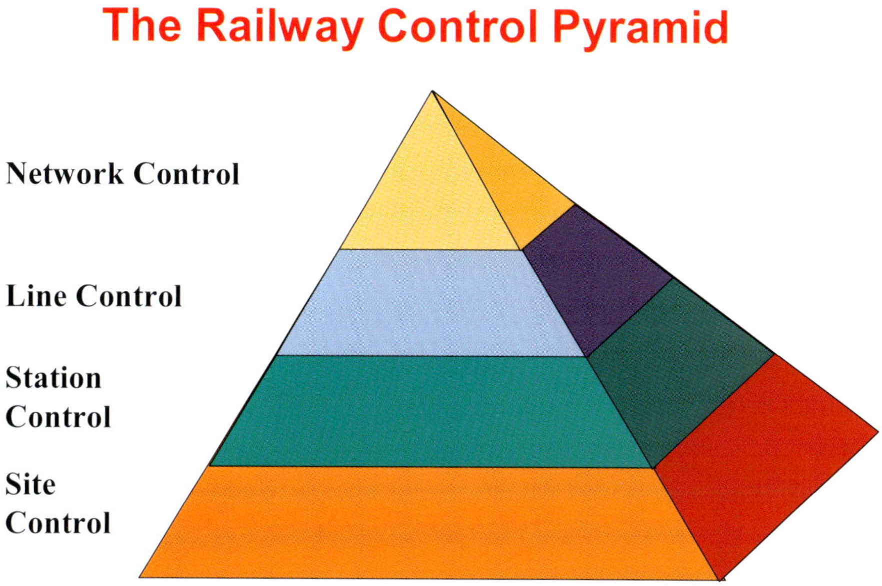

The Railway Control Pyramid

Network Control

Line Control

Station Control

Site Control

그림 1-8 : 철도 제어 피라미드

이 활동들이 어떻게 이루어지는가를 이해하기 위하여 철도 제어시스템을 일련의 계층으로 나타낼 수 있다.

네트워크 제어

- 시스템 전반에 걸친 자원의 동원
- 통신의 중심점 역할 수행
- 네트워크 정보 전달
- 비상시의 협조
- 주요 사건 절차의 주도
  - 화재
  - 경찰
  - 앰뷸런스

기본적으로 전체적인 도시철도의 운영에 대한 책임 있는 어떤 형태의 네트워크 제어가 존재해야 할 필요가 있다. 이것은 제어를 담당한 직원이 자원을 노선들 간에 가장 효율적인 방법으로 배치하고 필요한 경우에 외부의 서비스가 적절하게 통보되고 협조가 이루어져야 한다.

또 다른 중요한 기능은 네트워크 상태에 대한 정보가 제어센터에 유지되어야 하며 승객 정보시스템과 외부 통신(웹 페이지, 무선 및 TV 방송, 문자정보표시 등)이 최신의 것으로 갱신되어야 한다는 것이다.

선구 제어

- 선구운영 감시
- 자원의 배분
- 선구 정보의 보급
- 전략적 선구 운영 결정
  - 전환
  - 열차의 취소
  - 선로 대피
- 시간표 수정
- 사건 대응 주도
  - 화재, 경찰 및 앰뷸런스 포함

대부분의 도시철도는 노선 별로 운영한다. 선구제어는 노선의 끝에서 끝까지 담당한다. 선구 관제사의 기능은 네트워크 관제사의 기능과 유사하지만 그들의 관제 구역 즉, 단일 노선으로 제한된다. 그들은 혼란과 여객문제 그리고 그들의 노선에 영향을 주는 외부적인 사건의 효과를 최소화하기 위해 취해야 할 정확한 행동에 대해 결정을 내려야 한다.

역 제어

- 열차 서비스 운영
- 고객 관리
  - 방향
  - 순환
  - 정보
- 비상 대피
- 국지 사건 통제
  - 열차 운영
  - 궤도 및 신호 보수

- 화재
- 경찰
- 앰뷸런스

각 선구는 여러 역으로 구성되어 있으며 각 역은 자체적인 제어시스템을 갖고 있다. 역에서는 승객흐름의 관리에 책임이 있으며 지역의 정보를 제공하고 고객의 문의사항에 응답 해준다. 자신의 역에서 사고가 발생한 경우에는 즉각적인 대응조치를 취해야 하며 비상 처리를 위한 인력이 역에 도착한 때에는 이들을 사건 위치로 안내해야 한다. 열차와 신호, 자동 요금정산 게이트 등은 로칼 수준에서 운영된다.

현장 제어

- 직원의 보호
- 로칼 패널 운영
- 수동 진로설정
- 수동 신호
- 발권, 게이트 통제
- 사고 처리
  - 화재
  - 경찰
  - 앰뷸런스

궁극적으로 승객의 문의사항 취급, 요금의 징수 그리고 시스템 고장 시 열차의 운전취급, 선로 전환기 취급 등 현장에서의 행동을 취하는 것이 필요하다.

1.5.3 시스템 피라미드

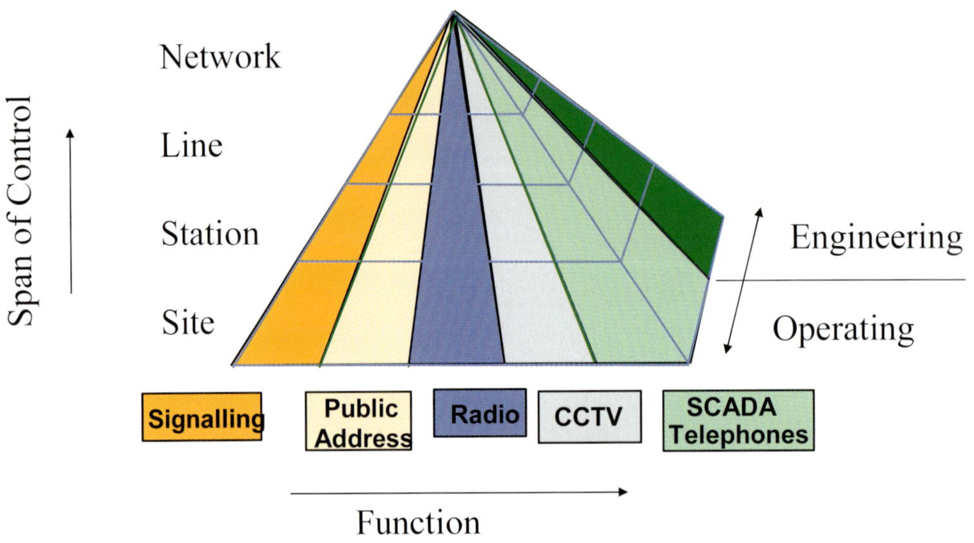

그림 1-9 : 시스템 피라미드

철도 제어시스템을 살펴보는 또 다른 방법은 엔지니어링 시스템 피라미드를 보는 것이다. 다음 항에서는 이들 하부시스템을 차례로 살펴본다. 각각의 하부시스템은 철도제어의 통합적인 부분이며 장치와 운영자로 구성된다.

신 호

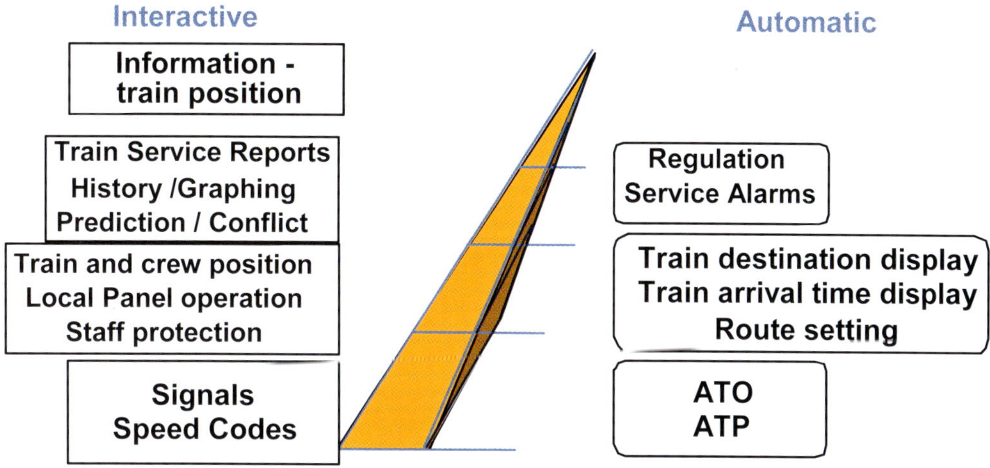

그림 1-10 : 운영 인프라구조 - 신호

신호시스템은 철도를 제어하고 승객에게 알리고 안내하는데 사용되는 다른 시스템과 마찬가지로 열차로부터 궤도변, 그리고 중앙 관제실까지 확장된다. 각 운영시스템의 지원은 고장수리와 보수유지 기술자에서부터 중앙 진단까지 요구되는 엔지니어링이다.

신호시스템은 철도에 관한 제어와 정보를 제공한다. 이 정보는 관제사에게 열차 서비스 상태에 대한 전반적인 보고에서부터 고객을 위한 세부적인 열차 위치와 도착시간 정보까지 그 정보를 받는 사람의 필요에 합당해야 한다. 제어의 수단은 선구 전체(시간표의 수정)부터 로칼(분기) 운영까지 다양하다. 자동제어는 열차 간격의 자동제어에서부터 열차의 자동운전까지 각 수준에 따라 제공될 수 있다.

방 송

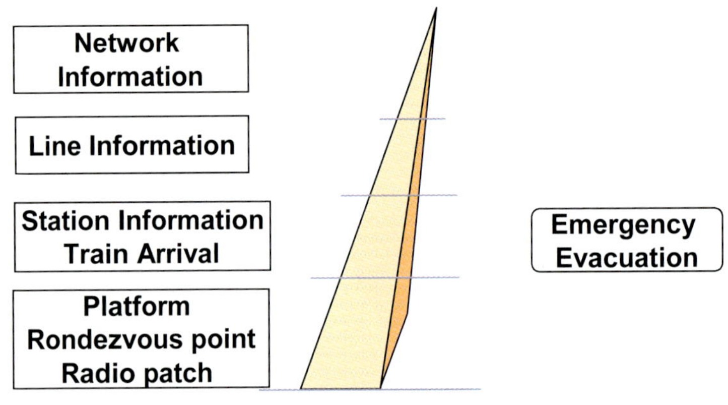

그림 1-11 : 운영 인프라 구조 - 방송

방송설비는 센터에서 또는 선구 관제실에서 네트워크 전체에 메시지를 보낼 수 있다. 방송설비는 승객들에게 알리고 안내하는 주요 수단이다. 역 차원에서 방송설비는 승객의 흐름을 제어하고 열차 탑승을 보조하고 비상시에는 역에서 대피를 위해 사용된다. 대피의 경우 역에 있는 사람들 그리고 만남의 장소에서도 방송을 들을 수 있도록 해야 한다. 방송을 무선 시스템에 임시로 접속시켜 역의 어느 지점에서도 직원이 방송을 할 수 있어야 한다. 화재를 감지한 경우 역의 관제실로부터 아무런 대응조치가 취해지지 않으면 역의 자동 대피 절차가 화재 관제시스템에 의해 시작될 수 있다.

무 선

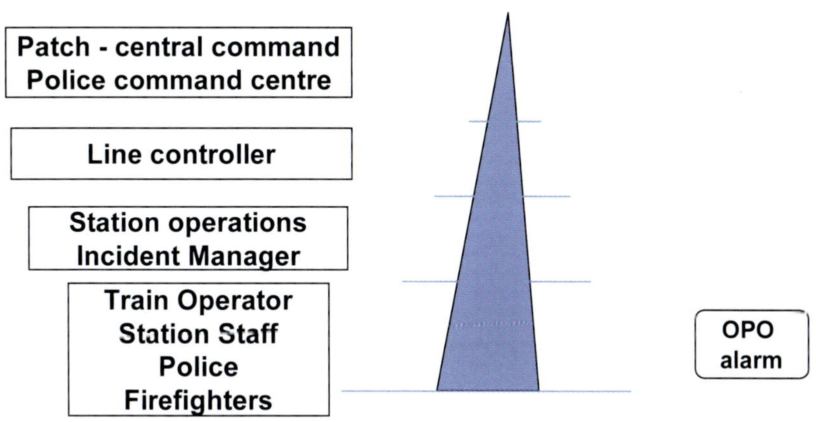

그림 1-12 : 운영 인프라 구조 - 무선

무선시스템은 장치에 직접적으로 인터페이스 되지 않는 모든 직원들에게 통신과 제어의 주요 수단이다. 무선 시스템은 기관사와 통신을 하는 수단으로 사용된다. 1인 운전(OPO) 열차의 경계 장치가 해지되는 경우에 기관사는 선구 관제사에게 비상경보 메시지를 전송하기 시작하게 된다. 무선은 역 직원이 관제실과 통신할 수 있는 수단이다. 또한 철도경찰(도시철도경찰)은 소방, 앰뷸런스 서비스와 협조 하는데 사용한다.

소방 및 경찰 무선은 위와 같이 사용할 수 있게 호환되어야 하며 그들 자신의 지령 및 관제 구조와 통합되어야 한다.

주 ▶ 도시철도 시스템과의 연결은 도시철도 자체 시스템의 우위에 서서는 안 된다.

CCTV

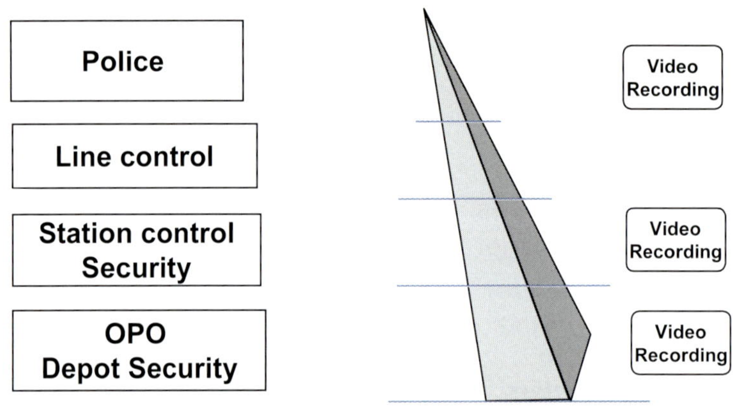

그림 1-13 : 운영 인프라구조 - CCTV

폐쇄회로 TV는 운영 및 보수 직원에게 매우 유용한 피드백 장치이다. 선구 및 경찰 관제실에서 지상에서 무슨 일이 일어나고 있는지를 판단할 수 있도록 해 준다. 역에서는 고객들을 관리하여 너무 혼잡하게 되는 것을 방지할 수 있다. 또한 기관사가 운전실의 외부를 보고 열차의 출입문과 승강장의 끝에 사람이 없다는 것을 확인 할 수 있다.

고품질 비디오 녹화기를 도입하여 CCTV는 사건의 분석과 성능의 개선을 위해 사용될 수 있다. 사건 발생시 형사소추에 매우 유용하다는 것이 입증됐다.

SCADA

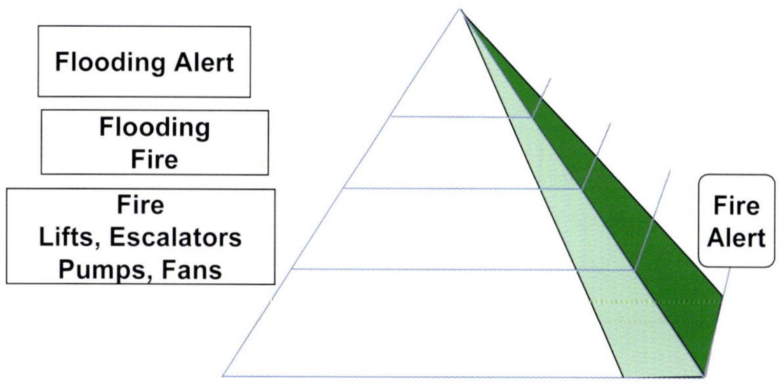

그림 1-14 : 운영 인프라구조 – SCADA 및 전화

SCADA 시스템은 원격 센서로 정보를 모으고 제어와 화면 표시기능을 제공하는 프로세스 제어 산업을 위해 처음 개발되었다.

일반적으로 SCADA 시스템이 철도 제어의 통합적인 부분이 되어야 한다는 인식에 있어서 철도가 늦기는 했지만 지금은 그 사용에 있어서 좀 더 확산되고 있다. 어떤 철도에서는 생명과 직결되어 공기조화 장치, 환풍기와 펌프의 제어에 있어서 특히 중요하게 여긴다. 예를 들면 싱가포르와 홍콩에서 공기조화 장치의 고장은 곧바로 열차 내의 온도와 습도가 견딜 수 없을 정도가 되는 결과를 초래한다. 런던에서는 펌프 고장이 광범위한 홍수를 발생시킬 수 있다.

SCADA 시스템은 승강기와 에스컬레이터, 역에 있는 기타의 모든 장치가 승객의 흐름에 적합하도록 감시되고 제어되도록 한다.

전화시스템은 역사적으로 철도 제어의 중요한 부분이여 왔으며 기관사들에게 허가를 하는 신호에서부터 사무실과 제어지점 간의 전화시설까지 포함된다. 현대의 시스템은 전화로 특정 모드에서 철도가 운영되도록 하는 특별한 기능을 제공한다.

보 수

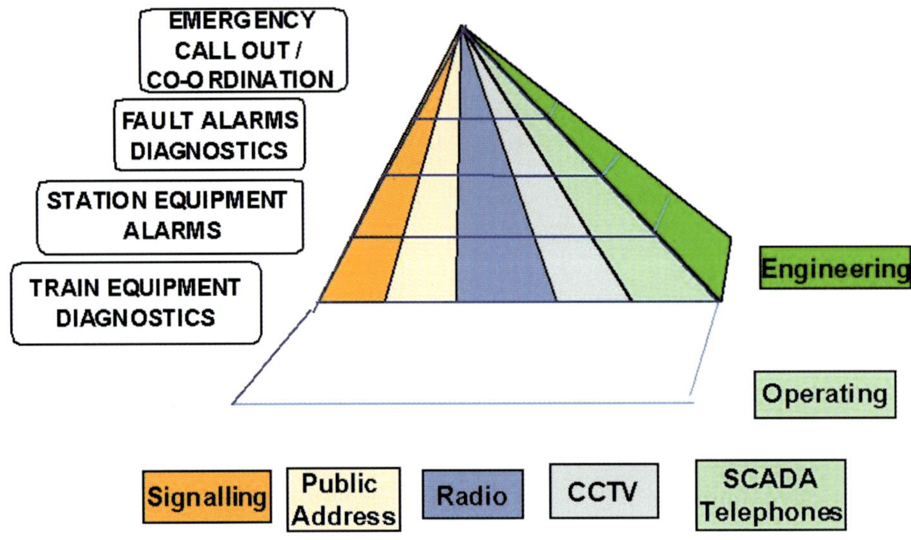

그림 1-15 : 엔지니어링 시스템

모든 시스템이 작동되도록 제어 피라미드를 완성하는 것은 보수유지와 고장 대응에 대한 협조된 접근방법을 요구한다. 이를 위해서는 제어 기능에 대한 것과 유사한 조직체계가 필요하다. 이상적으로는 열차 장치의 상태에서부터 에스컬레이터의 예방보수의 필요까지 모든 것이 보수담당자와 관리자에게 보여져야 한다. 특히 비상시에 정보시스템의 품질은 대응조치의 질과 그 결과로써 철도의 운행중단 시간이 결정되게 된다.

1.6 신호 시스템의 필요성

신호시스템의 일차적인 목표는 열차의 안전한 이동을 방호하는 것이다. 그러나 모든 철도 교통시스템에 신호시스템이 설치되어 있는 것은 아니다. 시가철도 차량(노면전차 또는 시가전차)이 전방의 교통상황을 볼 수 있는 거리에서 정지가 가능한 경우에는 신호가 필요하지 않다. 열차가 자동차와 동일한 거리 이내에서 정지할 수 있는 경우에는 혼합된 운영이 가능하다. 기관사들은 육안으로 보며 주행해야 하며 사고가 발생하기 전에 위험한 상황을 예측하는 법을 배운다. 전차는 고무 타이어를 장착하고 도로를 달리는 차량에 비해 통상 제동능력이 떨어지며 전차의 운전은 이러한 점을 감안하여 여유를 두고 제동을 해야 한다. 흔히 궤도제동의 형태로 추가의 제동장치가 사용된다. 이러한 제동장치는 전자석을 사용하여 고무 타이어를 장착한 자동차의 제동능력과 유사한(또는 그보다 나은) 매우 향상된 비상 제동율을 달성하도록 해준다. 어떤 경우에는 열차 자체에 고무 타이어를 장착하기도 한다(파리, 몬트리올, 멕시코시티).

전차의 경우에도 기관사에게 전방 분기 상태에 대해 표시를 해주고 복잡한 교차로에서 기관사를 위한 별도의 신호를 제공하는 것이 정상적이다. 신호 역시 선로가 분기되는 경우에 전차를 위해 설정된 진로를 표시할 수도 있으며 시스템이 전차로부터 진로설정 요청을 받아들이도록 할 수도 있다.

그림 1-16 : 도로상의 시가전차

도로의 시가전차 시스템은 차량의 분리를 검지하기 위한 신호시스템을 장치하고 있지 않지만 도로교통 신호시스템에 의해 교차로에서 전차의 이동을 위한 신호가 제공되는 것이 보통이다. 이러한 신호는 도로교통 신호의 고정된 절차에 따라 운영되거나 또는 궤도 기반 장치에 의해 전차를 검지하여 우선처리 요구에 따라 운영될 수 있다.

시가철도가 경량철도 기준으로 건설되는 경우에는(분리된 도로통행권으로) 육안으로 신호를 보고 주행하는 것보다 더 빠른 속도를 낼 수 있도록 신호시스템이 제공될 수 있다. 만약 터널이나 지하차도 등을 주행하는 경우에도 신호 시스템이 필요할 수 있다. 기관사는 지정된 곳에서 견인제어기의 조작을 통해서나 또는 원격 제어시스템을 통해서 포인트를 설정한다.

기관사가 육안으로 분명하게 볼 수 있는 거리보다 제동거리가 더 크거나 또는 비상제동에 대한 접근이 매우 취약하여 사고의 가능성이 높은 경우에는 신호시스템이 제공되어야 한다.

다음 중 어느 하나라도 적용되는 경우에는 신호시스템이 필요하게 된다.

- 철도가 지하노선이다
- 최고 속도가 법정 한계보다 높다.
- 궤도가 다른 교통으로부터 분리되어 있으며 기후조건이 나쁜 경우(안개)에도 정상적인 최고 선로속도가 유지되어야 한다.
- 열차의 높은 처리량이 요구된다.

신호 엔지니어는 열차의 움직임과 순전히 연관되지 않는 사항에 대해서도 시스템의 준비를 위해 역할을 한다. 전형적으로 다음과 같은 사항이 포함된다.

- 실시간 제어시스템의 제공
- 실시간 정보를 고객과 직원에게 제공
- 통합 통신시스템
- 정확한 출입문 개폐(승강장 측 출입문)
- 승강장 출입문 운영
- 승차 및 하차 장치

1.7 교통 수요의 충족 방법

신호시스템은 두 가지 주요한 역할을 수행한다. 첫째 역할은 효율적인 방법으로 도시가 필요로 하는 충분한 수송능력을 철도가 제공할 수 있도록 하는 것이다. 성숙된 시스템은 도시의 인구 변화에 따라 서비스를 증감하며 외곽 전원지역에서 새로운 여행수요를 창출한다. 또한 도시의 낙후된 지역의 재건에 한 부분 역할을 담당할 수 있다.

교통 엔지니어들은 현재의 수송 양태를 측정한다. 그들은 미래에 대한 수송수요를 예측하려고 하며 수송 요건을 충족시키기 위한 네트워크를 설계한다. 그 후에 네트워크의 각 노선에 대한 최대 교통수요를 계산한다. 이것은 일반적으로 러시아워에 한 방향 당, 시간 당 승객의 수 형태로 표시된다. 토목엔지니어, 차량엔지니어와 함께 네트워크와 노선의 주요 특성이 결정된다(최대속도, 승강장 길이 및 열차의 수송능력). 신호 엔지니어는 주요 특성의 결정에 관여되어야 하며 이 과정으로부터 수송능력과 최소 운전시격 그리고 요구되는 운영상의 신축성에 관한 신호 시스템의 설계는 보다 확실하게 될 것이다.

두 번째 주요 역할은 열차의 안전한 이동을 유지하는 것이다. 신호 엔지니어는 요구되는 운전시격에 도달하기 위한 각종 형태의 여러 가지 다른 기본적인 신호시스템들 중에서 선택을 하여 원하는 운전시격을 달성할 수 있다.

1.7.1 열차 조정 및 제어

수요에 따른 열차의 간격은 효율적인 도시철도 운영의 중요한 측면이다. 이상적인 상황에서 이것은 열차의 공급을 예상되는 승객의 흐름에 맞추도록 고안하여 미리 정의된 시간표를 준수함으로써 달성된다.

1.7.2 시종착 역

접속되지 않는 단순한 도시철도 노선에서 열차의 조정은 열차가 정시에 시종착 역을 떠나도록 함으로써 달성될 수 있다. 가장 단순한 경우 이것은 열차가 같은 간격으로 출발하는 것을 요구한다. 이러한 간격은 하루 중 수시로 조정될 수 있다.

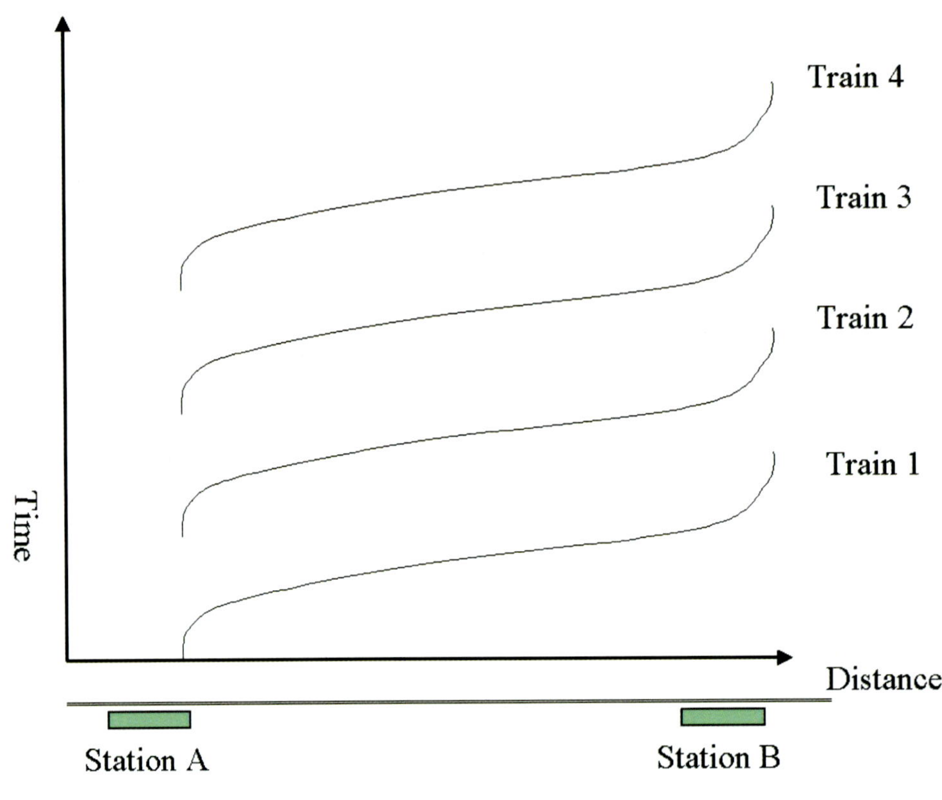

그림 1-17 : 단순한 열차 조정

주 ▶ 이 도표의 설명은 부록 A를 참조

접속 지점에서의 이상적인 시스템은 열차가 지연되지 않고 합류되도록 하는 것이다. 이것을 달성하기 위하여 역 C로부터 열차를 허용하기 위해 역 A를 떠나는 열차에서 간격이 만들어져야 한다.

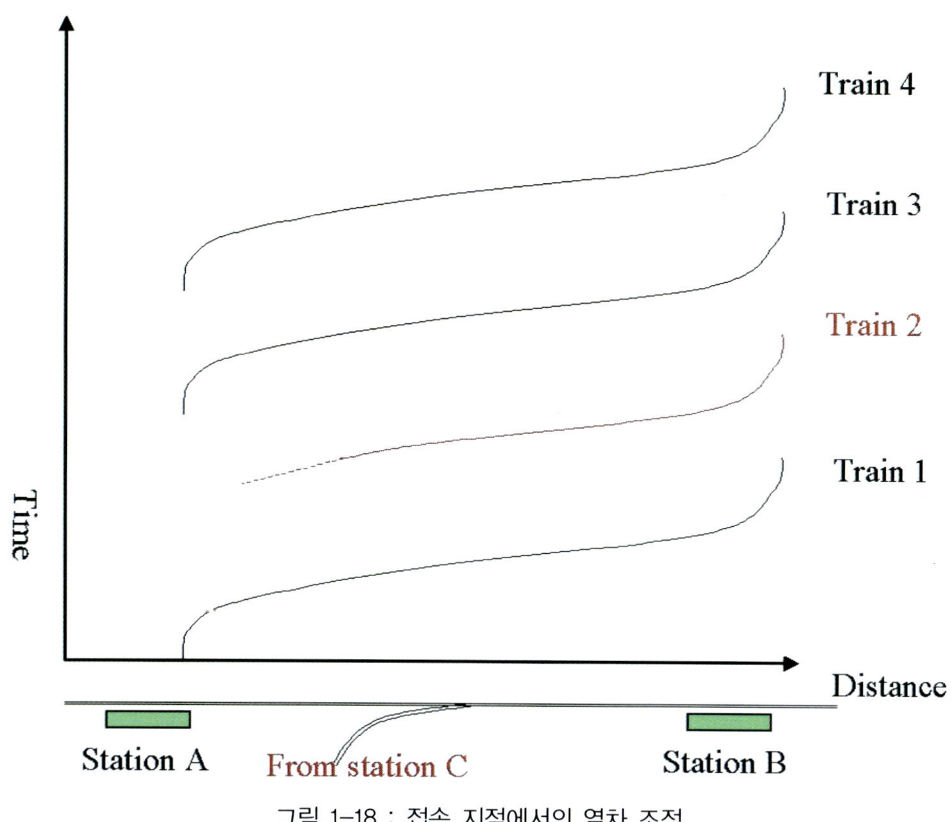

그림 1-18 : 접속 지점에서의 열차 조정

1.7.3 자동 열차 조정

더 복잡하고 집중적으로 사용되는 노선에서 그리고 끝에서 끝까지의 여행시간이 상당히 길 경우 열차를 가장 잘 운용하고 승강장의 혼잡과 역에서의 정차시간 증가에 의해 지연이 파급되지 않도록 하기 위해서는 계속해서 열차의 간격이 유지되는 형태가 되어야 한다.(그림 1-19 참조)

열차운영의 동적 행태는 불가피하게 불안정성을 갖고 있다. 만약 두 열차 간의 간격이 벌어진다면 뒤에 있는 열차는 좀 더 많은 승객을 태워야 한다. 추가되는 승객이 열차를 타야 하기 때문에 역에서 정차시간은 더 길어진다는 것을 의미한다. 이것은 다시 열차를 지연시키게 되고 열차의 간격은 더 커지게 된다. 그 결과 그 다음 역에서 좀 더 많은 승객이 타게 되고 열차의 간격은 점점 더 커지게 된다.

불규칙한 열차 서비스 역시 역에서의 혼잡을 초래한다. 이것은 역을 일시적으로 폐쇄해야 할지도 모른다는 것을 의미한다. 그 결과 초래되는 혼잡은 열차에서 내리는 승객을 더욱 지연시키고 이에 따라 열차는 더욱 지연되며 간격은 점점 더 커지게 된다.

주 ▶ 런던 지하철의 고객에 대한 조사에서 승객들이 달리는 열차에 앉아 있는지 아니면 서 있는지 또는 열차를 기다리고 있는지에 따라 자신의 시간에 대해 다르게 그 값을 부여하고 있으며 가장 큰 값은 터널내의 정지된 열차에서 기다리는 경우라는 것을 보여주고 있다. 따라서 철도 성능에 대한 고객의 인상은 열차를 기다리는데 보내는 시간에 크게 영향을 받거나 아니면 승강장에 들어가기 위하여 열차에서 보낸 시간에 크게 영향을 받는다.

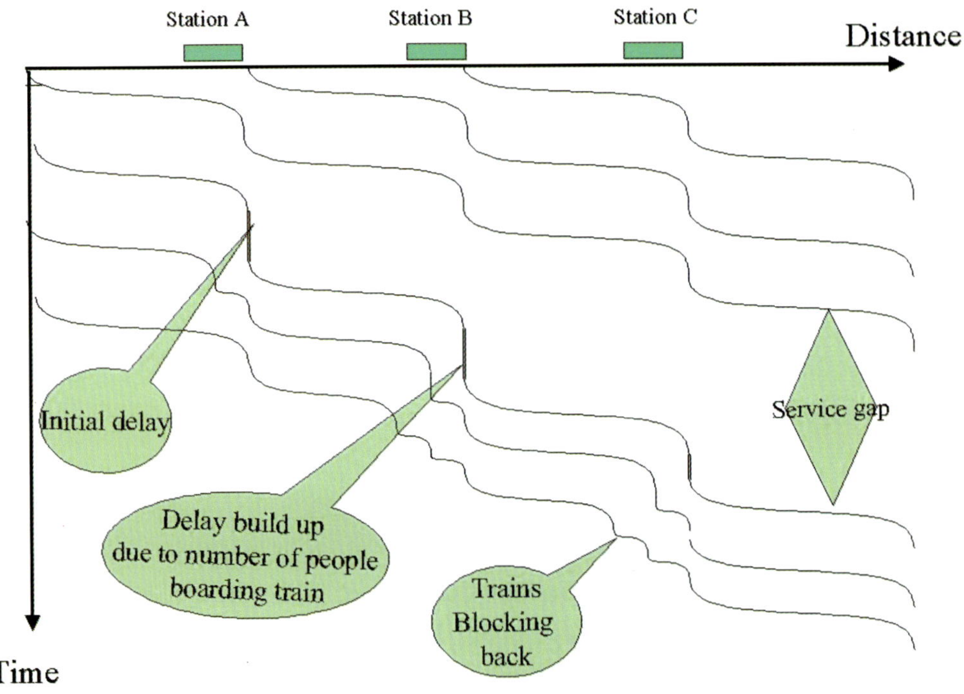

그림 1-19 : 조정하지 않은 열차 서비스

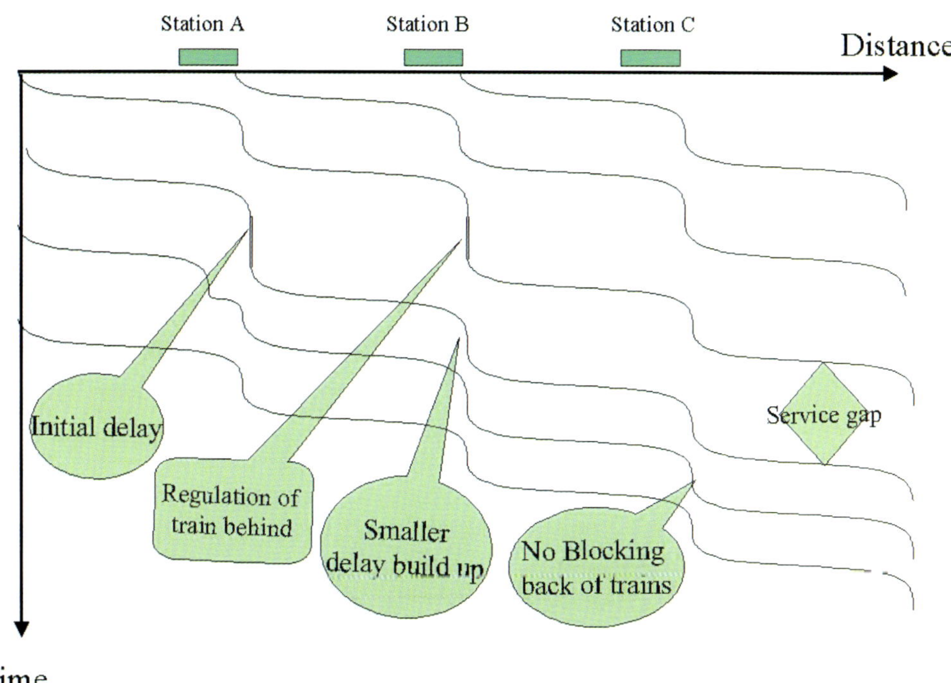

그림 1-20 : 조정된 열차 서비스

가능한 경우 열차 조정은 열차로 하여금 좀 더 빨리 주행하도록 요구하게 되고 일반적으로 역간의 타행운전을 줄이게 된다. 그러나 이것이 가능하지 않은 경우에도 간격에 쫓기는 지연열차의 순 주행시간을 단축시키고 열차의 속도를 증가시켜 열차에 태우는 승객 수를 비슷하게 만드는 것을 볼 수 있다. 가능한 기본적인 체계는 열차가 출발해야 할 때 기관사에게 시간을 표시하거나 또는 자동화된 열차에서는 미리 설정한 여러 가지 주행 프로파일 중 하나를 선택해줌으로써 역에서의 정차시간을 조정하는 것이다.(그림 1-20 참조)

주 ▶ 모든 취약한 시간에서 완전히 자동으로 운영되는 경우에만 이 전략은 만족스럽게 작동할 것이다.

1.7.4 열차 서비스 관리

신호시스템의 중요한 기능은 철도를 효율적으로 제어하기 위해 철도관리에 필요한 기본적인 정보를 제공하는 것이며 장래 분석을 위한 열차 서비스 운용 내용을 기록하는 것이다.

수집된 정보는 전체 관리시스템의 일부로서 회사의 관리정보시스템에서 사용될 수 있어야 한다. 많은 경우(운영과 보수유지 기능이 분리된 경우) 동일한 정보가 상이한 많은 조직에 의해 사용될 수 있다. 그러므로 신호제어시스템은 회사의 경영정보 시스템에 적합하도록 설계되어야 한다. 그러나 이것은 신호시스템보다 더 자주 변경되므로 인터페이스가 분명하게 정의되어야 하며 사용되어야 하는 프로토콜이 착수에서부터 확인되어야 한다. 사용되는 모든 용어에 대한 분명한 정의를 하여 미래에 혼동을 피해야 한다. 애매한 전형적인 용어들은 "지연" "정시" "운전시격" 등이다.(지연은 고장을 수리하기 위해 소요된 시간인지, 고장이 발생한 최초의 열차에 대한 최초의 지연인지 또는 열차 서비스에 대한 총 지연시간인지 등)

다음에서는 신호제어시스템 정보와 신호시스템 요구사항 준비에 영향을 주는 전형적인 예를 살펴본다.

승무원 관리

모든 그러나 완전 자동화된 철도에서 서비스의 운영은 열차 승무원이 관리되는 방법에 상당히 좌우된다. 열차의 운영이 복잡할수록 더욱 그렇다. 가장 기본적인 요건은 열차 승무원관리 책임자들에게 열차의 실시간 위치 정보를 제공하는 것인데 이것은 전형적으로 제어시스템에 연결된 원격 터미널을 통해서 이루어진다. 이러한 시스템은 연착과 열차변경 등에 관하여 경고할 수 있다.(싱가포르, 홍콩)

승무원 관리자들이 개별 승무원의 위치와 예상되는 구조의 지원과 감시해야 할 기관사의 업무수행을 파악할 수 있도록 하기 위해서는 승무원 개개인을 각 열차와 연관시킬 필요가 있다. 이것을 달성하기 위한 가장 단순한 방법은 제어용 컴퓨터에 당직 일정을 입력하고 승무원을 열차번호와 연관시키는 것이다. 그러나 이것은 이론적인 위치를 알려줄 뿐이며 매우 정확한 정보가 필요한 경우에는 별 소용이 없다. 승무원 관리자가 시스템을 수동으로 갱신함으로써 사용정보를 좀 더 정확하게 할 수는 있지만 수락할 수 없는 경우에는 관리자에게 부담을 가중시킨다.

이러한 문제에 대한 이상적인 해결책은 기관사로 하여금 운전실에서 자신의 신분을 시스템에 입력하고 필요한 확인을 받는 것이다. 이것은 논 바이털 정보로 신호데이터 시스템의 일부로, 또는 별개의 시스템을 통해서든지, 궤도변으로 정보를 전송하는 방법이 필요하다는 것이다. 이것이 최종적인 시스템 요구사항이라면 착수에서부터 그것을 명시해야 하며 시스템 설계에도 포함시켜야 한다.

관리정보(등록)

기록되어야 하는 정보의 정확한 성격은 도시철도의 성격, 조직, 명령 및 제어, 상업적 구조에 따라 다를 것이다. 전형적인 예가 표 1-1에 포함되어 있다.

서비스 품질의 표시는 통상 관제센터 운영자의 열차 서비스(운영회사에 의해 정의된 대로)의 전반적인 품질에 대한 표시를 하는데 사용될 수 있다. 여기에는 운영회사가 시설(또는 차량) 보수회사에 지불하는 금액을 포함할 수 있다.

수동 운영	모든 서비스 영향 명령
열차 운영	출발 시간
	감시 시간
	승무원 정보
열차 정보	식별(열차번호, 분류번호, 차량번호)
	열차 상태 정보
	열차 서비스 중단
	열차 중량(승객 수)
서비스 정보	취소된 여행
	부가의 여행
	손실 거리
	시간표와 편차(연착/조발)
기관사 업무수행	지연 주행
	신호에 대한 느린 응답(위치, 시기)
	위험신호 통과(위치, 시기)
서비스 수행	서비스 품질 표시
엔지니어링 수행	응답시간
	수리시간
	서비스 재개시간(임시 수리)
네트워크 수행	총 지연 승객시간
	총 계획초과 승객여행시간

표 1-1 : 철도정보 기록 요구사항

1.7.5 열차관리와 제어

차상 신호시스템은 보다 정교해진 차량시스템과 상호작용을 하며 여러 가지 열차관리 및 제어기능을 제공하기 위하여 이들과 연관되어 사용될 수 있다. 전형적으로 이것은 가속 및 제동장치, 승객 출입문 작동, 운전실의 승강장 폐쇄회로 TV화면, 차내 방송 (경우에 따라 승강장에 있는 여객에게도), 관제센터와의 무선링크, 차상신호 표시, ATO 정보, 열차고장감시 장치 그리고 운전기록장치로 구성된다.

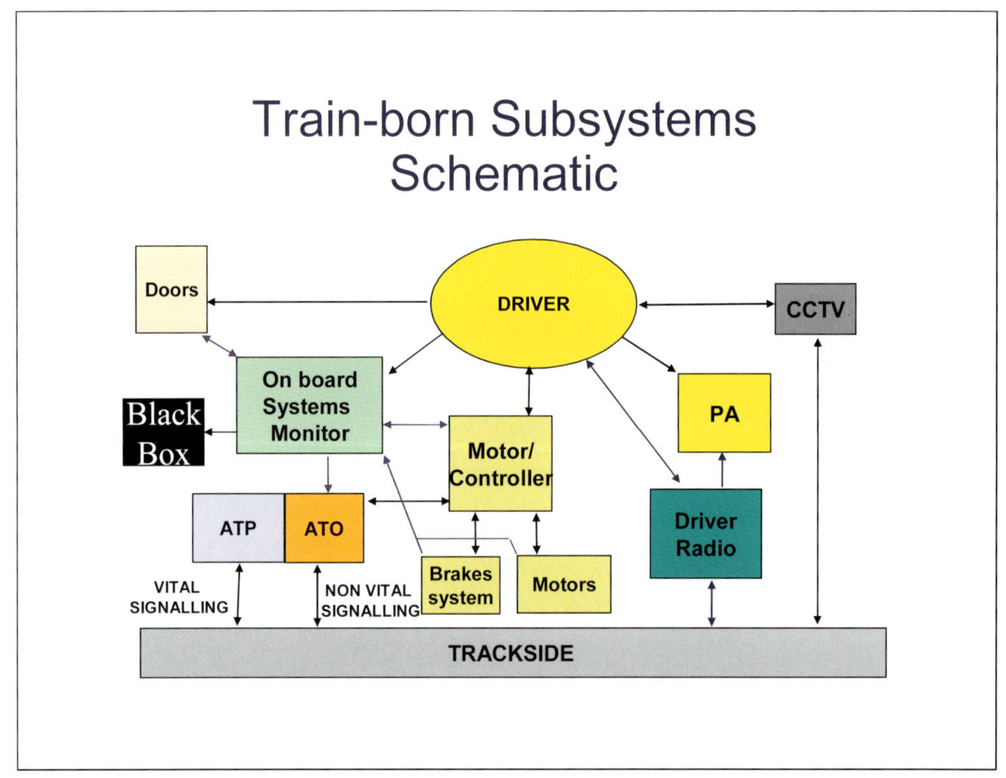

그림 1-21 : 차상 신호시스템

유럽에서는 열차에 설치된 많은 다른 시스템의 통합을 경험해 왔고 이 문제를 단순화하기 위해 차상 데이터 통신을 위한 표준이 개발되고 있다.

사건 기록(블랙 박스)

차상 제어시스템과 궤도변 시스템은 열차의 운영 과정에서 상당량의 사건 데이터 (속도, 제어 운영, 고장)를 수집한다. 이 데이터는 사건의 사후 분석과 성능의 감시 양쪽 모두에서 점점 더 중요성이 증가하고 있다. 중요한 문제는 시스템의 정확성(데이터에 대한 일자와 시간표시)과 사건 후에 데이터의 조기 다운로드(대부분의 시스템은 이전 데이터에 덮어 쓴다)이다.

규정된 열차 식별

복잡한 선구에서 장애로부터 회복되는 동안과 같이 서비스가 재기될 때나, 현대적인 제어시스템이 선구 운영의 일부분만을 담당하고 있을 때 열차의 식별과 추적에 문제가 있을 수 있다. 규정된 열차식별(PTI)은 제어시스템의 일부로 아니면 별개의 중첩 시스템으로서 제공될 수 있는 기능이다. 규정된 승무원 식별(PCI) 역시 정비 목적의 물리적 열차 구성 데이터(유니트 번호)로서 제공될 수 있다. 이 기능은 ATO 시스템에 의해 흔히 제공된다.

열차의 준비

자동 열차시스템에서 열차와 신호 사이에 ATP 장치가 정확하게 작동하고 있는지, 제동 시험이 적절하게 수행되었는지, 각종의 열차가 운영되는 경우에 정확한 정보가 신호시스템에 입력되도록(열차의 길이, 형식 등)하기 위하여 점검을 해야 할 필요가 있다. 바퀴의 크기와 같은 추가의 정보 (새 바퀴와 헌 바퀴 간의 차이를 허용하기 위해) 역시 입력되어야 할 필요가 있다. 이 처리과정이 좀 더 자동화되거나 차량기지의 엔지니어링 기능을 더 나아지게 만들 수가 있는데 그 이유는 수동 입력이 오류가 되기 쉽고 어떤 자체 점검기능은 안전성에 매우 중요하기 때문이다.

1.7.6 발권 시스템

승차권 발매와 확인은 신호시스템의 일부가 아니며 발권시스템은 회사의 관리시스템에 직접 연결된다. 역사적으로 종종 신호 엔지니어링 부서의 일부로서 관리되었는데 그 이유는 요구되는 많은 기술과 기능이 유사하기 때문이다.

자동 출입 게이트는 승객의 흐름을 실시간으로 표시할 수 있게 하며 또한 이론적으로 열차의 공급을 고객의 수요에 맞추기 위해 사용될 수가 있다. 그러나 열차를 서비스에 투입하는데 관련되는 응답시간은 완전한 자동 열차시스템이 제공되는 경우에만 가능하다는 것을 의미한다.

1.8 전 수명 엔지니어링

신호시스템은 현재 전통적인 전기기계 엔지니어링 기반 시스템으로부터 컴퓨터 기반 기술로 중요한 변화를 거치고 있다. 예전의 시스템은 긴 진화기간을 이용해서 그 기간 동안 설계는 설치, 위임인도, 보수유지 단계를 거치는 동안 배운 교훈을 고려하여 수정되었다. 이와 같은 사치는 새로운 시스템에서는 가능하지 않으며 그래서 초기 시스템 설계 기간 중 보수유지와 운영 단계의 요건에 깊은 주의를 기울여야 한다.

1.8.1 엔지니어링 조직

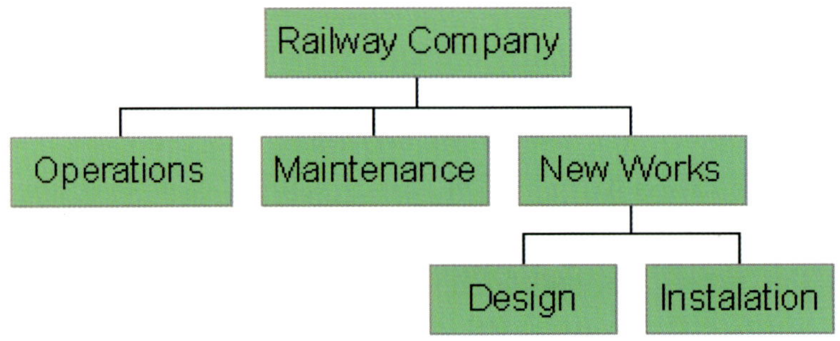

그림 1-22 : 전통적인 철도조직

과거에 국유철도는 대개 수직적으로 통합된 조직이었으며 운영자와 보수담당자들로부터 설계자들에게 계속적인 피드백이 있었다. 사람들은 자신의 직장생활을 한 회사에서 계속하는 경향이 있었고 모든 단계의 경험을 얻었다. 심지어는 운영부서에서 일을 하기도 했다. 이와 같은 문화가 큰 규모의 도시철도에도 적용되었다.

그 결과 새로운 설계가 가능한 한 방해를 받지 않고 시행될 수 있다는 보장의 요구가 계획에 포함되었다. 터널의 비좁고 어두운 환경에서 작업하는 보수담당자들이 경험한 문제들을 극복하기 위하여 장치들은 개발되었다. 고장이 발생한 조건 하에서 서비스의 신속한 복구의 필요성이 인식되었고 적절한 설비들이 개발되었다.

공통적인 고장과 모든 잘못된 측면의 고장은 근본적인 이유에 대한 심도 있는 분석을 하도록 했으며 장치의 설계와 운영, 위임인도 또는 보수유지 프로세스 개선이 자주 이루어졌다.

이러한 원칙들 중 몇 가지 배경이 1.11에서 설명된다. 과거에 배운 것을 적용할 때는 과거의 실수가 되풀이 되지 않도록 하는 것이 최선의 방법이며 새로운 시스템의 개발로 경험을 통해 배울 수 있는 기회는 적어질 것이다.

1.8.2 보수유지 고려사항

장치의 수명을 고려할 때 총 비용, 운영상의 영향 그리고 안전성 등 모든 면에서 중요한 단계는 보수유지이다. 그러나 보수유지는 흔히 설계자가 제일 마지막으로 고려하는 사항이다.

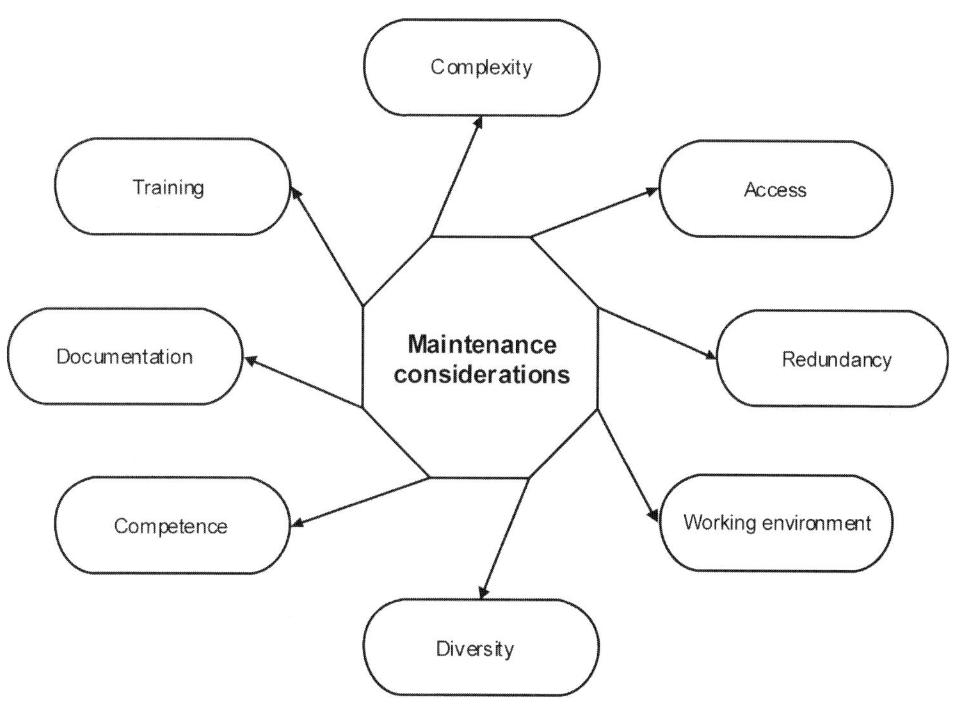

그림 1-23 : 보수유지 고려사항

주요 고려사항은 다음과 같다.

· **복잡성** - 설계자는 신호가 상호작용 해야 할 필요가 있는 시스템의 모든 요소를 고려하여야 한다. 독립적인 요소들이 서로 격리될 수 있다면 고장 발견이 더 쉬울 것이다. 고장 발견 기술과 시험지점 및 기타의 도움이 설계 프로세스 각 단계에서 고

려되어야 한다.

· **접근** - 장치에 접근하는 어려움은 신호시스템 설계의 모든 단계에서 고려되어야 한다. 선로변 장치는 가능한 언제나 피해야 하며 특히 접근이 제한되어 장치가 고장이 나기 쉽거나 일상적인 보수를 필요로 하는 지하구간의 경우에는 더욱 그렇다. 가능하다면 그러한 장치는 기계실이나 승강장 아니면 쉽게 접근할 수 있는 위치에 설치해야 한다.

· **중복성** - 요구되는 높은 수준의 가용성을 달성하기 위하여 중복성 기술의 사용이 빈번히 요구된다. 이는 어떤 요소가 고장이 나거나 수리 보수가 진행되는 동안에도 신호는 계속적으로 운영될 수 있도록 한다. 그러나 이러한 접근방법은 고장 난 구성부품이 어떤 방법으로 고장을 스스로 알리는 기능이 있거나 추가의 고장이 발생하기 전에 고장 난 구성부품을 수리하는 엄격하게 시행되는 보수체계가 있는 경우에만 진정 성공할 수 있다. 결국 요구된 신뢰성에 대한 편익이 완전히 달성되는 경우가 드물긴 하지만 그럼에도 불구하고 여분의 시스템이 고장 조치를 취할 수 있도록 다음 운영 일까지 기다릴 수 있다면 보수비용이 감소하므로 중복성을 제공할 가치가 있다. 이것은 정상적인 근무시간 외에 기술지원을 요청하는 것보다 훨씬 저렴하다.

· **다양성** - 대개 시스템으로부터 요구되는 안전성 수준을 달성하기 위하여 도입되는 다양성 시스템 역시 어떤 형태의 점검기능을 제공함으로써 보수담당자를 도울 수 있다. 그러나 다양성 시스템들은 초기부터 주의해서 설계하지 않으면 전체 시스템의 신뢰도를 감소시키는 경향이 있다.

· **역량** - 보수작업인력의 역량을 신호시스템의 필요에 맞추는 것이 필수적이다. 이것은 요구되는 기술, 안전성이 중요한 임무를 정확하게 수행하는 품성, 압력을 받는 상황에서도 일을 해낼 수 있는 능력을 포함한다. 새로운 장치는 기존의 작업인력과 그들의 역량에 의해 보수유지 될 수 있도록 설계되거나 아니면 장치의 보수를 위해 필요한 역량이 초기에 파악되어 적합한 인력을 채용하고 필요한 훈련을 해야 한다.

· **문서** - 모든 시스템이나 제품설계에서 중요한 요소는 문서를 작성하고 지원을 제공하는 것이다. 신호시스템은 통상적으로 특정한 요건에 적용되는 방법에 있어서 독특하므로 문서의 제공은 중요한 일일 수 있다. 그러나 적합하고 적절한 문서(적절한 언어를 고려하여) 없이는 시스템의 보수는 불필요한 비용이 많이 들게 된다는 점이 충

분히 강조되어야 한다.

도시철도에서 문서작성이 부실함으로 인해 발생하는 어려운 상황은 흔히 다음의 두 가지 요인에 의해 야기된다. 첫째 새로운 도시철도가 통상적으로 매우 성공적이며 인기가 있어 이들 수요를 충족시키기 위하여 단계적으로 확장된다. 만약 문서가 부실하면 확장은 소기의 성과를 얻기가 더욱 어렵다. 둘째, 현대의 도시철도 시스템은 현대적인 구성부품을 사용하고 이것은 전기기계 시대에 사용되던 것들에 비해 설계수명이 훨씬 짧다. 시스템에서 그 사용과 역할에 대해 설명하는 적절한 문서는 교체 시에 매우 중요하게 된다.

- **훈련** – 장치의 복잡성 즉, 잠재적으로 위험한 작업환경 및 안전성을 유지해야 하는 철도 직원들과 신호 엔지니어링 직원들의 훈련 필요성에 높은 우선순위를 두어야 한다는 것을 의미한다.

1994년 1월에 IRSE는 공식적으로 신호시스템의 모든 설계자, 시험자 그리고 보수유지 담당자들의 업무에 필요한 역량을 확인하는 허가 제도를 도입하였다. 이 제도는 모든 영국의 신호 엔지니어들에게 적용되며 전 세계에서 점점 더 채택되고 있다.

1.8.3 총 수명 비용

철도에 새로운 신호시스템을 도입하는데 소요되는 높은 비용은 대부분의 산업시스템에 비해 요구되는 수명이 훨씬 더 길어야 한다는 것 때문이다. 전형적인 수명주기와 그와 관련된 비용을 아래 표에서 볼 수 있다.

단 계	기 간	비 용
설계 및 개발	5년	10%
안전성의 입증	3년	5%
설치	1년	15%
시험	3개월	5%
위임인도	2개월	5%
보수유지	40년	60%

표 1-3 : 총 수명 비용

1.8.4 교체 주기

전통적으로 신호시스템은 40년을 주기로 교체되었다. 기계적인 시스템에서 이것은 장치의 일상 보수만으로는 마모와 파손부분을 교체하는 것이 더 이상 충분하지 않다는 것을 나타낸다. 낡은 장치를 버리고 새로운 장치로 교체하는 것이 더 경제적이다. 차세대 전기기계 장치에도 이것이 거의 마찬가지로 적용된다. 계전기들을 정기적으로 철저히 점검하지만 흔히 배선의 절연상태 노후화가 주로 약 40년 간격으로 신호시스템을 교체할 필요가 있도록 만들었다.

주 ▶ 자금의 부족이 어떤 경우에는 이상적 수명을 연장하도록 했으며 이에 대한 예를 뉴욕과 런던에서 볼 수 있다.

전자 및 프로세서 기반 시스템에서는 구성품의 노후화로 40년 이하의 간격으로 교체하도록 만드는 경향이 있다. 더구나 현대 시스템의 신축성 증가와 자동열차운전의 수요가 신호시스템을 더 빨리 교체하도록 하고 있다.

1.8.5 단계적 작업

새로운 시스템이 한번에 전부 도입될 수 있다는 것은 매우 드문 일이다. 그것은 새로운 철도에서 신호시스템을 설치하고 노선이 한번에 모두 개통되는 경우에나 가능한 일이다. 그 외의 모든 경우에는 신호시스템은 단계적으로 도입 되어야 한다.

각 단계는 자체적으로 완전히 기능을 수행하고 또 다음 단계로 확장이 가능하도록 설계되어야 한다. 가장 극단적인 경우 기존 노선을 개선할 때에 경제적이나 정치적인 압력으로 한번에 신호시스템 전체를 설치하도록 완전히 폐쇄하는 경우가 있다. 예를 들면 마드리드의 노선은 1991년부터 2003년까지의 기간에 걸쳐 자동운전으로 신호시스템을 교체하였다.

신호 개량 구역에서 열차운영은 통상적으로 가능하지 않다. 그래서 열차 서비스에 방해를 최소화하면서 단계적인 작업을 마치는 데 많은 압력을 받는다. 가능한 차단된 짧은 시간들을 이용하여 여러 개의 짧은 단계로 작업을 나누어 해야 한다.(차단은 엔지니어가 한정된 기간 동안 철도의 한정된 부분을 통제하고 그 동안 열차가 다니지 않고 작업을 할 수 있다)

새로운 장치와 케이블 설치작업이 가능한 설치인도기간 중에 많이 되어야 하지만 차단기간 중에 새로운 장치의 사용을 위한 절체가 필요하게 된다. 이를 위해 주말에 차단이 필요 할 수 있다.

이론적으로는 통신기반 신호시스템의 이점은 많은 부분이 기존의 신호시스템과 나란히 설치될 수 있지만 통상 최종적인 연결을 위해서는 차단이 아직 필요하다. 현실적으로 가공, 루프설치 등 상당한 궤도변 작업을 필요로 한다. 그럼에도 불구하고 이러한 시스템의 설치는 약간의 교통 혼란을 피할 수는 없겠지만 궤도회로 기반 시스템에 비해서는 교통 혼란을 상당히 덜 유발한다.

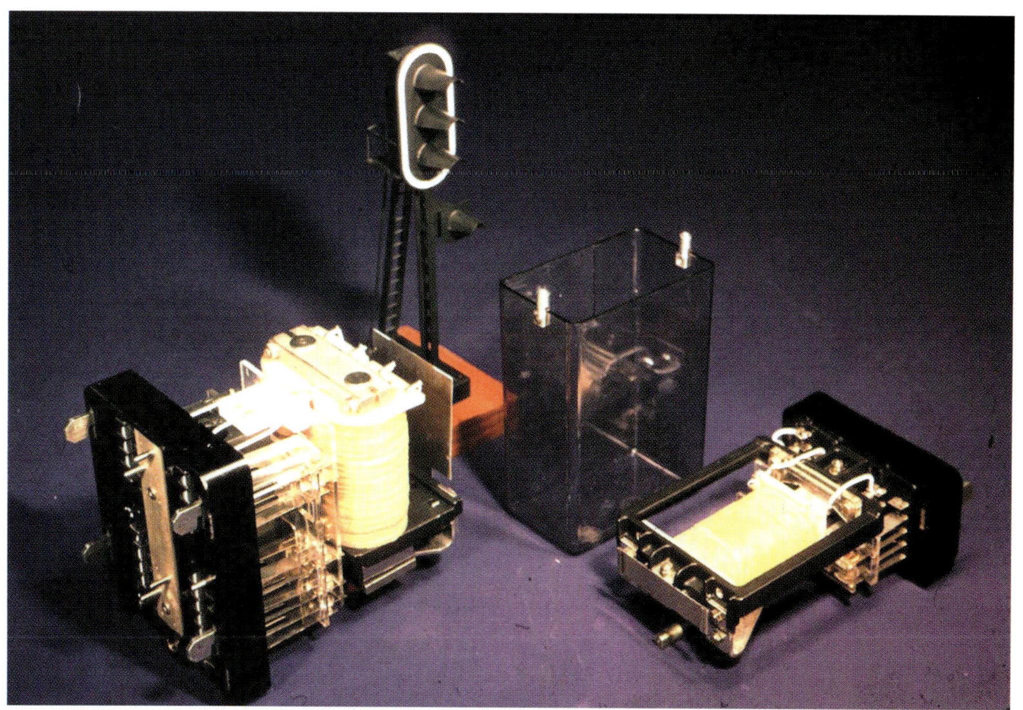

그림 1-24 : 계전기 (SNCF 제공)

1.9 인적 요인

인적 요인은 "환경, 조직 및 작업요인과 관련된 인적이며 개별적인 특성으로 작업에서 건강과 안전을 해치는 행동에 영향을 주는 것"이라고 정의되고 있다. 이것은 인간, 프로세스, 조직, 인식 및 실수 등과 관련된다.

전형적인 현대의 열차 운전실은 복잡한 작업환경으로 그 안에서 기관사는 중요 안전업무 수행과 함께 운전 그리고 고객을 보살피는 임무를 수행해야 한다. 각종 요인이 시스템 속에서 일하는 사람의 업무수행에 영향을 주는 방법에 대해 이해하는 것은 그 자체가 매우 복잡한 주제이며 이 책에서 다룰 수 있는 정도의 문제가 아니다. 여러 요인들 중에서 고려되어야 하는 것들은 다음과 같다.

가) 장치 자체의 설계
· 표시
· 명령의 순서
· 색상의 사용

나) 상세 업무 내역
· 역할의 수와 종류
· 정상 및 비정상적 조건 하에서의 작업량

다) 명령 및 제어 구조

라) 직원에 관한 사항
· 학문적 지식 훈련
· 숙련 기술

1.10 안전성

모든 형태의 철도와 마찬가지로 도시철도도 엄격한 안전 규율을 가지고 있다. 이것이 어떻게 시행되었는가에 대한 세부내용은 나라마다 다르지만 근본적인 요건은 모두 동일하다. 이 책에서는 단지 개략적으로 설명하고 독자는 정확한 요건에 대해서 적절한 해당 당국의 자료를 참고하도록 한다.

1.10.1 고장 시 안전 측 동작

역사적으로 신호엔지니어들은 고장 시 안전 측 동작의 원칙 아래 작업을 수행했다. 이것은 모든 구성부품이 좀 더 제한적인 상태에서만 고장이 발생하도록 설계할 것을 요구했다. 고장의 원인으로 알려진 모든 원인을 제거하기 위하여 구성부품을 계속적으로 개선 사용함으로써 매우 높은 안전성이 달성되었다.

이러한 원리는 여러 가지의 특수한, 특히 안전성 계전기와 열차 정지 관련 구성품의 개발을 가능하게 하였다. 더 중요한 사실은 설계자와 시공자, 보수담당자 모두의 사고방식과 작업방법에 적용된 것이다. 요약하면 잘못된 쪽으로 발생하는 고장이 허용되지 않게 되었다는 것이다.

1.10.2 안전도

현대의 시스템에서 특히 컴퓨터 시스템이 관련된 경우에는 잘못된 방향의 고장을 모두 밝혀내는 것은 매우 어려우며 안전성을 명시하는 대안을 찾아야 했다. 이것이 안전성 수준(SIL)의 형태로 표시하게 된 것이다.(EN 50128:1999 참조)

광의의 개념으로 철도가 지향해야 하는 안전성의 수준은 통상적으로 1년간의 사망자 수로 표시된다. 사망자의 수는 흔히 다음과 같이 분류된다.

· 철도의 운영으로 인해 사망한 직접적인 고객의 수
· 철도 구역에서의 사망자 수
· 직원 사망자 수

전반적인 안전성 수준은 다시 위험과 충돌, 탈선 등의 주요 부문으로 구분된다. 그 후에 이러한 위험도에 대한 신호 시스템의 기여의 정도를 파악하여 구성부품 사양서 작성을 위한 기준으로 사용한다.(전형적인 수치는 고객의 사망원인이 되는 고장은 10억 시간분의 1이다.)

수락할 수 있는 안전성 수준은 엔지니어링과 법규 및 대중의 인식 등을 결합하여 결정하게 된다.

기술 변화에 의한 적절한 안전시스템의 공급에 관해 상이한 원리들이 존재한다. 유럽표준인 EN 50126 : 1999에 기술된 바와 같이 안전성의 기술적 개념은 다음에 기초한다.

가) 모든 운영, 보수, 환경모드 하에서 시스템의 가능한 모든 위험

나) 결과의 심각성에 관한 각 위험의 특성

다) 다음과 같은 안전 또는 안전관련 고장

- 위험을 초래할 수 있는 모든 시스템 고장모드(안전관련 고장모드). 이것은 모든 신뢰성 고장모드에 대한 하위세트이다.
- 각 안전관련 시스템 고장 모드의 발생 확률
- 사고를 유발할 수 있는 사건, 고장, 운영상태, 환경조건 등 각 사항의 순차 또는 동시발생(즉, 사고를 초래하는 위험)
- 사건, 고장, 운영상태, 환경조건 등 각 사항의 발생 확률

라) 시스템의 안전관련 부분의 보수성

- 위험 또는 안전관련 고장모드와 관계된 시스템 부분이나 구성품의 보수수행 용이성
- 안전관련 시스템 부분의 보수 활동 중 오류 발생 확률
- 안전 상태로 시스템을 복원하는 시간

마) 시스템의 안전관련 부분의 시스템운영과 보수

- 시스템 안전운영과 안전관련 시스템 부분의 보수에 영향을 끼치는 인간요인
- 안전관련 시스템 부분의 효율적인 보수와 안전운영을 위한 도구, 설비 및 절차
- 위험을 취급하고 그 결과를 완화하기 위한 효율적인 통제와 조치

1.10.3 승객의 안전

때때로 발생하는 사고에 대한 홍보에도 불구하고 시스템 상에서 사망이나 상해의 결정적인 원인은 역에서 미끄러지거나 넘어지거나 또는 승객이 궤도로 떨어지거나 열차와 부딪히는 것 등이다. 일반적으로 철도는 도시에서 가장 안전한 교통수단으로 인정되고 있다.

열차에 타고 내리는 승객에게 발생하는 많은 사고는 안전관리 체계에서 승강장과 열차의 인터페이스 특성 때문이다. 정확한 측면 출입문 관리, 운전실에서 CCTV로 승강장 감시, 모든 문이 닫힐 때까지 열차 출발을 방지하기 위한 열차와 모터회로의 출입문 개방 연동 등 사고의 발생을 방지하기 위한 여러 가지 기관사 보조 장치들이 제공된다.

1.11 안전기준

대부분의 나라에서 열차 운행을 위하여 안전기준(EN 50126 참조)을 준비한다. 이것은 열차와 역들이 어떻게 안전한 방법으로 운영될 것인가를 나타내고 운영체계, 직원, 훈련 및 관리에 대해 설명한다. 기준은 정상적인 조건과 비상상황 하에서의 열차의 운행을 다룬다. 신호에 대해서는 정상운행에 대한 설명과 장치 고장 시 승객의 안전을 유지하기 위해 채택되는 조치에 대해 설명한다.

두 가지 원칙이 널리 사용된다. ALARP(As Low As Reasonably Practicable) 원칙은 주로 영국과 미국기반의 신호시스템에서 GAMAB(Globalement Au Moins Aussi Bon)는 오늘날 GAME(Globalement Au Moins Equivalent)로 알려진 프랑스의 신호시스템에서 사용되며 그 의미는 최소한 과거의 수준 유지이다.

대부분의 인진 당국은 GAME을 채택하거나 또는 안전 성능이 부적절하다고 판단되는 경우에 특정한 분야 (작업자 안전, 건널목)에서 ALARP의 개선을 채택하는 경향과 함께 전체 시스템 안전의 현상유지를 위한 접근방법을 채택하고 있다. 안전 기준을 만들 수 있도록 필요한 세부사항을 제공하고 장치가 기술된 방법으로 운영될 것이라고 확인하는 것은 신호 엔지니어의 의무이다.

기준은 장치를 보수하는 직원의 안전을 상시 어떻게 유지할 것인가에 대해서도 기술하고 있다. 작업을 수행하도록 계약 체결한 모든 직원을 포함한다.

1.11.1 작업 플랜트 및 장치

영국에서는 새로운 신호 시스템을 도입하거나 신호기를 옮기거나 연동장치를 변경하기 전에 안전당국에 의도하는 것이 무엇이며 어떻게 철도의 안전수준이 개선되는지 또는 최소한 유지되는지 기술하여 승인 신청을 해야 한다. 함께 제출해야 하는 서류에는 변경에 대한 관리와 잠정조치 방법 그리고 새로운 시스템이 어떻게 위임 인도되고 서비스에 이르게 되는지 설명하여야 한다. 국민과 주민 그리고 직원을 보호하는 특별한 조치에 대해서도 나타내어야 한다.

안전기준을 만들 때는 발생할 수 있는 모든 위험과 그 위험의 방지 또는 완화 대책에 대한 조직적인 심사를 수행하는 것이 유용하다. 이를 위해서는 여러 가지 기술이 있는데 그 중 잘 알려진 것은 위험 및 운영성 검토(HAZOP)이다. 이 검토에서 전문가 패널은 사전에 정의된 변수들 목록(기후, 전압, 부당행동 등과 같은)에 대응하는 가능한 한 많은 상이한 시나리오를 고려하도록 한다.

각각의 조합에 대해서 위험한 사건발생 확률을 평가하고 일정수준 이상인 경우에 사건발생 방지 가능성을 조사한다. 방지가 가능하지 않은 경우에는 사건의 결과를 감소시키기 위해 취해야 하는 조치를 찾아야 한다.

1.11.2 안전성의 입증

모든 새로운 장치는 안전성 입증을 거쳐야 한다. 이 입증은 발생할 수 있는 모든 경우를 고려하고 사망이나 상해의 확률이 규정된 경계선 이하라는 것을 보여주어야 한다. 이것은 잘못된 측의 평균고장간격(MTBWSF)으로 표시된다. 전형적으로 바이털 신호시스템에 대해 연동 별로 10^9시간으로 설정 된다.

사건발생과 같은 확률을 결정하기 위해 고장모드 및 영향 분석(FMECA)과 같은 기술이 사용될 수 있다. 이 기술에서는 각 구성부품을 차례로 살펴보고 모든 가능한 고장 모드를 고려하여 고장의 결과를 결정한다.

고장발생 확률은 표로부터 결정될 수 있다. 고장의 결과는 구성부품 자체의 역할에 따르겠지만 회로와 시스템에도 의존한다.

이러한 분석을 통하여 시스템의 신뢰도와 안전성에 중요한 구성부품이 파악될 수 있고 설계 요구사항을 충족하는 최종 시스템을 가능케 하는 적절한 조치를 취할 수 있다. 전형적으로 이러한 조치는 높은 신뢰도의 부품 선정, 구성품의 부가, 신뢰도를 개선하기 위한 이중계 시스템을 포함한다. 안전성을 개선하기 위해서는 특별한 부품(고장 시 안전 측 동작 계전기와 같은)과 초기고장 검지를 위한 빈번한 검사체계 또는 바이털 명령이 출력되기 전에 일치되어야 하는 독립된 회로나 시스템을 사용하는 다양성의 도입 등을 고려하여야 한다.

이러한 모든 검토에서 오류의 원천으로서 그리고 극복이나 검지의 수단으로서 인적 요인을 잊어서는 안 된다.

유럽에서 IEC는 철도시스템에 적용되는 여러 가지 표준(IEC 61506, 7과 8)과 모든 프로그램 가능 전자 시스템에 적용되는 EN 50129를 발간했다.

현대 시스템에서 시스템의 설계에 있어서 안전성의 요구사항이 충분하게 주의가 기울여 졌고 승객 수송에 대해 본질적으로 충분히 안전하다는 것을 보여주는 것은 중요한 사항이다.

모든 경우에서 애플리케이션 그 자체의 특정상황이 고려되어야 한다. 안전성 입증이 간선철도 운영에서 도출된 경우와는 다른 도시철도 환경 측면이 적절하게 고려되었다는 것을 보장하기 위해서 특별한 주의를 해야 한다.

1.12 품질

현재 대부분의 도시철도는 ISO 9001:2000과 국제적으로 합의된 품질관리 시스템(QMS) 요건(부록B 참조)을 준수하고 있다.

2. 기술의 발전

본 장에서는 19세기 후반부터 현재까지 도시철도에서 사용한 기술의 발전에 대해 개략적으로 살펴본다. 도시철도의 성능개선과 보다 효율적인 운영을 위한 요구를 충족하기 위해 어떻게 적용되었는가에 대해 알아본다.

2.1 19세기의 도시철도 발전

큰 도시와 발전하는 도시의 중심에 있는 도시철도는 터널(런던, 파리, 뉴욕)이나 때때로 고가 구간(뉴욕, 파리, 시카고)으로 건설되는 경향이 있다. 대부분의 경우 이것은 도시의 표면이 도시철도를 고려하기 전에 고도로 개발되었고 철도궤도를 설치하기에 충분한 공간이 남아있지 않기 때문이다. 궤도를 지표상에 놓는 것이 가능하게 된 것은 도시철도가 도시 중심에서 먼 곳으로 연장되고 나서부터이다.

그림 2-1 : 증기 열차

전기가 널리 사용되지 못한 19세기 후반의 기관차는 석탄연료를 사용하는 증기기관을 사용하였다. 19세기의 마지막 10년 기간에 와서야 전기를 견인동력으로 사용하게 되었다. 그 이전에는 터널이 지표 밑(지표 바로 밑)에 있어서 기관차로부터 나오는 연기를 배출하기 위한 환기용 샤프트를 터널 안에 설치해야 했다. 당시에는 기존 건물의 기초에 좋지 않은 영향을 줄 수 있다는 염려가 있었기 때문에 많은 터널들이 도로를 따라 건설되었다. 이것은 어느 정도까지 터널의 건설 문제를 용이하게 했다.

그림 2-2 : 메트로폴리탄 노선의 증기기관차와 전기기관차(런던)

전기는 도시철도를 지하 깊숙한 터널에 건설할 수 있게 했다(땅을 파고 덮는 것이 아닌 구멍을 뚫는). 지표로부터 깊은 곳에는 방해물이 더 적었으므로 깊은 터널을 따라 건설되는 노선에는 신축성이 많았다. 터널 위의 지표에 새로운 도로를 만들기 위하여 지표 밑 터널을 건설하는 경우도 있었다.

20세기에 들어서서 약 10년쯤 지난 후에 거의 모든 도시철도는 지표 밑이든 깊은 터널이든 전기를 견인 동력으로 사용하였고 신호 시스템은 보통 완목 신호를 사용하였다. 기름을 사용하는 램프나 전기 램프가 신호로 사용되었고 각 신호에서 여러 형태의 열차정지가 이루어졌다. 도시철도 운영의 초기단계부터 위험신호를 지나친 열차를 정지시키기 위한 어떤 수단이 필요 하다고 인식되었다. 최초의 애플리케이션은 신호에 연결되어 있는 궤도변의 암과 비상제동장치에 연결되어 있는 열차의 암으로 구성되는 기계적인 것이었다. 후에 전자석 방식의 장치가 개발되어 간선 철도와 도시철도에 널리 사용되게 되었다.

2.2 신호 기술 : 1900~1950

20세기 초기 50년간 철도 신호시스템에 사용된 기술은 서서히 진화되었다. 간선 철도나 도시철도에 기본적으로 같은 장치가 사용되었지만 도시철도의 적용에 있어서는 열차 서비스와 인프라구조의 제한, 높은 안전성 및 가용성 요건과 같은 도시철도의 필수적 요구에 적합하도록 수정 되었다. 이 애플리케이션 기술은 도시철도가 운행되는 도시 지역이 번창하고 확장됨에 따라 증가하는 수요를 충족하기 위해 여러 해에 걸쳐 개량 되었다.

이 기간의 기술은 기본적으로 전기기계방식 이었으며 열차검지는 계전기를 사용하는 교류 궤도회로를 사용하였다. 이것을 고정 폐색 방식의 색등식 신호와 결합하였다. 기계 연동장치와 계전기는 흔히 안전한 동작을 위하여 사용되었고 도시철도에서는 분기 수를 최소로 하여 장치를 덜 필요하도록 하여 좀 더 신뢰할 수 있는 신호시스템을 만들려 하였다. 이런 상황에서 승객들이 자신의 목적지에 도달하기 위해 하나 이상의 환승역에서 열차를 갈아탈 수 있어야 한다는 필요성이 고려되고 결과적으로 그것이 보다 신뢰할 수 있는 열차 서비스 운영으로 받아들여지고 정당화 되었다(파리 지하철). 어떤 경우에는 유일한 분기를 노선의 종단역에 두어 인접한 신호취급소에서 운영하였으며 분기가 전혀 없는 글라스고우 지하철의 경우에는 크레인으로 궤도를 변경하기도 했다.

2.2.1 장치의 특징

도시철도는 역과 역 사이의 거리가 상대적으로 짧은 것이 특징이다. 신호시스템에 사용되는 장치는 통상 터널 승강장의 끝 기계실에 위치해 있다. 많은 경우 이러한 기계실은 신호시스템 고장 시 기술자가 터널에 있는 열차를 정지시키지 않고 고장 징후에 대한 최초의 조사를 수행할 수 있기 때문에 고장의 발견을 용이하게 했다. 전기기계 장치에 요구되는 정기적인 보수는 승강장의 기계실에서 수행할 수 있을 때 더욱 용이하고 효율적이었다.

어떤 때는 신호장치가 터널에 위치해야 했는데 그 이유는 예를 들면 신호 회로를 구성하는 구성부품 간에 허용되는 거리가 제한되거나 장치가 물리적으로 열차와 맞물리거나 열차의 전면에서 보여야 하기 때문이다. 터널에 위치한 장치의 고장 시 열차 서비스를 정지하지 않고 기술자가 터널에 진입하여 시험하고 교체하기가 어려웠다. 그래서 높은 가용성을 가진 장치가 가장 중요한 요건이있으나 전기기계 기술은 오늘날 높은 가용성을 달성하는데 흔히 사용하는 방법인 온라인/대기 설비에 적합하지 않았었다. 그러므로 요구되는 것은 높은 가용성보다는 높은 신뢰성이었으며 이것은 정규적으로 교체되어 신호시스템에 다시 사용되기 전에 정밀 분해 검사될 수 있도록 기능적으로 설계된 장치여야 한다는 것이었다.

그림 2-3 : 계전기 랙

2.2.2 증가된 성능 요구에 대한 충족

도시철도가 있는 도시들이 발전하면서 열차서비스에 대한 수요가 증가하고 신호 엔지니어들은 높은 밀도로 도시철도가 운영되는 지역에서 최대한으로 열차의 수를 허용하는 시스템을 만드는 것이 필요하게 되었다. 전기기계 기술을 사용해서 열차 수를 증가(즉, 운전시격의 단축)시키는 것은 그 지역에서 열차의 속도를 감소시키는 희생으로 달성되었다.

간선 철도는 동일한 신호 간격 내에서 낮은 제동능력을 가진 모든 열차가 수용될 수 있도록 하면서 열차가 최고속도 성능에 도달할 수 있는 신호 간격을 채택하였다. 이와 대조적으로 도시철도에서는 운전시격이 열차의 최고속도보다 더 중요했으며 주요 지역에서는 승객이 받아들일 수 있는 여행시간을 유지할 수 있는 열차의 시간당 최적 처리량을 얻기 위해 속도와 운전시격 간의 절충을 택하였다. 이 절충된 속도의 값을 상업운전 속도라 했으며 지금도 그렇게 부르고 있다. 이것은 역에서의 정차시간을 고려하며 전형적으로 30~35km/h이다. 속도와 운전시격 간의 절충이 개발된 방법을 이해하기 위해서는 그 개발 배경에 대한 지식이 필요하다. 다음은 그 배경의 개략적인 설명이다.

도시철도 신호 시스템에서 각 신호에 대한 중첩은 그 성능을 결정하는데 있어서 핵심적인 요소이었다. 설계과정에서 계산되는 중첩은 기관사가 열차를 운행하는 방법을 가정하는데 근거하고 있다. 이러한 가정의 예는 기관사가 이동허가를 표시하지 않은 신호를 향해 열차를 가속하지 않는다는 것이다. 그러나 기관사의 분별없는 행태로 발생된 주요사건들은 그 기준이 근거했던 가정을 다시 검토하게 만들었고, 이것은 많은 경우에서 이러한 기관사의 행동에 대한 여유를 포함시키는 기준으로 강화하게 되었다. 그 순효과는 이 부가된 요소가 계산에 포함됨으로써 중첩의 길이가 증가되었고 따라서 운전시격은 늘어나게 되었다. 이 변화는 이런 형태의 사고를 제거하는 결과도 가져 왔다.

위에서 개략적으로 설명한 제한 속에서 열차 간에 요구되는 운전시격을 달성하기 위해서는 속도 제어의 안전한 형태가 제공되어야 한다. 그것은 바이털 방식으로, 선행하는 열차를 뒤따라가는 두 번째 열차가 앞 열차와 부딪히기 전에 정지할 수 있는 수준으로 속도가 감소되었다는 것을 입증하는 것이다. 이것을 고려하던 시기에 사용된 전기기계 기술은 이러한 접근방법을 용이하게 지원하지 못했으며 사용된 그 기술은 현대의 기준에서 보면 서투른 것 같다. 운전시격을 줄이기 위한 기술이 어떻게 적용되었는가 하는 한 예는 주어진 궤도의 길이를 지나는 열차의 시간을 재는 것이다. 시간을 재는 정확성은 시간을 재는 구간의 길이가 짧았을 때 더 컸는데 그 이유는 시간을 재는 장치가 시간을 재는 구간을 통과하는 열차의 평균 속도만을 잴 수 있었기 때문이다. 시간을 재는 구간이 길었다면 열차는 매우 낮은 속도로 진입하고 높은 속도로 벗어나 측정의 목적을 이루지 못했을 것이다. 설정된 시간이 경과한 후에야 그 접점이 닫히는 시간을 재는 계전기가 사용 된다. 신호 회로가 설계되어 열차가 요구된 속도로 (또는 그 이하로) 주행하는 경우 열차는 설정된 시간에 (또는 더 긴 시간에) 궤도의 특정한 길이를 통과하고 준비된 시간 계전기가 이것을 확인하여 이제는 안전하므로 진행을 허용하는 신호를 개통하도록 하는 것이다. 열차가 요구된 속도보다 더 빠르게 주행하는 경우 신호는 개통되지 않을 것이며 열차는 정지하여야 한다. 이 상황에서 신호 시스템은 후속열차가 전 속력으로 주행하는 것에 대응하여 방호되도록 중첩하여 설계된다. 속도제어 기반의 신호 원리와 관련된 시간-거리 곡선을 그림 2-4에서 보이고 있다.

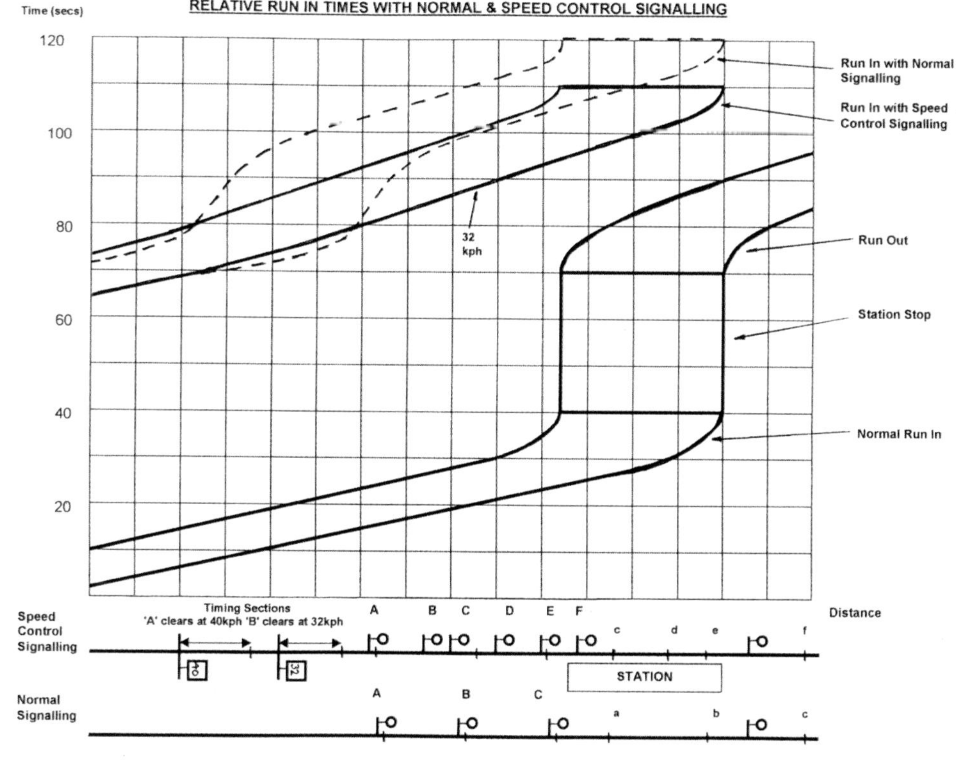

그림 2-4 : 진입 시간의 관계

이 기술의 적용은 좀 더 빠른 주행속도와 증가된 운전시격에 비해 승객의 여행시간을 길게 만드는 결과를 초래했지만, 열차 서비스에서 승객 수송능력을 증가시켰으므로 허용될 수 있는 것으로 간주되었다. 신호시스템이 처리할 수 있는 열차의 수와 승객이 수락할 수 있는 길어진 여행시간 모두에는 한정된 제한이 있다. 1930년대에 런던 지하철의 북부선과 디스트릭 선구의 시간표에는 시간 당 40개 열차가 계획되었다는 보고가 있다. 이 경우에 여행시간은 현대의 기준으로 볼 때 받아들일 수 없을 정도로 길어졌을 것이다. 고정폐색 색등식 신호시스템 기술을 사용하는 도시철도에서 여행시간이 받아들여질 만한 열차서비스 최대 밀도는 시간당 30개 열차가 통상적이다.

이 기간 중에 열차의 처리를 개선하는 각종 방법(루프를 통과하거나 가변 정지 패턴과 같은)이 또한 사용되었다. 수송능력을 증가시키기 위한 또 다른 혁신은 종단역에서 열차 승무원이 대기하는 방법으로 열차가 도착하면 반대방향의 운전실에 대기 기관사가 승무하여 기관사가 열차의 후미 운전실까지 이동하는 시간을 절약해 주었다.

2.2.3 코드화 궤도회로의 개발

이 기간 중에 미국의 신호시스템 공급자가 코드화 궤도회로를 개발하였다. 개발된 회로들은 현재는 도시철도에 적용되고 있지 않지만 차세대 도시철도 신호시스템에 상당한 기여를 하였다. 이것은 정기적 비율로 궤도에 공급되는 에너지를 일정하게 단속하는 것이었다. 이 기술은 초기에 긴 궤도회로에서 사용되었다. 그러나 곧 궤도회로에 직류 대신 교류를 사용함으로써 열차가 궤도회로 안에서 검지할 수 있는 전자기장을 만드는 것이 가능하게 되었다. 여러 가지의 상이한 비율로 궤도회로에 간섭함으로써 특정한 열차에 독특하게 코드화된 메시지를 보내는 것이 가능하게 되었으며 이로부터 코드화 궤도회로 차상신호 시스템이 발전하게 되었다.

초기의 시스템은 진자 계전기의 접점으로 궤도송전을 차단하여 만들어진 코드를 사용하였고 진자는 일정한 펄스율을 제공하는데 사용되었다. 상이한 진자의 길이는 필요한 코드의 범위를 만들어 주었으며 전형적으로 분당 2에서 4코드 펄스 사이 이었다. 열차의 전두부 차축의 전면에 장착된 안테나는 열전자 관에 의해 증폭된 궤도신호를 검지했다. 정류된 코드는 코드에 따라 작동되는 계전기에 사용되었다. 공진회로가 신호현시나 속도코드를 나타내는 특정한 코드를 판별했다.

그 뒤로부터 열차가 궤도코드에 의해 정의된 속도초과를 검지하는 경우 자동적으로 제동되는 열차 제어시스템을 개발하게 되었다.

그림 2-5 : 진자 코드 송신기와 수신 계전기

2.2.4 1900~1950 도시철도 기술의 요약

기본적인 기술은 이 기간에 크게 바뀌지는 않았으며 애플리케이션 접근방법은 상대적으로 안정된 상태를 유지했다. 도시철도 운행을 지원하는 보수 운영 체계는 노동 집약적이었지만 노동의 공급이 용이했기 때문에 심각한 문제는 보이지 않았다. 큰 규모의 변화 요인이 없었으며 개선은 서서히 이루어졌다. 간선 철도를 위해 개발된 코드화 궤도회로는 미래의 도시철도 운영에 중요한 기여를 하게 되었다.

2.3 신호 기술 : 1951~1970

1950년의 전자 회로의 주요 부품은 열전자 관이었다. 이것은 도시철도 환경에서 사용하기에 어려운 여러 가지 단점(고전압 공급의 필요와 같은)이 있었다. 신호 애플리케이션 엔지니어들은 종종 이러한 단점을 메우고 장점을 갖도록 하여 확실하게 운영되는 회로를 만드는 문제(그리고 관련된 비용)를 고려하였으나 이 부문에서의 개발 작업은 거의 수행되지 않았으며 엔지니어들은 자신들이 좀 더 익숙하고 확실한 기술을 계속 사용하기를 선호하고 있었다.

1950년대 말 경에 열전자 관 회로는 대부분 트랜지스터 회로로 교체되는 과정에 있었다. 최초의 트랜지스터는 1948년에 제조되었다. 신호 애플리케이션 엔지니어들은 도시철도 환경에 트랜지스터 회로를 사용하는 것이 훨씬 더 적합하다는 것을 인식하였으며 적용을 위해 상당히 많은 연구가 수행되었다.

2.3.1 열차의 검지와 방호기술의 개발

코드화 궤도회로, 차상신호 및 연속적인 자동열차방호

트랜지스터의 출현은 코드화 궤도회로 장치를 거친 철도 환경에 훨씬 더 적합한 형태로 발전시키는 기회를 제공하였다. 그것은 차상에 장착되는 진동방지를 수월하게 했으며 진자 코드 계전기의 보수업무를 상당히 감소 시켰다. 우선 정규적인 시간장치 역할의 진자는 트랜지스터 스위칭으로 대체되었다. 열차검지를 위한 궤도회로 수신기와 차상 장치는 트랜지스터와 자기 증폭기술을 사용했다.

신호 엔지니어들은 이러한 회로들이 운영의 일관성과 신뢰성을 갖게 되면 도시철도 시스템의 안전성과 성능에 있어서 중요한 개선의 잠재력이 열린다는 것을 알았다. 많은 도시철도와 신호 시스템 공급자들은 이 연구에 상당한 자원과 노력을 투입했다.

코드를 변조하여 열차가 이동할 수 있는 최대 속도를 열차시스템에 허가할 수 있게 되었다. 만약 허가된 속도를 초과하는 경우 열차 시스템은 제동이 체결되도록 설계되었다(비상 제동 사용). 이 시스템은 최대 속도가 철도의 어느 구간, 어느 열차에 대해서도 시행될 수 있다는 것과 이것은 안전성에 있어서 중요한 개선의 원천이었다는 것을 의미했다. 부가적으로 어떤 열차도 어떤 위치에서나 궤도회로에서 코드를 제거함으로써 비상 제동에 의해 정지될 수 있었다.

성능에 있어서 중요한 개선 역시 이러한 연속적인 방호로부터 이루어졌다. 열차 속도를 바이털하게 시행할 수 있기 때문에 신호는 운전시격을 단축시켜 설계할 수 있는데 그것은 뒤따라오는 열차가 정지해야 하는 거리를 좀 더 정확하게 알 수 있고 시행할 수 있는 값을 알 수 있기 때문이다. 여러 가지 가변요소들(기관사의 영문을 알 수 없는 열차가속 결정과 같은)이 과거의 기술기반 시스템에서는 존재했지만 현재는 제거되었다. 운전실에서 열차의 바로 앞에 놓인 궤도에 대한 신호정보를 화면에 표시하는 것이 가능하게 되었다. 그러나 이것이 궤도변 신호기에 대한 필요성을 제거하지는 못했지만 그 필요한 숫자는 감소시켰다.

코드화 궤도회로와 연속적인 자동열차 방호(CATP) 장치를 개발하는데 있어서 극복해야 하는 많은 문제들이 있었으며 그 작업은 여러 해에 걸쳐 진행되었다. 전기적으로 부적합한 환경의 궤도변과 차상에 이런 회로가 장착되어 정확하고 신뢰성 있게 운영되도록 하는 것은 작은 문제가 아니었다. 문제는 결국 극복되었으며 1960년대 초반에 CATP의 코드화 궤도회로가 기존의 고정 폐색 신호와 함께 사용 되었다. 이것은 여행시간을 증가시키지 않고 전형적으로 시간 당 32개 열차를 운행할 수 있도록 도시철도의 성능이 개선될 수 있도록 하였다.

차축 카운터 개발

열차검지를 위한 차축 카운터의 최초 개발이 이 기간에 일어났다. 기존의 궤도회로 장치로는 문제를 안고 있는 과도한 습기나 강구조 교량과 같은 구간에서의 열차 검지가 개발의 초점이었다. 어떻든 이들은 기계적인 카운터를 사용하였지만 도시철도에 사용하기에는 그 신뢰성이 충분치 못했다. 차축 카운터 검지장치의 비용 역시 도시철도 당국이 이것을 사용할 수 없도록 위축 시켰다.

차축 검지장치는 신호 엔지니어들이 열차 전면의 특정 위치를 검지하는 방법으로 사용하였는데 그것은 시간 회로를 작동 시키거나 조기 해정을 용이하게 하는데 사용될 수 있었다. 그 후 기계적인 카운터는 전자 장치로 교체되어 열차 검지에 차축 카운터를 좀 더 널리 사용하도록 만들었다. 이 장치는 후에 현대의 전자 검지장치와 제어시스템과의 인터페이스에 좀 더 용이한 것으로 나타났다.

2.3.2 자동 열차 운전

열차를 CATP 회로에 의해 운영하는 문제의 변화는 자동열차 운전(ATO)의 도입으로 이어졌다. 몇몇 도시철도에서는 특히 새로운 도시철도 노선이 건설되는 경우 두 가지 시스템을 동시에 개발하였는데 그 이유는 시스템 통합이 이루어지는 동안 매일 승객 서비스가 제공되어야 하는 기존 노선에 대해 적용하는 것보다 ATO 애플리케이션이 새로운 철도에서 훨씬 더 용이하였기 때문이다.

그림 2-6 : 최초의 빅토리아 선 ATO 열차

ATO는 수동 운전 열차와 비교하여 열차 시간표를 단축할 수 있도록 하는 열차이동의 밀도를 제공함으로써 보다 성능을 개선 가능하게 하였다. ATO를 사용할 때 여행시간을 최적화하는 것이 더욱 용이했다. 처리량의 개선은 전형적으로 시간 당 1개 열차가 추가될 수 있었고 고정 폐색 신호시스템에서 CATP와 ATO 조합으로 시간 당 33개의 열차 공급을 기대할 수 있었다.

런던 지하철은 1960년대 초반 여러 개의 CATP와 ATO 개발 프로젝트를 수행했고 이 프로젝트들은 1964년 승객 서비스에 사용됨으로써 정점에 이르렀다. 이 서비스는 Hainault

와 Woodford 간에서 시스템이 부분적으로 운영되었으며 이것이 1968년부터 승객 서비스를 시작한 빅토리아 선 시스템을 위한 시작품이었다.

2.3.3 데이터 통신의 개선

반도체 회로는 신호 엔지니어링이 또 다른 분야에서 자유롭게 하는 효과가 있었다.

이것은 표시를 만들어내는 신호장치가 위치한 곳으로부터 상당한 거리가 있는 곳에 많은 수의 신호 표시들을 나타낼 수 있도록 하는 개선된 통신방법이 용이하게 도입되도록 하였다. 현장의 신호장치 역시 원격으로 제어할 수 있게 되었다. 신호 취급소가 제어해야 할 지역에 인접해 있어야 할 필요가 없게 되었다.

그림 2-7 : 전체 노선에 대한 1960년대의 전형적인 제어 (LUL 빅토리아 선)

이것은 도시철도가 전체 노선에 대한 중앙 관제실을 가질 수 있도록 만들었고 전체 노선의 상태를 고려하여 결정을 내릴 수 있었기 때문에 열차 서비스 관리를 보다 효율적으로 하게 되었다. 효율적인 협조로 제어를 하여 사고관리도 개선되었으며 이 모든 것이 적은 수의 직원으로 달성될 수 있었다. 이것은 비용 측면에서의 이익뿐만 아니라 일련의 명령 및 통신을 단축할 수 있도록 했으며 동시에 갱신된 정보를 광범위하게 전파할 수 있게 하였다. 또한 채용과 고용유지에 있어 어려움이 더해가는 숙련된 신호 운영자를 발굴

하는 문제에도 도움이 되었다.

몇몇 도시철도는 새로운 중앙 관제실을 만들면서 진로설정(사전 진로설정 포함)과정을 더욱 자동화하는 기회를 가졌다. 예로서 이 기간 중 몇몇 도시철도(특히 런던과 워싱턴)가 자동 진로설정에 프로그램장치를 도입하여 더욱 발전하게 되었다. 이것은 시간표에 따라 단지 행선지(선입선출)에 의해 사전 진로를 구축하는 것이었다. 이 장치는 플라스틱 롤 위에 일련의 천공을 하여 일주일 동안의 열차 시간표를 유지하였다.

자동화가 진전되면서 관제실 직원은 그들의 시간을 열차 서비스의 규칙성을 평가하는데 사용할 수 있게 되었다. 대부분의 자동화된 시스템은 개입할 수 있는 설비를 갖고 있으며 이러한 설비는 흔히 열차 서비스가 불규칙하게 될 때 이를 조정하기 위하여 사용되었다.

견인동력 제어와 여객정보 방송과 같은 도시철도 운영의 기타 요소의 제어는 흔히 동일한 집중화된 관제실에서 이루어졌다. 교통당국이 다른 교통수단(버스 시스템과 시가전차 네트워크)에 대해서도 책임을 지고 있는 경우 이 감시기능은 가끔 도시철도 관제실에 통합된다. 이러한 통합을 수행하는 능력은 관련된 교통운영 규모에 달려있다. 이 기간 중에 중앙 관제실로 옮겨온 도시철도 중에서는 토론토와 런던의 도시철도가 있다.

그림 2-8 : 상파울루 중앙 관제실

의심할 여지도 없이 집중제어의 도입으로 중요한 개선이 많이 이루어졌지만 많은 경우에 이것은 대부분의 사람들이 기대했던 이상과는 상당히 달랐다. 열차서비스의 효과적인 관리는 아직도 관리를 담당하고 있는 사람의 능력에 상당히 의존하였다. 또한 고밀도의 도시철도 선구로부터의 정보량과 신호 취급자들이 이 정보에 동화되는 속도와 함께 능숙한 열차 운영 관리자가 내리는 결정의 오차가 여실히 나타나게 됐다. 열차 서비스 관리와 사건의 관리 및 직원의 효율성에서는 이득이 있었다. 열차서비스 운영에 대한 양질의 실적정보 가용성이 좋아졌으며 효율적인 전략이 사용된 후 평가될 수 있게 되었다. 집중제어 시스템이 고장 날 경우 드문 경우이지만 이것은 광범위한 장애를 초래했으며 그 영향을 복구하기 위해서는 여러 시간이 필요했다. 이것은 시스템 엔지니어들에게 이러한 시스템을 차세대용으로 만드는 경우에는 좀 더 강건한 시스템으로 만들도록 하였다.

2.3.4 1951~1970 요약

상대적으로 짧은 이 기간에는 신호시스템 기술에 있어서 가장 의미 있는 발전이 있었던 기간이었다. 미래의 발전을 위한 준비를 하였으며 그것은 이미 시행된 기술의 논리적 확장을 의미했다. 그러나 아이러니한 사실은 이러한 발전과 열차 서비스의 성능개선이 도시철도를 이용하는 승객의 수가 줄어드는 때에 이루어졌다는 점이다. 감소하는 승객의 수는 도시철도와 그 공급자들에게 그로 인한 개선을 유도하게 되었다.

승객수의 감소는 많은 도시들이 번영하면서 발생했다. 이것은 자동차의 소유가 증가하였고 더 많은 공공자금이 새로운 도로의 건설과 더 많은 자동차를 수용하기 위해 기존 도로를 개수하는데 사용되었다는 것을 의미한다.

2.4 신호 기술 : 1971~현재

집적회로(후에 마이크로 프로세서)는 트랜지스터 회로로부터의 논리적인 발전이었으며 매우 커진 처리능력이 터널과 열차의 제한된 공간에서 수용될 수 있었으므로 신호시스템 애플리케이션에서 큰 장점을 제공하였다. 일부 보수적인 신호 애플리케이션 엔지니어들은 집적회로의 사용에 대해 처음에는 열심이지 않았다. 그 이유는 집적회로들이 엔지니어가 제어할 수 없거나 일부만을 제어하는 기정사실로 제시되었기 때문이었다. 이러한 유보는 집적회로가 현실성 있는 시스템 부품으로서 특히 열차 상에서의 처리능력을 상당히 증가시킨다는 것을 새로운 애플리케이션이 입증하면서 극복되었다.

이 기간 중에 컴퓨터는 점진적으로 실물이 더 작고, 더 빠르고, 더 싸며, 더 강하게 처리능력이 증가됐다. 동시에 애플리케이션을 가능케 하는 운영시스템이 그 자체는 좀 더 복잡하지만 사용하기에는 더 용이하게 되었다. 특별한 요구사항에 대한 비용이 포함되는 경우에도 신호시스템 애플리케이션에 컴퓨터를 사용하는 것이 경제적이 되었다.

마이크로프로세서, PLC 등의 광범위한 애플리케이션 이후에 수년간 명백해진 문제점 중의 하나는 그러한 하드웨어의 조기 무용화였다. 이들의 상업 수명은 길어야 5년이었으며 도시철도는 시스템의 수명 기간 내에 프로세서를 갱신하고 새로운 칩들을 단계적으로 지원하거나 또는 무용화된 부품에 근거하여 예비용량을 유지해야 하는 등의 문제에 봉착하였다. 현재 앞서의 접근방법은 각각의 갱신 작업 전에 빈번히 요구되는 안전성 검증을 위한 추가적인 작업 부담 때문에 소프트웨어 기반 안전성 시스템에 받아들일 수 없고 따라서 후자의 접근방법을 선택하는 것이다. 이 문제는 엔지니어링 활동의 타 분야(항공 전자)에서도 공통적인 문제이며 각 갱신 시점에 새로운 안전성 검증을 해야 할 필요 없이 사용할 수 있는 소프트웨어(안전성 소프트웨어 포함)를 만드는 방법에 대한 연구가 진행되고 있다. 이러한 기술이 결과적으로 받아들여진다 해도 안전성 통합을 보장하기 위한 활발한 시험과 지속적인 평가가 요구된다.

다음은 도시철도에 적용된 새로운 기술 네 분야에 대한 개요와 그 이점에 대해 살펴본다.

2.4.1 무절연 궤도회로

궤도회로 경계를 위한 레일절연은 궤도회로가 신호시스템에서 열차의 존재를 검지하기 위하여 처음 사용되면서부터 궤도 엔지니어들을 자극하는 근원이었다. 도시철도에서 이 문제는 더욱 첨예한데 그 이유는 짧은 운전시격에 대한 요구가 많은 수의 짧은 궤도회로를 초래하였고 그 결과 많은 수의 절연 이음매를 만들게 하였다. 문제는 장대 용접레일 사용의 경우에도 악화된다.

절연 이음매가 없는 궤도회로는 저 비용의 처리능력으로 궤도회로 송신기와 그 검지기 간에 사용되는 더 복잡하고 정교한 코딩을 할 수 있게 했기 때문에 가능하게 되었다. 이 장치를 적용하는데 있어서 극복해야 하는 또 다른 문제는 충분하게 정확성을 가진 각각의 궤도회로 경계를 정의하는 것이었다. 이 문제는 설계에서 해결되었고 검지기가 다른 모든 주파수는 거부하고 각각의 궤도회로에 대해서 정확하게 코드화된 주파수가 받아들여져 반응을 하여 무절연으로 하도록 하는 것이다. 이 궤도회로를 위해 특정 레벨의 광 대역 전기

간섭을 만들어 내는 전자 트랙션 패키지의 도입이 필요하게 되었다. 이러한 형태의 궤도회로의 단점은 다량의 장치(튜닝 장치, 본드 등)가 궤도회로 초기 형태의 것보다 더 궤도 가까이에 놓여야 한다는 것이다.

주요 장점은 궤도 설치와 궤도 보수비용 및 절연 이음매와 관련된 고장이 감소되는 것이다. CATP와 ATO 시스템에서 광범위한 코드화(디지털 코드 포함)는 이전보다 더 큰 범위의 속도에서 열차를 제어할 수 있다. 이것은 더욱 운전시격 성능을 개선 가능하게 했으며, 특히 영구적인 속도 제한이 광범위하게 존재하는 도시철도시스템의 경우에는 더욱 그렇다.

2.4.2 불연속 자동열차 방호 시스템

그림 2-9 : 전형적인 IATP 시스템(지멘스 Zub 100)

CATP가 새로운 철도를 위해 좋은 선택이었고 아직도 그렇기는 하지만 기존 시스템에 이를 적용하기 위해서는 상당한 량의 신호시스템 쇄신이 필요하다.

비용이 좀 덜 드는 대안으로 CATP보다는 좀 낮은 수준이지만 증가된 처리능력을 사용하여 안전성과 성능을 개선하는 불연속 자동 열차방호 시스템이 개발 되었다. IATP는 기존 시스템에 중첩하여 사용하는 추가적인 시스템이었으며 현재도 마찬가지이다. 이것은 안전성과 가용성의 관점에서 모두 다양성의 이점을 갖고 있다.

전형적으로 IATP 시스템에서는 궤도변 신호기 가까이 위치한 비이콘(무선표지)이 신호 현시에 따라 열차의 진행을 허용하거나 또는 제동을 체결하도록 요구하는 데이터를 열차에 전송한다. 열차가 진행이 허용된 경우 데이터는 최대속도 정보를 포함하며 이 정보는 열차가 진행할 때 열차에 장착된 IATP 시스템에 의해 실행된다.

이 정보는 또한 다음 비이콘까지의 거리를 포함하며 열차가 다음 비이콘에 도착할 때까지 새로운 데이터 메시지가 수신되지 않으면 열차에 장착된 시스템은 제동을 체결하게 된다.

이 접근방법은 이전에 설명한 속도제어 시스템보다 더 좋은데 그 이유는 다음과 같다.

- 속도제어 시스템에서 일어날 수 있는 운전 패턴에 의한 실패가 일어날 수 없다.
- 속도제어 시스템보다 보수유지 비용이 저렴하다.
- 궤도조건이 허용된다면 좀 더 높은 속도가 신호기 사이에서 사용될 수 있다.

만약 열차가 어느 신호에서 제동을 해야 하면 다음의 공간을 메우는 비이콘이 준비되어 열차의 진행을 허용하도록 한다. 비이콘을 추가하여 운전시격을 더욱 개선하는 것이 가능할 수 있지만 이것은 적용에 달려있다. 어떤 도시철도에서는 추가되는 궤도기반 장치가 터널에서 작업을 하는 보수직원에게 문제를 만들며 이례적으로 열차가 멈추는 위험 때문에 비상상황에 처하는 문제가 된다.

전자 IATP(1970년대)의 초기 애플리케이션의 몇 가지 단점은 IATP 시스템이 기존의 색등식 신호시스템에 부가되어 만약 IATP 시스템이 고장이 나면 기관사에게 경고 없이 열차는 제동될 수 있다는 것이다.

2.4.3 전자 연동장치

간선철도와 도시철도를 위한 신호 연동기능을 수행하기 위한 컴퓨터의 사용이 1950년대 후반, 미니컴퓨터가 보편화되기 전에 신호 엔지니어들에 의해 논의되었다. 그러나 이러한 시스템의 설계와 실행은 안전성과 통합성을 보장하는 실질적인 문제 때문에 많은 신호 엔지니어들 간에 받아들여 적용되는 것은 서서히 이루어졌다. 이것은 시스템을 평가할 수 있는 기준이 없음으로써 더 악화되었다. 이 같은 문제는 안전 시스템으로 사용되는 타 분야의 적용에 있어서도 마찬가지였다.

만약 이 문제가 해결될 수 있었다면 컴퓨터 기반의 연동장치는 도시철도에 특별히 적합한 것으로 고려되고 또한 상당한 이점을 제공했을 것이다. 예를 들면 도시철도는 간선철도보다 규모가 작고 덜 복잡한 연동 현장을 갖는 경향이 있다. 요구되는 적은 공간은 이점이지만 초기의 애플리케이션에서 이것은 요구되는 인터페이스 장치의 규모와 상쇄되었다. 자본과 보수 모두, 비용은 종래의 기술보다 더 석게 늘 것이나.

1970년대 이후에 도시철도에서 이 기술의 적용이 증가되었고 문제들은 점진적으로 해결되었다. 1990년대 중반까지 신설 또는 교체 시 대부분의 도시철도는 전자연동 시스템을 채택했다. 아직도 완전히 해결되어야 하는 표준 문제가 남아 있지만 유럽에서는 CENELEC 표준인 EN 61508과 EN 50126이 전자 연동장치와 같은 소프트웨어 안전 시스템의 구매에 사용되고 있다.

2.4.4 통신기반 신호시스템

차량과 지상시스템 간의 연속적인 통신은 보다 현대적인 자동열차제어(ATC) 시스템의 기본이다. 이러한 통신기반 시스템의 채택은 열차제어에 새로운 방법을 도입하게 하였다.

1970년대 후반에 완전한 통신기반 열차제어(CBTC) 시스템의 개념은 위험을 관리할 수 있는 수준을 유지하면서 성능 개선과 관련하여 도시철도에 많은 편익의 가능성을 안겨주었다. 당시에 CBTC 시스템 개발의 일부로서 수정이 필요하긴 했지만 구성요소로서의 기능성을 제공하는 장치와 하부시스템(IATP)이 이미 존재했다. 기타의 구성요소들은 상당량의 개발 작업이 수행될 필요가 있지만 기술은 필요한 기능성을 제공하는데 적합했다. CBTC 시스템은 안전하고 신뢰도가 높은 데이터 전송에 전적으로 의존하고 있으며 엔지니어들은 컴퓨터, 마이크로프로세서와 연관된 분야에서 초기 개발 작업을 할 수 있었다.

여러 가지 상이한 시스템 구조가 이러한 시스템에 적용될 수 있지만 CBTC 시스템은 최소한 다음 사항을 포함해야 한다.

- 차량 제어 기능과 위치보고 제공을 위한 차상 구성요소
- 검지와 궤도요소 제어를 위한 지상 구성요소
- 궤도 구성요소 상태와 차량 위치보고의 통합을 위한 바이털 제어 요소 및 적정한 제어명령의 발령
- 운영자 인터페이스와 전략적 시스템 제어를 위한 전반적인 감시 수준

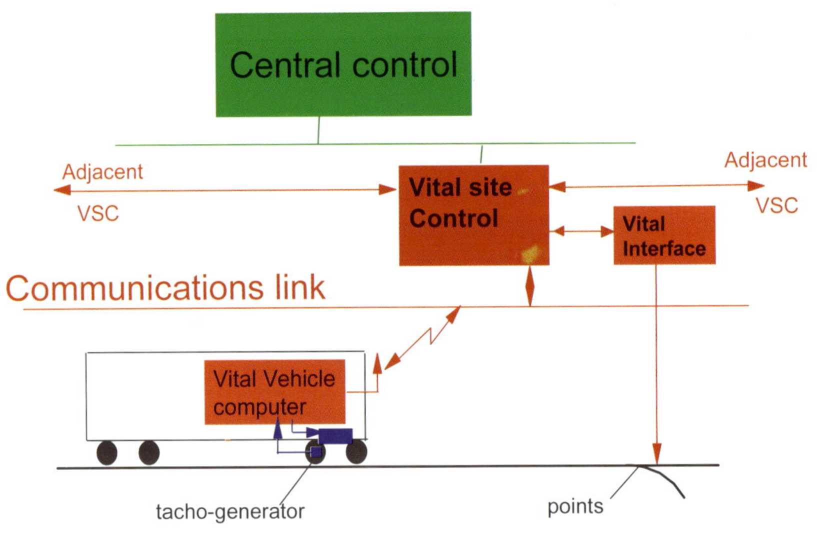

그림 2-10 : 통신기반 신호시스템의 구성

추가로 고장 시 복구를 보조하는 지원 시스템이 필요할 것이다. 요구되는 기능적 복잡성의 수준을 달성하기 위하여 안전성 소프트웨어를 사용하는 제어 및 통신 시스템이 반드시 필요하다. 이러한 시스템의 설계와 사용 인도는 복잡한 과정으로 시험과 검증의 새로운 방법이 채택될 필요가 있다.

전통적인 열차제어 시스템과는 달리 CBTC 시스템은 정밀 분석된 열차 위치를 보고할 수 있는 현장 구성요소와 열차 간에 연속적으로 최적화되는 네트워크 제어를 위한 통신에 의존한다. 이론적으로 이것은 철도를 불연속 구간이나 블록으로 열차 위치의 검지와 열차제어의 실행을 목적으로 구분하는 필요를 중복되게 만든다. 실제 완전한 CBTC와 마

찬가지로 수정된 시스템은 데이터 통신을 사용하지만 상이한 구조를 (궤도회로의 사용) 개발하여 이중으로 사용하고 있다. 이것들은 완전한 CBTC 시스템이 아니지만 통신기반 열차제어라는 통칭 아래 그룹 지울 수 있다.

완전한 CBTC 시스템의 구성요소는 그림 2-10에서 볼 수 있다. 궤도변 프로세서 유니트(그림 2-10의 바이털 현장제어, VSC)는 열차의 위치, 연동장치의 상태 및 현재의 서비스 성능과 같은 철도 네트워크 상태 정보를 취합한다. 이 정보는 VSC 유니트에 의해 처리되며 통제 하에 있는 각 열차에 대한 이동허가(MA)를 만드는데 사용된다. 열차의 이동허가는 통신 링크를 통하여 바이털 차량 컴퓨터(VVC)에 전송된다.
VVC는 이 이동허가를 이용하여 제동곡선을 작성하고 이 제동곡선 내에서 이동이 이루어지도록 한다. 이동허가의 위반, 잠재적 위반 또는 허용속도 위반이 검지되면 비상 제동이 작동된다.

완전한 CBTC에서, VSC 유니트에서 사용되는 열차 위치 데이터는 VVC 유니트에서 통신 링크를 통해 궤도변으로 전송된다. 이것은 각 열차 위치에 대한 높은 정밀도를 가진 정보를 제공한다. 전형적으로 정보 갱신 주기시간은 1초(또는 그 이하)이며 이동허가는 새로운 정보 세트에 의해 조정된다. 이 응답속도는 기존의 기술로 가능한 것보다 상당히 높은 성능을 달성할 수 있도록 한다.

변형된 CBTC 시스템이 완전한 CBTC 시스템과 거의 같은 시기에 별개로 개발되었다. 이 시스템은 디지털 방식으로 코드화된 궤도회로를 사용했는데 단순한 형태의 코드화 궤도회로 보다 훨씬 더 많은 정보를 궤도에서 열차로 전송하는 능력을 갖고 있다. 디지털 방식으로 코드화된 이 궤도회로는 열차의 위치를 검지하는데도 사용되었으며 이 정보는 진로 프로파일 데이터(사용 가능한 진로, 최대 허용속도 등)와 함께 제어구역 내에 있는 모든 열차에 전송했다. 각 열차는 VVC를 갖고 있어 수신된 정보와 데이터로 MA와 당해 열차의 제동곡선을 만들었다. 이것은 완전한 CBTC 시스템의 VVC와 유사한 기능을 수행하였다(열차의 이동이 제동곡선 내에서 허용된 속도제한을 위반하지 않도록). 열차위치 검지의 정확성은 궤도회로의 분석능력에 의해 제한되었으므로 전반적인 성능은 완전한 CBTC 시스템에서 요구하는 것보다 낮았다. 그러나 기존의 기술로 수행하는 것과 비교하여 그 성능이 개선되었다.

최초의 완전한 CBTC 시스템은 1980년대 중반에 시작 되었는데 이 시스템은 캐나다에서 개발되어 스카보로선(토론토 교통운영위원회에서 운영하는 철도의 일부)과 브리티시 콜

롬비아의 밴쿠버 도시철도에 적용된 SELTRAC 시스템이었다. 그 뒤 세계적으로 CBTC 시스템은 런던(도클랜드 경전철)과 파리(메트로 14호선) 및 쿠알라룸푸르(경전철 시스템 2)에서 적용되었다. CBTC 시스템은 현재 뉴욕(카나르시선), 샌프란시스코(BART), 파리(13호선), 홍콩(서부 철도) 및 싱가포르(북동선)에서도 개량에 적용되고 있다.

프랑스에서 개발된 SACEM 시스템은 수정된 CBTC 시스템의 한 예이다. 이 시스템은 1980년대 후반에 파리 RER A선에서 처음 적용되었으며 후에 멕시코와 산티아고 및 홍콩에서 적용되었다.

CBTC표준의 개발과정은 서서히 진행되었으며 어느 정도 확산에 있어 이러한 시스템이 광범위하게 적용되지 못하였다. 유럽에서는 유럽의 모든 간선 철도에 사용할 기술 표준을 만드는 프로젝트가 수행되었다. 이것은 EEC에서 지원하고 철도 간의 상호 운영성을 허용하자는 것이다. 이 표준이 ERTMS(유럽 철도 교통관리 시스템)/ETCS(유럽 열차제어 시스템) 표준이다. 유럽의 선도적인 신호 및 제어시스템 공급자들은 멀지 않아 이 표준의 요건을 준수하는 제품을 공급할 것이다. 이 작업은 일차적으로 간선 철도를 위해 수행되었으며 현재는 열차분리 안전 보증과 관련된 ATP 기능에 국한해서 이루어지고 있다. ATO와 ATS기능은 이 표준에서 다루지 않는다. 2002년에 시작된 개발에는 주요 도시철도와 유럽의 공급자들 간에 좀 더 도시철도에 적합한 ERTMS 표준 버전의 작성을 위하여 협력하고 있다. 이 프로젝트는 도시철도 교통관리 시스템(Urban Guided Transit Management System: UGTMS)이라고 부른다. 이것은 ERTMS 표준 개발로 간주되며 제1장에서 이미 설명한 바와 같이 광범위한 철도 제어 기능의 필요성을 포함할 것이다.

미국에서는 IEEE 철도 수송차량 인터페이스 표준 위원회의 실무 그룹이 CBTC 성능과 기능적 요건에 대한 의견 일치를 본 표준을 개발하였으며 그 표준은 자동열차방호(ATP)와 자동열차 운전(ATO) 및 자동열차 감시(ATS) 기능을 다루고 있다.

2.4.5 무선

통신기반의 열차 제어시스템 개발은 필연적으로 통신 링크를 위해 무선의 사용이 불가피하다. 1990년대 CBTC에 적용된 두 가지 무선 시스템을 아래에서 살펴본다.

대역 확산 무선통신

대역 확산 무선통신(SSR)은 높은 무결 특성 때문에 군 당국에서 오랫동안 사용해왔다.

현재는 상업 목적으로도 사용되고 있다. 높은 무결성 철도 애플리케이션을 위한 SSR의 주요 이점은 다음과 같다.

- 허락된 사용자 이외의 사람은 검지하기가 어렵다
- 혼선이나 간섭이 거의 없다
- 동일한 반송 주파수대역을 사용하는 기존 무선시스템과 동시에 사용할 수 있다
- 허가요건(있는 경우)이 용이하다.

스프레드 스펙트럼은 광 대역 및 신호와 같은 노이즈를 사용하며 기존의 좁은 대역 송신기와 유사한 송신파워 수준을 사용한다. 대역확산 무선시스템이 광 대역으로 인해 확산 밀도가 훨씬 낮지만 상호 간섭이 적거나 없게 운영할 수 있다.

스프레드 스펙트럼 신호는 정보 대역폭이나 데이터 율의 몇 배로 운영되는 빠른 코드를 사용한다. 이 코드는 의사 무작위 또는 의사 노이즈 코드라고 알려져 있다. 이러한 코드는 무선 주파수 (RF) 전송파를 변조하는데 사용하여 전형적으로 정보 데이터 율의 10에서 100배 사이의 매우 높은 대역폭을 만들어 낸다.

두 가지 형태의 SSR이 상업적으로 사용되고 있다. RF 전송파를 변조하기 위해 사용되는 노이즈 코드의 다이렉트 시퀀스 시스템과 의사 노이즈 신호나 미리 정의된 호핑 시퀀스에 따라 RF 전송파를 상이하게 호핑 하는데 사용하는 주파수 호핑 시스템이 있다. 이 경우 각 수신기는 동기화된 의사 노이즈 신호를 사용하거나 미리 결정된 호핑 시퀀스에 대해 프로그램이 되어야 한다.

누설 피더 전송 미디어

터널 환경에서 자유로운 무선 전송이 이루어지도록 무선신호를 누설 피더 케이블 시스템을 통하여 전송하는 것이 보통이다. 이것은 신호 필드를 제공하기 위한 개방된 슬롯으로 동축케이블로 이루어진다.

일반적으로 시스템은 중앙에서 공급하는 케이블에 연결된 무선기지국으로 구성되어 있다. 1와트 송신기로 150MHZ에서 3.5db가 감쇄 되는 1.25cm의 누설 피더 케이블을 설치하는 것이 전형적이며 약 3km 길이에 걸쳐 커버한다. 기지국들 사이에 높은 시스템 가용성과 신뢰할 수 있는 전송을 위해 케이블이 중첩될 수 있다. 현실적으로 각 케이블의 길이는 금속 라이닝이나 터널 강화와 같은 각 터널의 환경에 의해 결정된다. 서비스 운전시

격과 열차 서비스의 신뢰성을 달성하기 위한 열차제어에 무선이 사용되는 경우에는 주파수 폴링과 빠른 응답이 요구된다.

2.4.6 1971~현재까지 요약

이 기간 동안 도시들은 그들의 도시철도를 바라보는 관점에 있어서 중요한 변화가 있었다. 이 기간의 초기에 피크기간 외에서는 대부분의 도시철도에서 승객의 수가 계속 감소하고 있었다. 종종 피크 기간에서도 역시 승객의 수가 감소했다. 이 기간의 말기에는 대부분의 도시철도가 직장생활을 하는 많은 인구를 위해 출근 수단을 제공하는 것이 도시의 번영에 중요한 기여를 하는 것으로 여기게 되었다. 부가적으로 관광객들과 지역주민들에게는 증가하는 볼거리와 행사장까지 손쉽게 갈 수 있는 교통수단을 제공하였다. 오래된 여러 도시에서는 도로교통이 거의 포화상태에 도달하게 되었고 환경을 개선하기 위해 교통량에 대해 제한을 가하기 시작하였다. 그래서 이 기간 중에 도시철도는 가능한 최대로 많은 사람을 수송할 수 있는 능력이 필요하게 되었다.

이러한 요구는 새로운 기술 시스템을 적용하는 유인책이 되었다. 이러한 시스템은 도시철도의 능력을 증가시켜야 했고 승객이 요구하는 성능을 제공하여야 했다. 이것은 전 세계의 도시철도 당국(그리고 간선 철도당국)들이 그들의 조직에 중요한 변화가 진행되는 시기에 발생했다. 이러한 변화의 추세는 단일 기업구조를 운영이나 엔지니어링을 담당하는 여러 개의 독립된 회사들로 세분화하는 것이었다.

또 다른 변화는 안전성의 보장을 관리하는 방향으로 변화하는 것이었다. 그 과정은 상대적으로 비공식적이며 지엽적인 것에서 국제적으로 개발된 표준 요건을 따르는 것으로 이동하였다.

조직과 안전성 보장에 대한 변화는 새로운 시스템의 개발과 시행 속도를 늦추게 하였다. 소규모의 도시철도 당국으로서는 비용, 위험, 시간 등 주요 프로젝트 내에서 관리되어야 할 인터페이스의 수와 복잡성과 같은 요소들이 이 시행을 늦추는 원인이었다. 이러한 새로운 환경은 새로운 도전을 만들어 냈고 도시철도에 대한 도시의 요구를 충족시키기 위해서는 아직도 철도 운영자들과 엔지니어들이 해결해야 할 과제가 많이 남아 있다.

3. 신호의 원리

도시철도를 위한 신호시스템은 다음과 같은 두 가지 주요 목적이 있다.

1. 철도 전반에 걸친 열차의 안전한 이동
2. 철도 전반에 걸친 열차의 효율적 이동과 효과적인 방법으로 도시의 수요에 대해 충분한 수송 능력을 제공

이 두 가지 목적 간에는 잠재적 상충요소를 가지고 있는데 그 이유는 첫 번째 목적을 달성하기 위하여 열차는 서로 적정하게 간격을 유지하여야 하며 불안전한 상황을 피하기 위해서 속도를 줄이거나 정지해야 하기 때문이다.

열차의 효율적인 이동은 일반적으로 특정 기간에 도시철도의 각 구간에서 가능한 한 많은 열차를 배치하고 각종의 제한사항을 고려하여 그 구간에서 허용된 최대속도로 주행하는 것이 필요하다. 이 요구사항은 첫 번째의 목적을 보완하지 않는 것이다.

3.1 도시철도 신호 시스템의 고려사항

도시철도에는 본래 첫 번째 목적에 관한 신호 원칙들이 있는 반면 두 번째 목적 달성은 흔히 신호설계 엔지니어의 능력에 일임하고 있다. 신호시스템은 신호설계 원칙을 준수하여 설계되어야 하며 동시에 요구되는 열차의 이동에 관한 특정 성능을 달성해야 한다. 이것은 모든 신호설계 엔지니어의 도전적인 임무이지만 특히 도시철도 신호시스템의 설계 엔지니어에게 이 도전은 더 높은 우선순위를 갖고 있다.

원칙적으로 도시철도 신호시스템은 부과된 제한요건에 따라 다른 해결책을 필요로 하지만 간선의 신호시스템과 큰 차이가 없다. 도시철도에서의 차이점들은 본래 도시철도 운영의 상이한 위험 수준으로부터 생긴다. 넓게 일반화하자면 열차횟수의 증가는 높은 사고확률을 의미하며 승객을 더 많이 태우는 것은 사고 발생시 상해의 위험이 더 크다는 것을 의미한다. 그러나 간선 철도보다 느린 속도는 사고의 심각성이 더 낮다는 것을 의미한다. 도시철도의 궤도 배선은 일반적으로 단순한데 이것은 대안 진로가 제한되며 흔히 불

가능하기까지 하다는 것을 의미한다.

도시철도는 흔히 터널에서 운행되며(전체 또는 부분적으로) 이것은 더욱 제한사항을 만들게 되고 탈선과 충돌의 가능성이 더 높아진다. 지연은 승객에게 영향을 더 끼치고 밀실공포 효과가 보다 명백해진다. 터널에서 승객을 내리게 하는 것은 훨씬 더 시간이 걸리며 비상 서비스의 접근은 제한된다. 보수담당 직원 역시 선로변 장치에 접근이 더 어려우며 고장 발견과 수리에 더 긴 시간이 필요하다. 그 결과 가용성에 대한 강조가 일반적으로 간선 철도에 비해 더 높게 된다.

도시철도는 차량 형태의 다양성이 제한되며 허용되어야 하는 열차 특성의 범위가 훨씬 적다는 이점이 있다. 동종의 차량이 전 노선에 걸쳐 사용되면 더욱 긴밀하게 차량에 맞추어 신호시스템이 최선의 성능을 얻도록 하는 추가의 이점이 있다. 특히 열차의 길이, 가속, 상용 및 비상 제동율이 동일하게 되고 열차의 통합성이 좀 더 용이하게 이루어질 수 있다.

3.1.1 신호의 원칙

여기서는 도시철도 시스템의 신호 원칙을 둘러싼 몇 가지 문제에 대해 논의하고 원칙의 적용에 기술이 어떻게 영향을 미치는지 그 예와 함께 살펴본다.

3.1.2 배경

전 세계의 도시철도 시스템에서 도시철도 안전 운영의 토대가 되는 신호 원칙은 다음과 같은 이유로 도시철도 간에 서로 다르다.

- 법적인 요건
- 과거의 선례(사건의 조사 포함)
- 사용된 기술
- 수락할 수 있는 사람간의 상호 절차

도시철도의 핵심 운영요건을 지원하는 기본적인 신호 원칙들이 확인되었다.

3.1.3 기본 원칙

기본 원칙들은 아래와 같으며 이는 도시철도와 간선철도 (마지막 항목 제외)에 적용 가능할 것이다.

- 열차 간 그리고 열차와 고정 물체 간 충돌의 방지
- 진로가 설정되고 진로가 확고한 경우에 한하여 진행 허가
- 잘못 놓인 포인트 또는 부정확 하게 쇄정된 대향 분기에서 열차의 탈선 방지
- 표시하는 허가의 범위에서 명확한 진행의 허가
- 궤도 구조, 신호까지 거리 또는 장애물과 관련되어 이를 넘어서지 않는 그리고 알 수 있는 안전 최고속도의 표시 사용
- 하나 또는 더 단계가 낮은 운영모드 그리고 필요한 지원시설의 준비

어느 특정한 시스템에서 이런 원칙이 시행되는 것은 도시철도에서 요구되는 안전도와 성능수준을 달성하는 중요한 요소가 될 것이다. 이것은 사용되는 기술, 인프라구조 그리고 물리적 제한에 의해 영향을 받을 것이다. 이러한 기본적인 원칙이 부가적인 특징으로 확대될 것이라는 것이 거의 확실하다. 그러한 특징들은 이를 사용하는 특정 도시철도에 의해 신호의 원칙이나 신호 표준으로 분류될 가능성이 있다.

3.2 도시철도 신호 시스템의 특징

여기서는 부가적인 특징에 대한 모든 목록을 담고 있지는 않지만 그 범위를 살펴보기 위한 예로서 선택된 것들이다. 일반화하여 간선 신호시스템에서는 드물게 발견되지만 그럼에도 간선에서도 사용 예가 파악되었다고 말할 수 있다.

여기서 그 특징들의 세 가지 범주에 대해서 검토한다.

1. 통합 안전성 개선에 요구되는 특징
2. 수송능력의 강화 특징
3. 수송능력의 강화로 초래되는 통합 안전성 특징

이어서 자동열차방호(ATP)시스템과 자동열차운전(ATO)시스템의 사용에 관해 검토해

본다.

3.2.1 통합 안전성 개선에 요구되는 특징

처음 3개의 특징은 수동운전 열차를 위한 색등식 신호시스템에 있어서 특히 중요하다.

열차의 분리

이것은 이동을 허용 하는 모든 신호와 관련되어 중첩된 거리를 사용한다. 중첩 거리는 열차가 최대 속도로 주행하는 동안 위험 신호를 통과하면 비상제동이 자동 체결되어 열차가 정지할 수 있도록 충분히 계산된 거리이다. 이 특징은 선행하는 열차와 충돌할 수 없도록 하는 것이다.

과주 방호

이것은 신호를 지나친 과주를 검지하는 즉시, 과주 궤도회로를 포함하거나 또는 과주 궤도회로에서 열차와 충돌이 발생할 수 있는 진로상의 모든 신호를 위험신호로 설정한다.

곡선부 신호

이것은 열차가 곡선이 있는 터널에서 주행할 때 기관사가 항상 신호를 볼 수 있도록 부가된 중계 신호이다.

역행 검지

이것은 열차가 주행방향과 반대로 가기 시작하는 경우(기울기 때문에), 자동으로 열차를 정지하도록 한다.

안전한 출입문 운영

이것은 열차가 역간에 있을 때, 움직이고 있을 때 또는 정지 상태에 있을 때 출입문의 우발적인 개폐를 방지하며 승강장에 인접한 출입문만이 개방되도록 한다. 비상시에는 무시하도록 한다.

직원 보호

이것은 궤도구역에 열차의 진입 또는 이동을 방지하여 제한된 공간의 철도구역에 들어가야 하는 직원에 대한 안전장치로 제공된다.

3.2.2 수송능력의 강화 특징

이 세 가지 특징은 도시철도의 수송능력이 어떻게 최적화될 수 있는가에 대한 예들이다. 처음 두 가지는 정상적인 열차 서비스 운영에 적용되며 마지막 하나는 고장 조건 하에서 회복을 위해 사용된다.

조기 진로 해정

열차의 길이가 일정할 때 열차 전두부 검지는 그 열차의 후부가 진로의 한 부분에서 벗어났다는 하나의 간접 표시로 사용될 수 있다. 이것은 또 다른 진로설정을 허용하기 위해 진로의 일부분을 해정할 때 사용할 수 있다.

자동 진로 설정

이것은 하위 안전성 시스템을 사용하여 바이털 신호시스템 내에서 진로설정을 가능하게 한다. 신로실징을 기다리는 열차에 대해 지연을 최소화하고 설계된 운전시격이 달성되도록 기여한다.

원격 분기 보안

이것은 신호가 고장 난 조건 하에서 사용되며 포인트 동작을 방지하는 독립된 방법이다. 열차의 포인트 통과 허용은 원격 관제에 의한다. 기관사는 포인트가 안전하게 확보되었다는 것을 보여주는 표시를 반드시 확인해야 한다.

3.2.3 수송능력 강화로 초래되는 통합 안전성 특징

이 두 가지 특징은 안전성에 관한 것이지만 그 필요성은 흔히 수송능력 강화에 의해 추진된다.

다양한 진로 유보

다양한 진로 유보의 다양성은 논 바이털 논리나 바이털 회로 두 가지 모두에 의해 제어되는 자동진로설정 내에 들어있다. 이것은 불연속 궤도회로 운영(불규칙 궤도회로)으로 진로가 설정되는 것을 방지하기 위하여 사용된다.

다양한 포인트 쇄정

이것은 예를 들면 공기로 작동되는 포인트처럼 물리적 동작의 시작에서 빠른 반응을 만드는 포인트 운영방식에 사용된다. 이 예에서 진로설정의 다양성으로, 현장회로가 분기를 쇄정하는 데 사용된다.

3.3 자동 열차 방호(ATP)

자동열차방호(ATP) 시스템은 여러 형태로 세계의 도시철도 대부분에서 사용된다.

그림 3-1 : 열차정지장치와 제동 콕 레버

자동열차방호 시스템은 열차의 이동이 적절하게 이동허가(MA)(전방 설정된 지점까지의 이동)를 준수하는가 점검하는 별개의 시스템 또는 하부 시스템이다.

ATP 시스템에는 다음과 같은 세 가지의 범주가 있다.

1. 철도 내의 특정 위치에서 열차에 비상 제동을 체결하도록 하는 ATP 시스템으로 열차가 특정 위치를 넘어서 이동하는 것이 허락되지 않았을 경우에 적용된다. "특정 위치에서 제어"하는 태의 시스템은 예를 들어 제동체결을 일으키는 열차정지장치나 궤

도 무선표지(비이콘)를 사용한다. 이것이 가장 단순한 형태의 ATP이다. 그림 3-1은 특정 위치에서 비상 제동체결을 시작하기 위해 열차의 제동콕 레버와 열차정지장치가 상호 작용하는 것을 보여준다.

2. 1에서 설명한 시스템의 기능과 추가의 기능을 가진 ATP이다. 열차가 특정 위치를 지날 때 시스템은 차상 ATP 장치에 데이터(열차의 이동이 허락된 거리와 허용된 속도와 같은)를 제공 한다. 그러면 차상장치는 이 데이터를 가지고 열차의 이동을 감시하고 위반이 검지되면 비상제동을 체결한다. 이러한 형태의 시스템의 예는 전형적으로 궤도에 장착된 비이콘과 신호에 인접하여 설치한 제한된 길이의 루프를 사용한다. 이러한 형태의 시스템을 때때로 불연속 ATP 시스템이라고 부르기도 한다.

3. 2에서 설명한 시스템의 기능을 가졌으며 언제든지 열차의 이동을 허락하는 데이터(또는 이동허가를 만들어내는 차상 ATP 장치에 사용되는 데이터)도 제공할 수 있는 ATP 시스템이다. 이동권한이 연장되는 능력을 갖게 되는 열차는 즉시 신호 운전시격을 단축하는데 사용될 수 있다. 이것은 가장 짧은 운전시격을 요구하는 도시철도에서 이를 달성하는데 특히 적절하다.

열차가 이동하는 동안 언제라도 비상 제동을 체결하도록 ATP 시스템에 내리는 명령과 같은 기타의 정보도 ATP 시스템에 있을 수 있다. 수동으로 운전되는 열차에 ATP 시스템 데이터는 운전실의 기관사가 보도록 현재의 이동허가를 화면에 표시하는데 사용될 수 있다. 이것은 선로변 신호기에 대한 필요를 감소시키거나 없앨 수 있다. 이러한 형태의 시스템의 예는 궤도노반 위에 설치된 연속적인 루프를 사용하거나 또는 데이터 전송방식과 같이 무선으로 차상 ATP 장치에 데이터를 송신하는 것이다. 이러한 형태의 시스템을 때때로 연속적인 ATP 시스템 이라고 부른다.

ATP 시스템은 흔히 기본적인 원칙의 적용과정을 단순화하며 또 여기서 설명한 몇 가지 특징의 적용을 단순화한다. 연속적인 ATP 시스템은 엄격한 운전시격 요건의 달성을 용이하게 할 수 있다.

3.4 자동 열차 운전(ATO)

자동열차운전(ATO) 시스템은 열차견인과 서비스 제동기능을 제어하는 차상 시스템으로 ATP 시스템에서 인가한 속도와 현재의 이동허용 범위 내에서 열차를 최적 이동할 수 있도록 한다. ATP 시스템은 일반적으로 ATO 시스템 사용을 위한 전제조건으로 받아들여진다. ATP 시스템은 통상 3.3에서 설명한 3항의 형태(연속적인 ATP 시스템)이지만 2항의 형태일 수도 있다(불연속적인 ATP 시스템).

ATO 시스템의 일차적인 장점은 가속과 제동에 의해 달성될 수 있는 열차 성능의 일관성에 있다. 이것은 수동열차 운전과 비교할 때 운전마진(시간표에 들어간 열차간의 간격에 포함된 허용 오차 그리고 열차서비스 성능달성에 영향을 주는 요소들의 범위 내에서 편차를 허용하는데 사용)을 줄일 수도 있다. 따라서 ATO는 엄격히 요구되는 운전시격 달성을 용이하게 할 수 있다.

더욱이 ATO의 잠재적 이득은 열차 이동의 조정이 자동으로 이루어지며 이 조정은 매우 효과적이고 효율적인 방법으로 시행될 수 있다는 것이다. 이 조정기능은 통상 집중 제어시스템과 연계하여 수행되며 ATO는 각각의 조정 결정을 시행하는 방법을 제공할 수 있다. 이것을 할 수 있는 능력은 ATO 시스템 하나하나의 특성에 달려 있으며 또 그와 연관된 ATP 시스템에 달려 있다.

ATO 시스템의 제어 하에 있는 동안 열차의 견인이나 제동기능의 운영은 사람에게 요구되지 않는다. 이론적으로는 ATO 시스템이 장착된 경우 사람이 열차의 운전실에 있을 필요도 없다. 많은 도시철도에서 ATO나 ATP 시스템이 고장 나는 경우 사람이 개입하여 수동 열차운전이 필요할 수 있다는 이유에서 사람을 고용하는 것을 택한다. 이들은 또 여행하는 대중에 대한 보증을 제공할 수 있다. 몇몇 철도 당국(밴쿠버의 스카이트레인 메트로와 파리 메트로 14(Meteor선)호선)은 차상에 사람 없이 ATO 시스템을 운영한다. "무인" 운전에는 열차의 승객과 중앙 관제소 간에 직접적인 양방향 통신 링크와 같은 추가의 지원 시스템이 필요하다.

"무인 운전"은 열차가 승객 없이 이동하는 경우(측선에서의 후진 또는 차량 기지 작업)에 도입될 수 있다. 그래서 열차 승무원을 줄이고 기관사가 열차의 끝을 바꾸는 시간을 줄여준다. 완전한 무인 운전은 고객 요구사항 증가에 따른 대응 서비스가 잘 이루어지는 열차에 도입될 수 있다. 이러한 시스템은 시간표에 의해 제약을 덜 받으며 열차를 좀 더 일관성 있고 효율적인 방법으로 운영할 수 있게 된다. 그러나 추가적인 보안조치의 제공과 비상대응 능력을 제공해야 하는 데는 종래의 운영에서는 없던 부가 비용을 의미한다.

3.5 원칙의 시행

승객이 있는 도시철도 운영에 요구되는 신호시스템에는 다음의 두 가지 형태가 있다.

1. 진로 선택이 없는 직선 궤도로 구성된 철도지역에서 요구되는 신호 시스템
2. 진로 선택이 있고 따라서 포인트와 분기 궤도작업이 있는 지역에서 요구되는 신호시스템

기본적인 원칙과 특징 중의 몇 가지는 두 가지 형태의 신호시스템 모두에 적용될 것이며 그 중 몇 가지는 두 번째 형태에만 적용될 것이다.

ATP 시스템이 있는가 하는 점은 3.3 에서 개략적으로 설명한 원칙과 특징의 시행에 있어서 핵심적인 고려사항이다. 이것은 특정한 특징의 요구와 시행되는 방법이 사용되는 ATP 시스템의 형태와 다를 수 있기 때문이다. 예를 들면 연속적인 ATP 시스템의 사용은 과주 확률을 감소시킬 것이고 따라서 과주 방지에 대한 필요가 상당히 감소되거나 필요 없게 되는 반면 "특정 위치에서 제어"하는 형태의 ATP 시스템은 과주 방지가 필요할 것이다.

여기서 도시철도 신호시스템의 주요 구성요소에 대해 설명하고 그 특징을 살펴본다.

3.5.1 고정 폐색을 사용하는 열차 검지

열차 위치에 대한 신뢰성 있는 검지는 모든 신호시스템의 안전한 운영에 근본적인 사항이다. 전통적으로 신호시스템은 특정구역 내에서 열차 위치를 검지하여 열차의 이동을 방호했으며 적절하게 분리가 유지되고 있다는 것을 보장하는 방호시스템을 제공하였다. 열차의 존재를 검지하기 위해 분산된 구간이나 블록으로 궤도를 세분하는 것은 통상 궤도회로에 의해 이루어졌지만 차축 카운터와 같은 다른 기술도 어느 도시철도 당국에서 받아들일 수 있다면 사용될 수 있다.

위에서 설명한 블록을 사용하는 시스템은 "고정 폐색" 시스템으로 알려지게 되었다. 그러나 이러한 시스템에 사용되는 ATP 시스템의 형태에 따라서, 또 열차의 진행을 허가하는 방법(색등식 신호, 차상표시 등)에 따라 성능에 큰 차이가 있다는 점에 유의하여야 한다. 고정 폐색시스템에서 열차 위치의 분석은 열차가 점유하고 있는 폐색궤도의 길이에 의해 결정되며 그것은 어느 한 지역의 철도 성능을 정의하는 폐색궤도의 수와 길이에 의한다. 이러한 열차검지 시스템은 전 세계의 도시철도에서 좋은 효과를 거두었으며 지금도 효과를 내고 있다. 색등식 신호기와 "특정 위치에서 제어"를 하는 ATP 시스템을 사용하는 경우 이들은 열차가 90초의 짧은 간격으로(정상적인 선로속도로 운행하며) 운영되도록 할 수 있다. 이것은 역에서 정지와 회복시간이 허용되는 경우 시간당 30개 열차(TPH) 서비스와 같은 것이다.

수송능력을 최대화하기 위해 궤도 분할은 상대적으로 많은 수의 더 짧은 폐색으로 나누는 것이 가능하며, 이 접근방법은 많은 고밀도 고정 폐색 시스템에 채택되었다. 그러나 이러한 해결책은 많은 수의 신호기 그리고 궤도장치의 설치와 보수에 필요한 비용이 들게 된다. 경제적으로 효과를 내는 점에 도달하거나 유용한 경우에 폐색의 수를 증가시킨다.

3.5.2 정밀, 연속적인 열차 검지

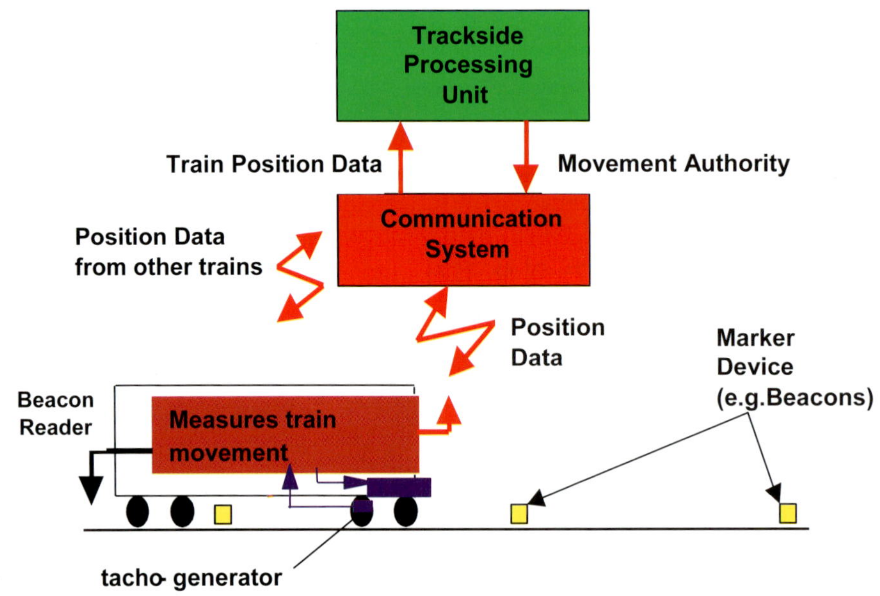

그림 3-2 : 정밀, 연속적인 위치 검지의 원리

연속적인 열차 위치의 검지를 위해서 다음의 세 가지 요소가 필요하다.

1. 충분한 정밀성과 신뢰성이 있는 차상 열차이동 측정 방법
2. 열차에서 궤도변 프로세스 유니트로 명시된 최대시간 내에 최종 측정된 데이터의 통신 방법
3. 제어구역 내의 모든 열차로부터 측정 데이터를 수신할 수 있고, 이 데이터를 명시된 최대시간 내에 처리할 수 있는 궤도변 유니트

이 세 가지 요소는 각각 공통적으로 하부 시스템을 형성한다. 그림 3-2는 정밀하고 연속적인 위치 검지를 위한 하부시스템 간의 상호 연결의 예를 보여준다. 각 하부 시스템의 특징을 다음 항에서 검토한다.

열차 이동의 측정

열차가 이동한 거리를 측정하는 전형적인 방법은 차축의 회전을 측정하는 것이다. 이로부터 열차 하부시스템은 열차가 이동한 거리를 결정할 수 있다. 또 다른 대안은 레이더 기반 장치를 측정을 위해 사용하는 것이다. 열차의 하부시스템은 이들 측정값을 철도상의 절대위치에 결부시킬 수 있어야 하며 이를 위해 표지장치가 궤도상에 설치되어 있다.

선택된 표지장치(비이콘)는 바퀴의 미끄러짐으로 발생할 수 있는 오류를 극복하기 위하여 기본적인 측정값을 수정하는 데 사용될 수 있다. 이와 같이 열차 하부시스템은 자신의 현재위치 측정을 연속적으로 할 수 있다.

궤도변 유니트와의 통신

측정 데이터는 가능한 한 가장 짧은 시간 내에 궤도변 유니트로 전송되어야 하며 이것이 달성할 수 있는 성능을 결정하기 때문에 최악의 경우 전송시간 값을 알아야 한다. 전송 매체는 열차가 주행하는 레일, 궤도 도상에 놓인 루프 또는 무선 시스템일 수도 있다. 이들 매체의 특성은 서로 다르며 이것은 전반적인 성능에 영향을 미치게 된다.

주행 레일의 사용은 도시철도에서 가장 용이한 것이기는 하지만 달성할 수 있는 성능을 제한하기 쉽다. 포인트와 크로싱 구역에서 신뢰성 있는 데이터 전송에 문제가 될 수 있으며 궤도 기반의 루프가 보완적인 전송 매체로서 필요할 수 있다. 루프는 직원(또는 궤도가 비상 대피로인 경우 승객들)의 발이 걸리는 위험을 줄 수 있다. 열차 가공선과 궤도루프 간의 거리에 따라 충분한 신호강도 역시 루프에 문제가 될 수 있다.

무선이 가장 쉬운 매체이겠지만 모든 조건 하에서 일관성 있는 데이터의 전송을 보장하기는 어려울 수 있다(주조 터널과 같은 도시철도의 인프라구조에 의해 전송에 영향을 끼칠 수 있기 때문). 만약 전송이 간섭에 의해 방해를 받는다면(예를 들어) 열차는 정보의 부재 때문에 정지할 수 있다. 그러므로 전송은 신뢰성 있는 운영을 보장하기 위해서 일관성이 있어야 하고 안전해야 한다.

누설 피더 전송을 하는 전용 무선채널에서부터 GSM과 TETRA 시스템, 무료 공중 네트워크까지 걸쳐 여러 가지 기술이 가능하다. 북미에서는 스프레드 스펙트럼 시스템도 사용된다. 각각의 시스템은 장점과 단점을 갖고 있으며 특정 애플리케이션을 위한 올바른 결정을 위해 사전에 세부적인 연구를 해야 한다. 최종 선택은 적합한 채널의 가용성과 애플리케이션을 적용하는 국가의 해당 무선규제 체계에 의해 크게 영향을 받게 될 것이다.

무선 시스템이 사용되는 경우 열차를 폴링 하는 것이 통상적이다. 이것은 열차가 자신의 위치를 중계하는 시점과 진행 허가를 수신하는 시점 사이에 상당한 지연이 발생할 수 있다. 이러한 지연이 만약 수초의 순차문제가 되는 경우 이는 이동폐색 운영의 장점을 위태롭게 한다는 것을 의미한다.

궤도변 프로세스 유니트

궤도변 프로세스 유니트는 열차이동에 관한 측정 데이터를 제어구역 내에 있는 모든 열차로부터 받는다. 이 데이터를 처리해야 하며 처리 후에는 통상 그 정보를(통신 시스템을 이용하여) 각 열차의 하부 시스템에 정의된 최대 시간간격 이내에 회신해야 한다. 회신된 정보는 이동 허가이거나 열차 하부시스템에서 이동에 대한 허가를 만들어 낼 수 있도록 한다(3.5.3 이동허가 참조). 이 처리 주기는 연속적으로 반복된다. 이론적으로는 열차의 하부시스템에 이동 허가를 하는 대신에 궤도변 프로세스 유니트에 의해 수신된 데이터를 신호현시를 제어하는데 사용하는 것이 가능하다.

전체적인 시스템의 성능은 열차와 궤도변 간의 통신속도, 궤도변 프로세스 유니트의 처리속도 그리고 하나의 궤도변 프로세스 유니트 제어 하에 있는 열차의 수에 의해 결정될 것이다. 후자의 파라미터에서 한 지역 내에서 허용되는 최대열차 수를 초과하지 않도록 하는 방법이 필요할 수 있다.

3.5.3 이동 허가의 제공

기관사나 ATP 시스템(또는 모두)에 열차의 전방 이동이 허가되는 것을 통지하는 방법이 제공되어야 한다. 각각의 방법은 채택된 ATP 시스템(3.3 참조)의 형태에 의존할 것이다. 여러 가지 방법이 아래에 설명된다.

색등식 신호 + 특정 위치의 ATP

이동 허가는 흔히 고정된 신호기 전면에 있는 색등식 신호에 의해 제공된다. 이 허가는 통상 열차정지장치나 비이콘과 같은 특정위치의 ATP 시스템에 의해 강화된다. 그림 3-3은 색등식 신호와 열차정지장치가 궤도변에 설치되어 있는 경우를 보여준다.

그림 3-3 : 특정위치의 열차정지장치와 색등식 신호

열차의 비상 제동은 기관사가 이동이 허가되지 않은 고정 신호기를 지나 주행하려는 경우 체결된다. 이러한 시스템의 주된 특징은 수동 열차운전과 고정 폐색 검지이다. 기관사에게 적색 신호의 현시는 통상 이동에 대한 허가가 없으며 적색 신호를 넘어 진행하지 말아야 한다는 것을 표시한다. 녹색 신호현시는 그 색등식 신호기의 제어 한계까지의 이동 허가를 표시한다. 다른 색의 현시는 통상 권고나 제한조건이 있는 이동 허가를 표시하며 도시철도 당국의 각각의 운영 규칙에 따라 다르다. 다른 형태의 신호가 차량기지와 측선에서의 이동에 사용될 수 있다. 이것은 기관사에게 본선 환경과 차량기지/측선 간에 이동 허가의 차이를 강조하기 위해서이다.

색등식 신호의 신호시스템은 신호에 접근하는 기관사가 최적 성능을 얻기 위한 적절한 시간에 신호를 잘 볼 수 있도록 설계해야 한다. 터널구역에서 주 신호가 터널이 휘어서 (예를 들면) 잘 보이지 않을 때에는 색등식 중계 신호가 필요할 수 있다. 안개와 같이 좋지 않은 기후조건 역시 개방된 지역에서의 신호시스템에 고려되어야 한다. 이런 목적으로 색등식 중계 신호가 적절한 조치(예를 들어 장거리 렌즈)와 함께 흔히 사용된다. 램프의 필라멘트 고장이나 신호현시와 특정 위치의 ATP 시스템 상태 간의 불일치 같은 고장조건 역시 고려되어야 한다.

불연속적인 ATP + 신호기 또는 차상표시

이런 형태의 시스템은 수동으로 운전하는 열차와 고정 폐색 열차검지의 특징을 가지고 있다. 이동 허가는 신호시스템에 의해 불연속 ATP 시스템에 제공된다. 이 정보는 궤도변 신호기를 사용하거나 차상표시로 기관사에게도 전달된다. 궤도변 신호기를 사용하는 경우에 신호시스템은 ATP 시스템에 제공하는 것처럼 같은 정보를 신호기에 제공한다. 이런 조치로 ATP와 색등식 신호 간에 일관성을 제공하기 위해 열차가 신호에 접근하는 경우 궤도기반 루프(분산된 궤도 비이콘에 추가하여)가 사용된다. 이 루프는 열차가 접근할 때 신호가 적색에서 녹색으로 바뀌는 경우 이 정보를 열차에 장착된 ATP 장치에 전달되도록 한다. 루프 역시 불필요한 제동을 피할 수 있어야 하고 이것이 설치된 지역에서 최적 운전시격이 달성될 수 있어야 한다. 이것은 밀도가 높은 도시철도 시스템에서 중요한 것이다.

이러한 형태의 시스템이 적절하게 설계되었다면 열차서비스 수행성능은 루프가 설치된 지역에서 "색등식 신호기+특정 위치 ATP" 시스템보다 더 좋을 것이지만 지연으로부터 회복하는 능력은 근소할 뿐이다.

차상 ATP 장치는 허용된 속도 데이터에 대해 열차의 이동을 감시하며 위반이 검지되면 비상 제동체결을 작동시킨다. 위반을 최소화하거나 완전히 제거하기 위해서 허용된 속도 데이터를 기관사에게 제공하는 것은 매우 바람직하다. 그러나 어떤 시스템은 기관사에게 이 정보를 제공하지 않고 운영된다. 이 정보가 제공되는 경우 이동허가 정보도 역시 포함시킬 수 있도록 차상표시를 사용할 수 있다. 시스템 설계 중에 차상표시와 연관된 인적 요소(인간공학의)에 특히 주의를 기울여야 한다. 예를 들면 기관사는 방해물의 존재를 파악하기 위해 전방궤도 감시와 함께 차상 표시를 감시하여야 한다.

시스템이 차상표시에 모든 이동허가 정보를 제공한다면 이론적으로 궤도변 색등식 신호는 필요가 없다. 현실적으로 많은 도시철도에서 고장 시 대체 시스템으로 사용하거나 또는 ATP시스템을 장착하지 않은 열차를 사용하기 위하여 보유한다.

연속적인 ATP + 차상표시 또는 ATO

이런 형태의 시스템은 가장 유연성 있는 것 중에 하나로서 고정 폐색이나 이동 폐색 위치검지 장치를 갖고 있거나 수동으로 주행하는 열차로 차상표시를 사용하거나 또는 ATO를 사용할 수 있다. 이동에 대한 허가는 신호시스템에 의해 ATP 시스템에 제공되며 이것이 생신되는 정도는 고정 폐색이나 이동 폐색 위치검지 어느 것이 사용되는가에 달려있다. 수동으로 운전하는 열차에는 차상표시가 최적의 열차서비스 성능을 달성하기 위해 필요하지만 색등식 신호는 이것이 우선이 아닌 경우에 사용될 수 있다. “불연속 ATP + 신호기 또는 차상표시” 시스템에서 차상표시에 대한 해설이 이 형태의 시스템에 동일하게 적용된다.

ATO가 사용되는 경우 ATP 시스템에 제공되는 이동 허가는 ATO 시스템에도 제공된다. ATO 시스템은 주어진 시간에 이동 허가에 대한 처리와 시행을 한다.

열차서비스 수행성능은 대부분의 경우 “불연속 ATP + 신호기 또는 차상표시” 시스템보다 더 좋을 것이지만 달성할 수 있는 수준은 고정 폐색이나 이동 폐색 위치검지 어느 것이 사용되는가에 달려있다. 이동 폐색 위치검지 시스템을 사용하는 이러한 형태의 시스템은 이론적으로 가장 좋은 능력을 제공할 것이다. 몇몇 도시철도 당국은 이동 폐색 위치검지 시스템의 실행상의 어려움 때문에 이를 고려하여 고정 폐색 위치검지 시스템을 가진 이러한 형태의 시스템이 바람직하고 이들은 낮은 열차 서비스 수행성능을 받아들일 준비가 되어 있는 것이다.

3.5.4 진로 설정, 진로 제어 및 선구조정

여기서는 도시철도 선구의 제어 그리고 감시와 관련하여 몇 가지 문제에 대해 살펴본다. 진로의 선택에 있어서 신호시스템의 본질적 역할인 진로 설정부터 시작하는 상향식 검토이다. 진로 설정기능의 자동화는 선구 전체의 조정 가능성을 열어주며 이 원칙들이 검토된다.

진로 설정

진로 설정을 위한 하부시스템의 핵심 요소는 연동장치이다. 이 장치는 전체 신호시스템의 안전성에 중대한 기여를 한다. 진로는 열차에 의해 점유되지 않았을 때만 설정될 수 있고 상충되는 진로가 없을 때 일단 진로가 설정되면 그 열차의 통과를 위해 쇄정되는 것을 보장한다. 연동장치와 연계하여 사용되는 ATP 시스템은 후자의 요건과 복잡성에 대해 상당한 효과를 주게 된다. 연속적인 ATP 시스템은 일반적으로 연동장치의 복잡성을 감소시키게 된다.

두 개 또는 그 이상이 분기하거나 집중하는 진로 그리고 한 진로가 설정되어 쇄정되는 경우 이를 나타내는 궤도변 표시는 통상적이며 같은 정보가 ATP 시스템의 차상 장치에 전달된 경우라도 마찬가지이다. 이 궤도변 표시는 색등식 신호(다른 표시일 수도 있다)이며 이것은 기관사가 올바른 진로가 선택되었다는 것을 점검할 수 있게 해준다.

연동장치는 시스템 안전성에 핵심적 기여를 하는 것에 추가하여 시스템 성능에도 일차적인 기여를 한다. 새로운 진로가 선택되고 설정되는 정도는 흔히 도시철도에 의해 달성될 수 있는 처리량을 결정하는 한 요소이다. 연동장치에 사용되는 기술은 이 정도에 영향을 주게 된다.(4.1 참조)

진로 제어

진로 제어는 설정되어야 하는 진로를 선택하는 방법이다. 진로 선택의 시기와 순서는 열차의 이동을 최적화하는데 중요한 역할을 한다. 가장 단순한 방법은 진로가 설정되도록 기계연동장치의 레버를 작동하는 사람(신호 취급자)을 사용하는 것이다. 그 기능은 통상 제어 하에 있는 궤도지역에 가까이 위치한 신호 취급소에서 수행되었다. 아직도 세계의 오래된 도시철도 중에는 이러한 형태의 진로제어 예가 많이 있다.

필수적인 기능을 갖춘 신호 취급자를 채용하고 보유하는 것이 어려워졌기 때문에 진로 설정 기능에 자동화를 도입하는 것이 필요하게 되었다. 그것은 비용을 절감하고 운영효율을 개선하고 일관성 있는 성능을 제공하는 장점도 있었다. 자동진로선택의 원리는 다른데 예를 들면 현재의 시간표에 따라서(시간표가 있는 경우), 또는 도착순서대로 열차의 목적지에 따라 만들 수 있다.

자동진로선택에 대한 사람의 감시는 일반적으로 필요하지만 몇몇 단순한 도시철도 선구의 경우 사람이 감시할 것이 별로 없어 그 임무와 함께 다른 기능을 겸해서 수행할 수도 있다. 보다 복잡한 도시철도에서는 특히 열차이동에 장애가 있는 경우 감시자가 자동기능을 무시하거나 제한할 수도 있다.

감시자는 자동진로선택이 운영되는 여러 구역을 감시할 수도 있다. 물리적으로 감시자는 지역 관제실에서 다른 감독자들과 함께 근무할 수 있다. 그림 3-4는 제어지역에 대한 비디오 화면표시가 있는 지역 관제실을 보여준다. 아니면 전체 도시철도 노선을 중앙 선구제어 기능으로 감시할 수 있다. 어떤 형태를 사용하는가는 도시철도 노선의 규모와 물리적인 특성에 달려있을 것이다.

그림 3-4 : 지역 관제실

선구 조정

선구 조정기능은 노선의 특정 구역(또는 그 길이에 따라 가능하면 전체 노선) 내에서 이루어지는 열차서비스의 성능을 최적화하기 위해 열차의 이동을 조절하는 기능이다. 조절은 통상 열차를 선행 그리고 후속하는 열차와 관련하여 그 위치를 변경하기 위하여 서행시키거나 정지시키는 것이다. 이러한 조절에 사용하는 두 가지 공통적인 전략이 있다.

그 첫 번째는 열차 서비스에서 발생하는 불규칙한 "공백"을 시정하는 것이며, 두 번째는 진로가 병합되거나 상충되는 경우 분기점에 도착하는 열차가 진로를 기다리며 분기점 외방에서 대기하지 않도록 하는 것이다.

열차 서비스의 "공백"이 발생하면(공백은 전형적으로 계획된 서비스 간격보다 1.5배 이상이다) 많은 수의 승객이 승하차하기 위해 승강장에서 정차하는 시간이 더 길어지므로 시간이 늘어나는 것은 거의 확실하다. 이것을 그림 3-5와 3-6의 도시철도 4개 역 구간에서 시간-거리의 도표로 나타내었다. 도표 상에 각각의 선은 열차의 이동을 나타낸다. 첫 번째 그림은 "서비스 공백"이 쌓여가는 것을 시정하는 조정 행동을 취하지 않은 것이다. 두 번째 그림에서는 지연된 열차의 선행 열차를 조정하여 지연의 효과를 중화시켜 결국은 규칙적인 서비스로 회복되는 것을 보여준다.

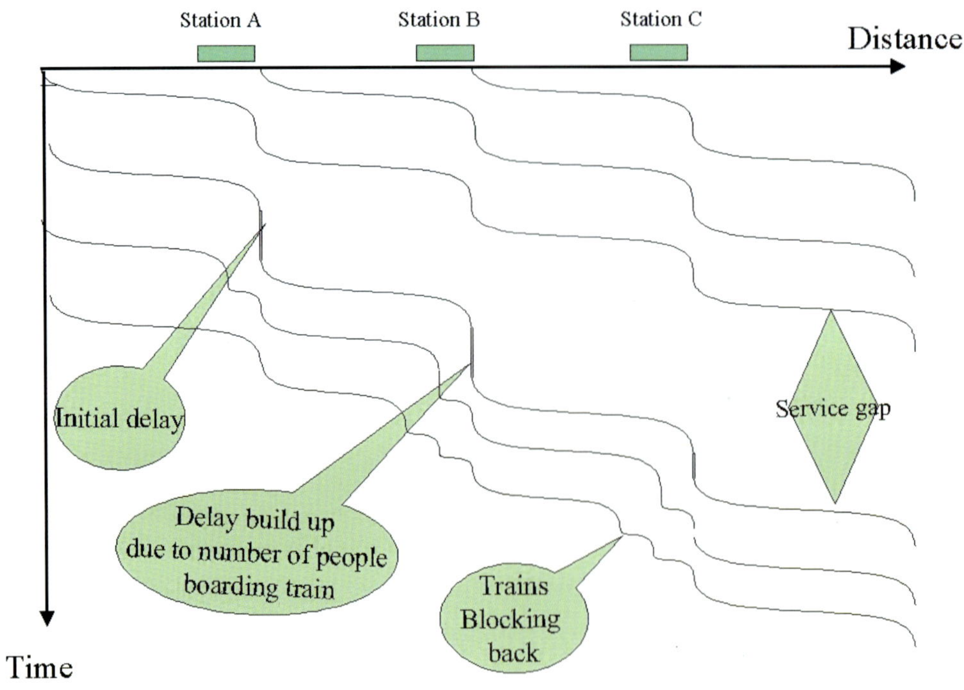

그림 3-5 : 불규칙한 서비스의 확대를 유발하는 열차의 지연

보다 적은 공통적인 조정전략은 열차 서비스에 요구되는 패턴이 명시된 구역에서 연이어 만들어지도록 조절하는 것이다. 특정 선로배선에서 네트워크 성능을 최적화하기 위해 특정한 열차서비스 패턴이 요구될 수 있다. 이 상황은 도시철도가 복잡한 선로 배치구역을 갖고 있어 짧은 기간 내에 다른 종류의 열차 이동에 맞추어야 되는 경우에 발생된다.

이런 형태의 요구는 오래된 도시철도 중에서 발생하는 경향이 있다.

조정을 시행하는 가장 단순한 방법은 중앙 관제실의 감시자가 구두로 기관사에게 필요한 조절을 하도록 지시하는 것이다. 이 방법(열차 무선 시스템을 사용하는)은 매우 효과적 이지만 열차 서비스의 작은 조정을 하기에 어려울 정도로 조악하기도 하다. 그 결과 시정 조치가 효과를 내기도 전에 문제가 자리를 잡아버릴 수 있다. 자동선구조정이 보다 좋은 방법이다. 자동진로제어가 이미 시행되었다면 이 기능은 상대적으로 쉽게 도입될 수 있다. 자동화 접근방법의 장점은 시정조절의 필요가 일찍 검지될 수 있고 열차의 승객들이 그 조치의 정도를 알아차리기 전에 일찍 시행될 수 있다는 것이다.

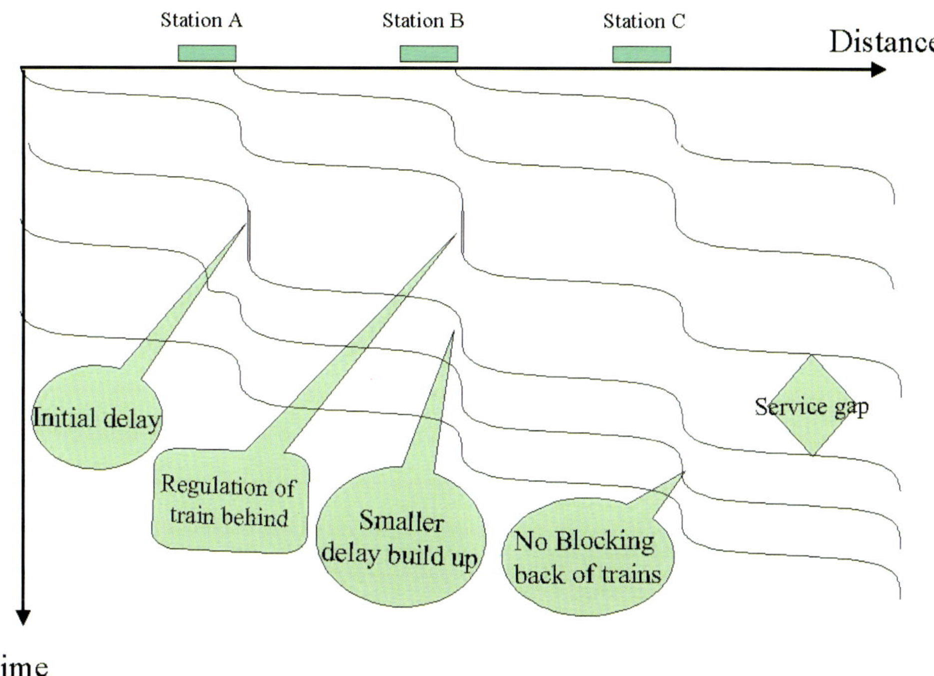

그림 3-6 : 지연에 대한 조정조치 효과와 규칙적인 서비스 회복

ATO가 시행된 도시철도는 조정을 수행하는 가장 효과적인 방법을 갖게 된다. 직접 ATO를 통해서 조절이 될 수 있을 뿐 아니라 조정시스템이 열차의 서비스 간격을 좁히기 위해 인근 열차보다 빠른 속도로 주행하도록 열차에 지시하는 기회가 있을 수도 있다. 이것은 지연하는 열차의 불리한 상황을 피하게 할 수 있다. 이와 달리 유사한 결과를 얻기 위하여 ATO 시스템을 통한 열차의 타행운전을 시행할 수도 있다.

과거 25년간 자동선구조정에 관한 상당한 양의 이론적 연구가 수행되었지만 이것을 시행한 도시철도의 수는 상대적으로 적었으며 시행한 경우도 보다 최근에 건설된 것들이다. 오래되고 좀 더 복잡한 도시철도들이 이 기술의 사용으로 가장 혜택을 많이 받을 수 있을 것이다.

3.6 도시철도 시스템의 인터페이스 관리

본 장에서는 도시철도 신호시스템의 원칙에 관해 특히 열차 서비스를 최적화할 수 있는 시스템 설계에 대한 필요사항을 다루고 있다. 이 최적화는 신호시스템이 다른 엔지니어링 분야와 인터페이스 되고 관련된 사람들(기관사, 관제실 운영자, 보수담당 직원)이 올바르게 관리되는 경우에만 실현될 수 있다. 신호엔지니어링은 본질적으로 도시철도시스템 내에서 인터페이스의 규모가 크다는 것을 의미한다.

도시철도(그리고 간선 철도) 조직에서 최근의 추세는 인터페이스 관리를 과거보다 더 복잡하고 어렵게 만들고 있으며 운영은 엔지니어링 기능을 제공하는 조직과는 별개의 조직 내에서 더 많이 수행되고 있다. 새로운 프로젝트는 흔히 별도의 공급자들과 많은 계약을 체결하고 있지만 보수에 관해서는 아직도 더 계약이 체결되어야 할 것이다.

이러한 인터페이스의 관리와 연관된 문제들은 프로젝트의 초기 단계에 고려되어야 하며 이들 문제를 다루는 효과적인 방법이 계약을 체결하기 전에 그 내용이 포함되어야 한다. 각각의 계약자(또는 잠재적 계약자)는 인터페이스의 관리에 관하여 요구사항을 완전히 이해하고 이 비용이 입찰 가격에 포함될 수 있도록 해야 한다. 잠재적인 계약자가 충분히 이해하도록 하는 내용이 계약에 포함되도록 하는 것은 당국의 책임이다.

프로젝트 관리 팀 내에 인터페이스 관리를 수행하기 위한 기능이 설정되어야 한다. 이것은 어려운 임무이며 이를 담당할 사람은 철도 엔지니어링과 운영의 경험, 또한 광범위한 엔지니어링과 관리 능력을 가진 사람이어야 한다. 인터페이스 관리는 그 자체가 모든 주요 철도 프로젝트의 필수적 구성요소인 시스템 엔지니어링의 핵심 구성요소이다. 신호와 제어 담당 엔지니어들은 그들의 신호시스템에 대한 기여가 최적화될 수 있도록 시스템 엔지니어링 원칙과 실제에 대한 이해가 깊어야 한다.

4. 사용된 기술

도시철도에 사용된 신호원칙과 기술의 대부분이 간선철도에서(IRSE의 도서 “철도신호”와 “유럽의 철도신호”에서 설명된) 사용된 것과 유사하지만 상이한 기술이나 원리의 예도 많이 있다. 본 장에서는 이러한 차이점을 조명해 본다.

4.1 연동장치

연동 시스템은 분기의 바이털 제어의 핵심으로 포인트와 신호가 상충되지 않도록 하며 열차가 분기를 통과하는 동안 포인트의 움직임으로부터 방호되도록 한다.

4.1.1 기계 연동장치

기계 연동장치는 자동화된 철도에 포함하기가 좀 어려우며 현재의 도시철도에서는 드물게 사용되고 있다.

4.1.2 계전 연동장치

계전 연동장치는 신호와 ATP 코드선택의 목적 모두를 위해 도시철도의 주된 연동기술로 형성되고 있다(5장 참조).

4.1.3 프로세서 기반 연동장치

그림 4-1 : 소형 PBI의 예(Westrace)

프로세서 기반의 연동장치(PBI)는 그 도입이 간선 철도에서 보다 느리기는 했지만 현재 도시철도에서 공통적으로 사용되고 있다. 그 두 가지 주된 이유는 다음과 같다.

1. PBI 시스템은 직렬처리 기술을 사용하며 처리능력을 최적화하고 궤도변 케이블 배선과 장치를 최소화하기 위해 비교적 큰 신호지역을 담당하도록 간선철도를 위해 개발되었다. 이러한 간선 PBI 시스템은 의사결정에 있어 시간지연을 측정할 수 있는 특징을 가지고 있어 조밀한 운전시격으로 운영되는 도시철도 상황의 운전시격에 영향을 줄 수 있다.

2. 현대의 간선철도에서 PBI가 집중화와 대규모 지역을 제어하는데 사용되는 것과는 달리 도시철도는 운영상의 가용성을 이유로 중앙 또는 로칼 제어설비로서 제어할 수 있는 분산제어 능력을 채택하는 추세였다.

위에 언급한 두 가지 요인은 소형 PBI의 사용, 분산구조의 비교적 작은 연동지역의 제어, 처리 시간의 최소화로 극복하게 되었다. 그 예는 VPI, Micrologic 그리고 Westrace이다.

4.2 선로전환 장치

그림 4-2 : 1.2m 이내의 포인트 운영체계

조밀한 운전시격 운영에서 진로설정 시간을 최소화하기 위해 많은 도시철도는 빠르게 반응하는 분기 운영체계를 채택했다. 열차 통과 후 진로를 신속하게 재설정하는 능력은 분기지점과 종단 역 인접의 건넘 선에서는 특히 중요하다. 회차 지점과 종단역에서 건넘 선의 형태와 위치는 이 지역에서 출발하는 열차가 상충되지 않고 도착하는 열차에 지연을 일으키지 않도록(반대의 경우도 마찬가지) 확보할 필요가 있는 곳으로 운전시격에 중대한 영향을 끼친다.

공간의 제한으로 인해 터널 내의 분기 운영체계는 흔히 주행레일 내에 꼭 맞추어 설치되어야 한다.

4.3 열차 검지

도시철도에서 열차의 검지는 거의 세계적으로 궤도회로의 사용으로 이루어진다. 직류 시스템이 일반적으로 사용되기 때문에 교류 궤도 회로를 사용하는 것이 필요하다. 가장 보편적인 형태는 임피던스 본드와 교류궤도 계전기의 양 궤조방식 궤도회로이다(그림 2-3 참조). 견인전류 맥동과 인근 다른 도시교통시스템으로부터 유입되는 전류의 영향을 극복하기 위해 광범위한 궤도회로 주파수가 보편적으로 사용된다. 즉, 33.3Hz, 50Hz, 75Hz, 83.3Hz, 100Hz 및 125Hz이다.

1960년대 중반까지 임피던스 본드는 일반적으로 오일을 채운 형태로 자갈 속이나 도상의 파인 곳에 설치되었다. 그 후 공기 냉각의 본드가 개발되었다. 이것은 콘크리트 도상의 레일 사이에 설치할 수 있도록 평평하고 낮은 구조로 만들어졌다. 공기 냉각으로 오일 냉각 본드에서 가지고 있는 화재와 공해의 위험을 극복했다.

그림 4-3 : 콘크리트 도상의 낮은 형태의 임피던스 본드

코드화 궤도회로는 차상신호와 자동열차방호(ATP) 시스템을 위해 보편적으로 사용된다(5장 참조). 초기 시스템은 기계적 코드발생기와 수신 계전기를 사용하여 교류 궤도 회로의 송전을 전형적으로 분당 75, 120, 180 및 270코드(CPM)의 비율로 단속하였다. 1970년대의 그 후 시스템은 차상신호와 ATP 설비를 위해 상태안정 저주파 궤도회로에 변조된 가청 주파수를 중첩하는 것이었다.(50Hz의 궤도회로에 2-5KHz 사이의 반송 주파수로 중첩, 25-80Hz의 범위 내에서 주파수 변조)

최근에 도시철도에서 사용하기에 적합한 무절연 궤도회로(JTC)가 출현하여 소음 감소, 전차선 본드의 단순화, 어느 정도 궤도보수의 감소와 같은 분명한 혜택을 제공하였다. 도시철도의 궤도회로는 간선보다 짧아서 조밀한 운전시격 달성을 위해 고주파 (전형적으로 5에서 10KHz)가 사용될 수 있다. 이러한 고주파의 사용이 인접 궤도회로의 접합부에서 간단하게 단말 접속을 할 수 있게 되었는데 흔히 특정 궤도회로 주파수에 동조 회로를 형성하기 위해 사용되는 동조 유니트에 병렬 연결되는 써킷 바보다 더 작게 되었다.

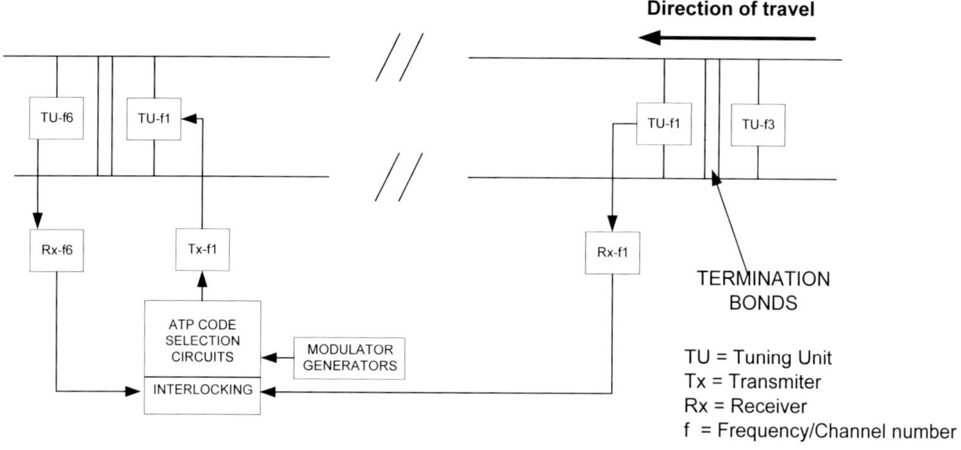

그림 4-4 : 전형적인 무절연 궤도회로 설비(ATP가 있는 경우)

외부 발생원으로부터의 간섭에 면역을 위하여 JTC는 흔히 송신기 내의 고정된 주파수 변조기로 변조되거나, 코드화 궤도 ATP가 사용되는 경우 외부 변조장치로 전환되어 변조된다. 이러한 변조는 진폭, 주파수 천이 또는 위상변조기술의 형태를 취할 수 있다.

그림 4-5 : 터널신호와 제어장치

비교적 많은 채널들이 각 궤도와 인접 궤도에 채널을 교차 배열하도록 디지털 신호 처리(DSP)도 궤도회로장치에 사용될 수 있다. DSP는 수신된 신호의 정밀한 결정을 할 수 있으며 반대로 원하지 않는 주파수나 형태의 신호에 대해 매우 높은 판별을 하여 간섭에 대한 높은 면역도를 제공한다.

4.4 정밀한 열차 검지

근접 검지기, 트랜스폰더, 차축 카운터, 트레들, 레일 써킷 등 이 모든 것이 궤도회로와 함께 좀 더 정교하게 정의된 열차의 위치를 파악하기 위해 사용되었다. 이러한 장치들은 조기 진로 해정, 속도 및 접근제어의 조기 해지를 가능하게 하며 승객 정보시스템, 열차 식별시스템 등과 같은 많은 논 바이탈 기능에 기동신호를 제공할 수 있다.

4.5 신호

터널 환경은 신호기와 다른 신호장치의 설치에 특히 문제를 초래한다. 그 이유는 주변 조도가 더 낮기 때문이다. 터널의 신호는 일반적으로 간선의 신호기보다 작은 직경의 렌즈를 가지고 있으며 그림 4-5에서 보는 바와 같이 관련 제어장치와 함께 벽에 설치된다.

4.6 열차 정지

열차정지 장치는 기계장치로 이동허가가 승인된 지점이나 선로변 신호기를 지나치는 열차의 이동을 방호하기 위하여 사용된다.

그림 4-6 : 열차정지장치

이 장치는 주행레일 한쪽에 인접하여 위치하고 있어 열차가 이곳을 통과하도록 허락되지 않은 경우 올려지는 제동 암이 있다. 올려진 위치에서 제동 암은 통과하는 열차의 선두 대차에 있는 제동 콕(열차의 제동체결을 위해 열차정지장치와 맞물린 차상장치)과 접촉 되어 제동을 체결시킨다.

열차정지장치는 제동 암을 공기, 유압 또는 전력에 의해 낮출 수 있다. 동력 고장의 경우 제동 암은 일반적으로 강력한 한 쌍의 압축 스프링에 의해 자동적으로 제동 위치로 올려진다. 신호 연동회로에 결합되었는지 상태를 검증하기 위한 각종 검증 접점의 사용이 가능하다. 예를 들면 제동 암은 열차정지 회로 제어기의 필수 부분으로 구성되고 있는 접점에 직접 연결된다. 이러한 접점들은 올바른 사이클로 작동되고 관련된 신호의 개통 이전에 제동 암의 위치를 확인하는 방법으로 신호현시 제어회로에 포함될 수 있다.

이러한 상태검증 회로의 고장이나 올바른 검증이 되지 않으면 신호의 개통은 금지된다. 몇몇 도시철도당국은 차상 제동장치의 올바른 동작을 입증하기 위하여 각 진로 내에 궤도변 시험 설비도 포함시키고 있다. 열차 방호장치로서 충분히 효율적이 되기 위해서 제동 암은 열차가 통과한 후에 제동 위치로 되돌아오는 것이 검증되어야 한다.

열차정지장치가 고장인 경우 두 가지의 가능한 조치가 있다. 이것은 심각한 상황이 존재한다는 것을 가정할 수 있으며 신호는 결함이 있는 열차정지 해당 신호기와 그 앞의 신호를 위험신호로 조정할 수 있다. 다른 방법으로는 고장 난 열차정지장치에 대한 제어를 가까운 열차정지장치의 제어에 포함시켜 열차를 계속 이동시키고 신호원에게 고장 발생을 통보할 수도 있다.

열차정지장치가 옳지 않게 제동위치에 남아 있는 경우에는 이것을 기관사에게 표시하여 비상제동이 체결되지 않도록 기관사가 열차제어를 계속하도록 한다. 이중의 적색과 녹색의 신호현시는 통상 이러한 상태를 표시한다.

열차정지시스템의 안전성 원칙을 완성하기 위해서는 차상의 제동 콕이 활동적인 위치에 있다는 것을 정기적으로 점검해야 한다. 이러한 점검 시스템은 측정기와 검지기로 구성되어 있다. 제동 암은 이 측정기를 통과해야 하며 이 검지기가 작동할 수 있는 충분한 길이가 되어야 한다. 올바르게 측정되었다는 것이 기관사에게 표시되고 고장의 경우는 인접의 감시자에게 경보로 알려야 한다. 기지를 떠나기 전에 정비사는 제동 콕의 작동이 제동을 체결한다는 것을 점검하고 확인해야 한다.

4.7 승객 정보시스템

간선과 도시철도 간의 승객 정보시스템의 차이는 주로 도시철도에서 사용되는 승강장 표시기의 표시 형태로 나타난다.

도시철도에서 현대적으로 많이 사용하는 표시는 시간과 분으로 나타내는 시간표상의 도착시간을 제공하는 것 보다 승강장에 목적지와 분단위로 예상되는 도착시간을 표시하는 것으로 정의한다. 이것은 대부분의 도시철도를 이용하는 여행자들이 매우 빈번한 짧은 간격의 서비스에 익숙해 있으며 전형적으로 조밀하게 이용되는 도시철도에서는 2분 간격이다.

다른 형태의 표지는 역 간에 걸리는 통상적인 여행시간과 접근하는 열차의 위치를 아예 영구적으로 노선도에 표기하는 단순한 노선 도표 형태를 취한다.

4.8 승강장 스크린 도어(PSD)

그림 4-7 : 승강장 스크린 도어

현대의 많은 도시철도는 승강장 스크린 도어를 갖추고 있다. 이 문들은 통상 열차가 승강장에 도착하고 열차가 관련된 승강장에 정확하게 위치하여 정지한 것이 입증되었을 때 자동으로 작동된다. 이것은 역 선로변 장치에 의해 이루어지거나 또는 일반적으로 차상의 자동열차운전(ATO) 시스템과 양방향 통신을 통해서 이루어진다.

PSD는 열차가 도착하는 동안 선로에 들어가는 승객의 위험을 최소화하는 승객 제어 수단으로 이용될 수 있다. 예를 들면 승강장에서 선로로 떨어지거나, 선로 침입, 문에 끼이거나 훼손을 최소화한다. 또한 환경 제어 목적으로 설치하는 경우도 있다. 역 구내의 공기조화 환경을 유지하기 위하여 매우 더운 지역에서는 특히 중요한 용도이다.

4.9 홍수 차단 문

지하의 도시철도는 홍수의 위험이 있으며 특히 강 가까이에 위치한 경우나 강 밑을 지나는 경우에는 더욱 그렇다. 몇몇 도시철도는 홍수 방호시스템에 연결하여 터널을 가로지르는 문으로 선로 구간을 격리시킬 수 있도록 한다. 이것은 격리된 구간에 열차가 갇히는 일이 없도록 신호와 연동되어야 한다. 예를 들면 로틀담에 있는 철도 터널은 도시중심의 홍수방호를 위하여 물이 터널 안으로 진입하는 경우 홍수차단 문으로 도시의 홍수를 방지하도록 한다. 유사한 예가 홍콩과 런던에도 있다.

그림 4-8 : 홍수차단 문 - 일반적인 모습

그림 4-9 : 홍수차단 문 - 문이 올려진 상태

5. 시스템 운영의 원칙

본 장에서는 초기의 기계신호에서부터 새로운 형태의 디지털 전송기반 시스템에 이르기까지 열차 제어에 사용된 원칙과 실제를 설명하고자 한다.

채택된 기술은 요구수준이 증가함에 따라 많은 부분에서 발전하였으며 이것은 현재 기존의 도시철도들이 터널 특성, 승강장 길이, 분기에 의해서 발생하는 물리적 제한 속에서 능력을 향상하기 위해 노력하고 있는 것에 특히 주목할 필요가 있다.

본 장은 채택된 기술을 다음의 두 부분으로 나누어 설명한다.

· 안전 시스템
· 주행 및 효율향상 시스템

본 장에서(또 이 책의 다른 곳에서)는 자동열차제어(ATC)에 관해서 언급한다. ATC를 정의하는 국제 표준이 없기 때문에 여기에서 사용되는 용어는 세계에서 일반적으로 통용되는 용어를 따르며 다음과 같이 요약 한다.

자동열차제어(ATC)는 수동조정을 최소화하는 고도의 열차서비스 운영수단을 제공한다. 이러한 ATC 시스템은 분명하게 정의된 3개의 하부 시스템으로 구성되며 각각의 하부 시스템은 자체적인 설비를 가지고 요구되는 적절한 조치를 결정하고 실행한다.
이 하부 시스템은 다음과 같다.

· 자동열차방호(ATP), 열차이동의 안전성을 보장하는 하부 시스템
· 자동열차운전(ATO), 규정된 운영성능을 달성하도록 열차를 자동으로 주행시키는 하부 시스템
· 자동열차감시(ATS), 규정된 시간표나 열차의 간격에 따라 열차 서비스 네트워크 운영을 감시하는 하부 시스템

위의 용어들은 일반적으로 통용되는 용어이지만 연속적인 ATP 시스템과 불연속적인 ATP 시스템은 이 책에서 CATP와 IATP로 각각 사용한다.

5.1 열차제어 안전시스템

안전시스템 운영을 확보하기 위하여 광범위한 기술이 사용된다. 설명을 단순화하기 위하여 이러한 시스템들은 기계, 전기/전자, 디지털 통신시스템으로 다음 표와 같이 분류한다.

기 능	기계 시스템	전기/전자 시스템	디지털 통신 시스템
궤도/열차 인터페이스	열차정지장치	코드화 궤도/비이콘	H.F. 전송
안전 연동	기계/계전기	계전기/전자	프로세서
열차 제어	신호기	ATP/속도제어	이동허가제한
열차 분리	폐색	고정 폐색	고정/이동 폐색
열차 검지	궤도회로	궤도회로	열차위치보고

표 1 : 열차제어 안전 시스템

많은 경우에 이러한 기술 해결책은 중복된다. 예를 들면 비이콘은 흔히 열차정지장치로 사용되며 전자연동장치는 프로세서기반 연동장치의 초기 형태이다. 그러나 일반적으로 위의 분류는 사용되는 기술 해결책의 광범위한 다양성을 설명하는데 유용한 기초가 된다.

5.2 기계 시스템

철도의 아주 초기부터 선로변 신호기는 폐색운영의 원리를 이용하여 열차제어와 열차분리의 수단으로 사용되어 왔다.

도시철도에서는 열차가 정지하기 위한 최악의 경우에 요구되는 제동거리만큼 긴 최소한의 폐색 길이로 결정되는 열차의 분리에 2현시 신호기가 사용되는 것이 보편적이었다.

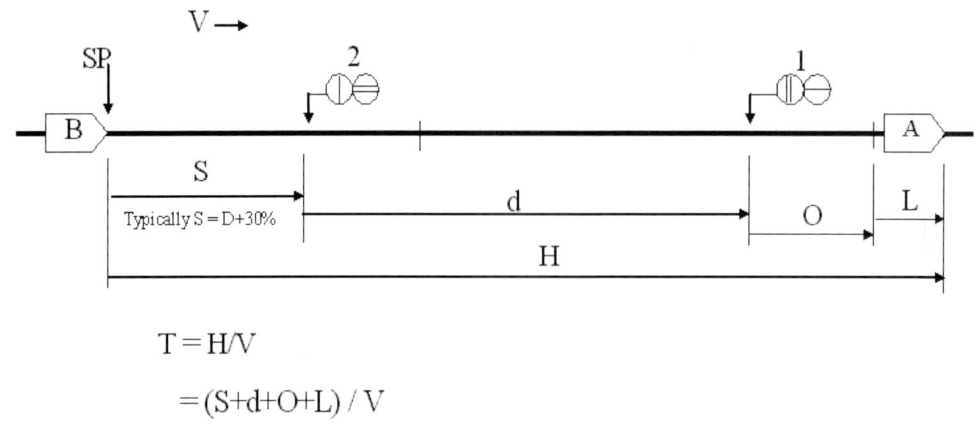

D = service braking distance in metres
O = overlap length
SP = sighting point
H = headway distance
V = maximum permissible line speed (km/h)
d = distance between consecutive signals
L = train length
S = sighting allowance
T = headway time in seconds
v = actual train speed (km/h)

그림 5-1 : 2현시 신호

기관사가 신호를 보고 행동하는데 실패하는 경우를 대비하기 위해서 기계식 열차정지 장치가 이 신호기 위치에 도입되었다.

그림 5-2 : 베를린 제동 콕

아직도 널리 사용되고 있는 이러한 장치들은 궤도변의 레버 메커니즘으로 구성되어 있으며 신호가 "ON" 상태이면 올라와 있는 위치에서 통과하는 열차에 있는 제동 콕에 물리적으로 접촉하여 열차의 제동장치를 작동한다.

궤도변의 이 열차정지 메커니즘은 전기기계식, 전기기압식 또는 전기유압방식으로 작동될 수 있다. 열차정지장치 동력공급의 고장은 일반적으로 열차정지장치에 있는 강력한 스프링을 이용해서 제동 암을 복구하고 유지한다.

5.3 전기/전자 시스템

기계적 장치는 접촉용 암이 특히 시속 80km의 속도로 달리는 열차가 때릴 수 있는 거친 상황에서 마모와 파손의 가능성이 있다. 그러므로 규칙적인 보수가 필요하며 여기에는 비용이 상당히 소요된다. 궤도와 열차 간에 통신을 제공하는 대안의 시스템은 따라서 상당한 혜택을 제공한다.

5.3.1 단순한 비이콘 시스템

열차정지 기능을 수행하는 순전한 전기장치는 여러 가지 다른 형태가 있다. 기계적인 열차정지 장치의 기능과 공통점을 자지고 있는 것들을 이 카테고리에서 설명한다. 하나는 전자 유도자를 궤도에 설치하고 수신 장치를 열차에 설치하는 것이다. 일반적으로 두 개 이상의 유도자가 사용되며 하나는 신호기 내방의 통과하는 열차에 주는 일차적인 신호로 사용되고 다른 하나는 신호기 외방에서 사용한다. 이러한 유도자들은 상이한 주파수에서 공진이 일어나며 각 주파수는 인접 신호기나 연동장치의 결정에 따라 구체적인 기능을 나타낸다. 또 다른 것은 남북의 극성 시퀀스로 배치되는 전자기 장치가 사용될 수 있다.

시스템의 무결성을 위해 흔히 하나 이상의 궤도변 장치가 사용 되었는데 그것은 미리 결정된 시간 이내에 하나의 궤도변 장치만 검지되면 열차에 경보를 표시하도록 하는 것이다.

주파수나 극성의 범위로 열차정지 기능을 제공하는 것이 가능하고 나아가 단순한 속도제어를 달성하는 것이 가능하다. 이것은 두 개의 연속적인 유도자 사이의 경과 시간을 미리 결정한 값보다 적게 하여 그 구간에서 속도 초과를 표시하는 경우 열차에 제동을 걸어 수행된다. 실제에 있어 선로속도 제한구역이나 또는 신호기에 접근할 때 감속을 확실히 하기 위해 장치들을 조합하여 사용할 수 있다. 기관사가 요구된 속도를 초과하여 가속하는 것을 방지하기 위해 이러한 구성에 충분한 장치가 확실히 설치되도록 주의를 기울여야 한다.

보통의 열차정지 형태가 아닌, 오늘날 그 사용이 믿어지지 않는 것으로는 충돌과 상충의 상황에 있다고 검지된 열차의 전방에서 견인 동력을 차단하는 것이었다.

열차정지 장치에 의해 정지된 경우 열차가 즉시 다시 진행할 수 없도록 하기 위하여 긴 재설정 절차와 제어소로부터의 진행허용 권한부여 또는 속도제한을 부과하는 것이 통상적이다.

앞에서 설명한 열차정지 시스템은 한 열차에 행해진 제어를 넘어 선구에서 달성될 수 있는 최소 운전시격을 결정하게 된다.

5.3.2 코드화 궤도회로 기반의 열차제어 시스템

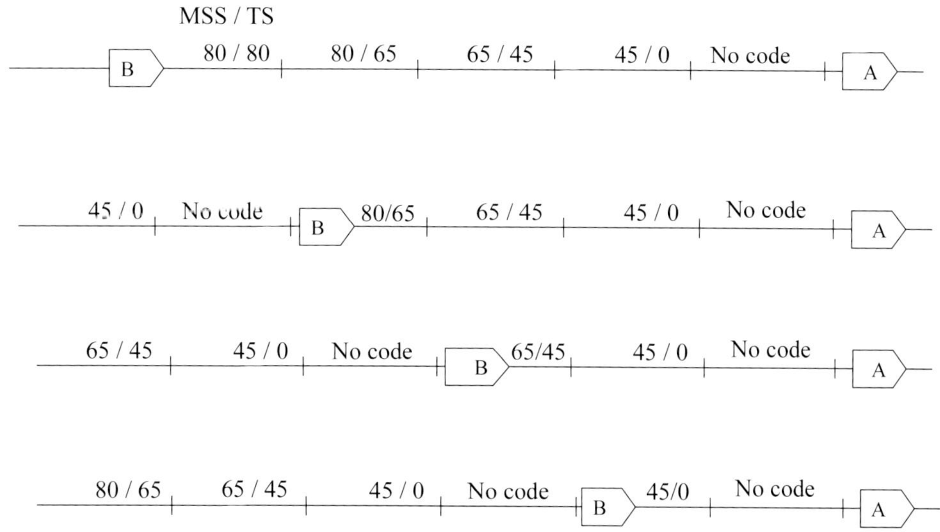

MSS (Maximum Safe Speed) in that Track Circuit.

TS (Target Speed) to be achieved by the end of that Track Circuit.

그림 5-3 : 코드화 궤도 ATP 시스템의 전형적인 코드 시퀀스

열차의 속도가 연속적으로 제어될 수 있다면 폐색작업이 제거될 수 있어 전속력 주행으로 운전시격을 개선하는 것이 가능하다. 이것은 일반적으로 열차의 속도가 검지되고 제어되어 필요한 제동거리를 짧게 사용하도록 구간을 전속력 폐색으로 세분하여 달성할 수 있다.

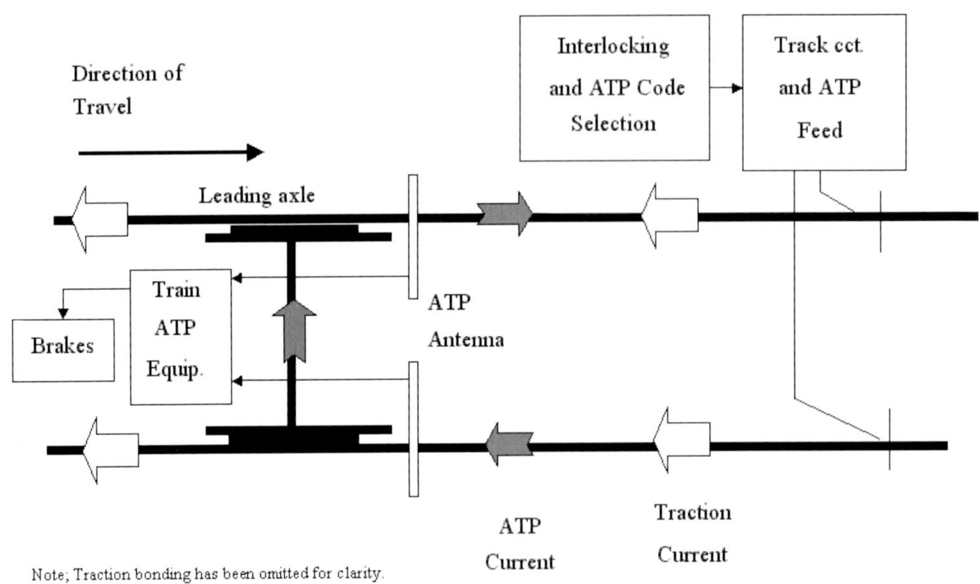

그림 5-4 : 코드화 궤도 ATP 시스템의 개요도

가장 보편적으로 사용되는 속도제어와 열차 방호시스템은 코드화 궤도회로를 사용한다. 궤도는 미리 결정된 상대적으로 짧은 길이의 궤도회로로 나누어지고 각 궤도에는 코드들 중 하나가 공급되며 각각의 코드는 최대 안전속도, 목표속도 또는 어떤 시스템의 경우 두 가지 모두의 정보를 표시한다.

각각의 궤도회로에 대한 적절한 코드는 선행하는 열차의 궤도점유 위치에 따라 또는 분기지점이나 선로속도 제한에 따라 인접한 연동장치에 의해 결정된다. 초기의 시스템은 2-7Hz 범위의 저주파 코드(분당 120, 180, 270, 420 코드)를 사용한 반면 보다 현대적인 시스템은 낮은 가청 주파수에서 변조된 가청주파수 전송파 혹은 특정 명령을 전달하기 위하여 가청 주파수들의 조합을 사용한다.

궤도회로를 통과하는 열차는 선두 차축의 앞에 장착된 안테나를 통하여 송신기로부터의 코드화 신호를 받는다. 이 신호는 복조되어 타코 발전기(또는 다른 방법으로)로부터 도출된 열차의 실제 속도가 허가된 속도 이상 또는 이하인지 결정하기 위하여 코드화 궤도 신호와 비교한다.

그림 5-4와 같이 2개의 안테나를 사용하여 열차는 ATP 코드가 레일 양쪽에 있다는 것

을 확인할 수 있으며 안테나의 적절한 위상 처리로 견인 전류로부터의 간섭을 최소화한다. 2개의 ATP 신호는 함께 합해지는 반면 양 레일에 있는 견인 전류로부터의 간섭은 삭제된다.

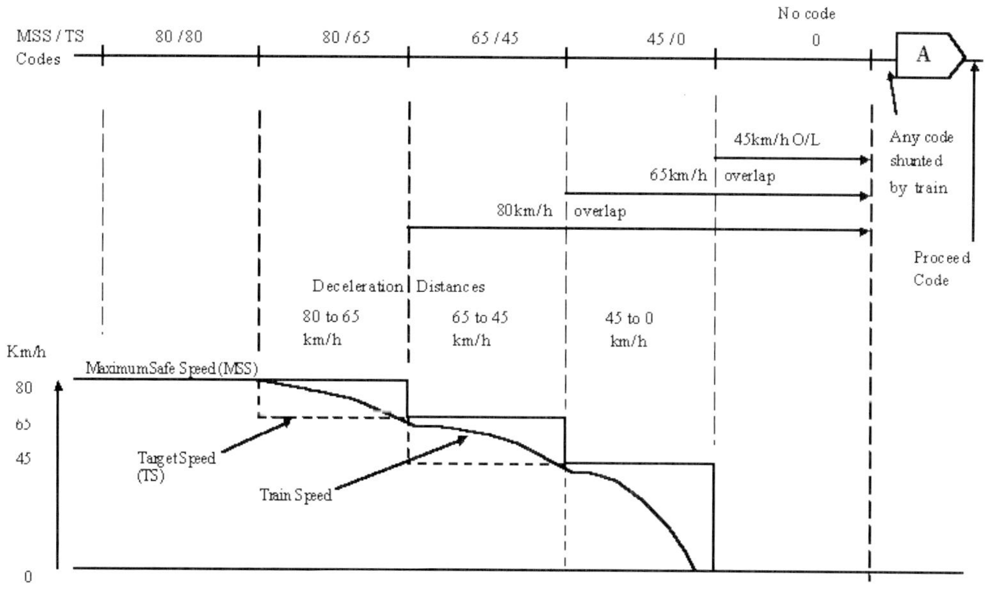

그림 5-5: 궤도회로 기반 속도코드 시스템에서 ATP 코드 시퀀스의 예

열차가 속도를 초과하면 기관사는 허가속도 이하로 속도를 줄이든지 아니면 벌칙인 제동 조치를 받게 되는데 이 경우 일반적으로 완전하게 정지를 해야 한다. 장애나 충돌로부터 안전한 거리에서 속도가 0이 되도록 줄이기 위해 연속되는 짧은 궤도회로에 여러 가지 속도코드가 사용된다. 안전거리는 어떤 이유로 열차가 특정 최대속도 프로파일을 초과하는 경우에 요구되는 제동거리에 달려있다.

전형적인 배치를 그림 5-5에서 보여주고 있는데 열차가 목표속도 표시에 따라 운행되는 경우 그 열차와 선행열차 사이의 한 궤도회로에서 정지하게 될 것이라는 것을 볼 수 있다. 하시라도 열차가 최대 안전속도 프로파일 이하로 운행하지 않고 또한 올바른 조치를 취하지 않는 경우 그 열차는 코드가 없는 궤도회로 내에서 또는 그 전에 자동으로 정지하게 될 것이다.

이론적으로는 많은 수의 속도코드가 이동폐색 성능에 접근하는 매우 조밀한 운전시격을 만드는 무수히 많은 가변 제어속도를 제공할 것이다. 실제에서는 부가되는 궤도변 장치에 대한 비용이 비경제적이 되며 신뢰성과 가용성은 불리하게 되고 차상 장치는 코드속도에 연속적이고 급속한 변경에 응답하여 견인, 제동 명령의 코드 복조와 실행이 어려워 질 것이다. 결과적으로 약 5개의 정의된 속도 단계가 적절하고 도시철도에 적용하기에 경제적이라는 것이 밝혀졌다. 최대 안전속도와 목표속도를 정의하는 시스템은 허가속도에서 증가 또는 감소를 허용하기 위한 속도 코드가 필요하다.

그림 5-5에서 그려진 방식을 사용하는 궤도회로 속도코드 시스템은 본래 안전하다고 간주된다. 열차 A는 궤도회로를 단락 시켜 진행 코드가 뒤에서 나타나는 것을 방지한다. 후속열차 역시 “코드 없는” 궤도회로에 의해 A 열차에 접근하지 못하도록 방지 된다. 속도코드 신호는 궤도변 케이블을 통해서 제공될 수 있지만 열차가 케이블을 단락 시킬 수 없으므로 시스템의 설계와 연동장치 회로에 많은 주의를 하여야 하며 ‘진행’코드가 그 열차의 뒤에서 즉각 수신될 수 없도록 확보해야 한다.

궤도회로 코드기반 시스템의 최근의 발전은 궤도 코드를 해석하기 위하여 열차를 프로그램 하는 방법으로 열차가 이동허가 또는 속도제한이 끝나는 곳까지 가는 거리를 추론할 수 있도록 하는 것이다. 그 효과는 전통적인 속도코드 시스템에서 사용되는 마지막 저속 오버 랩을 제거하여 운전 시격을 개선하고 보다 완만한 감속곡선을 제공하여 제동과 가속제어 사이의 스위치 행위를 최소화하는 것이다.

이 시스템은 명령 정보가 항상 열차 제어를 가능하게 하기 때문에 연속적인 자동열차방호(ATP) 시스템으로 알려져 있다. 위에서 설명한 코드속도 시스템은 궤도회로의 배치와 최적 네트워크 운전시격이 열차의 특성에 의해 결정되므로 한 가지 형태의 차량만을 주로 가진 철도에서 사용된다. 그러나 도시철도 시스템은 어느 한 도시철도 내의 열차들의 특성 간에 비교적 차이가 적기 때문에 속도코드 시스템은 이상적으로 적용된다.

주 ▶ 단순히 가라 또는 가지 마라 하는 열차제어 시스템은 저 비용으로 조밀하지 않은 운전시격의 해결 수단으로 사용되어 왔다. 이러한 시스템은 역과 역 사이에 하나의 폐색 궤도회로나 궤도 케이블(오버 랩 포함)로 단일 속도코드를 사용할 수 있다. 코드의 존재는 진행에 대한 허가를 나타내는 반면 코드가 없는 것은 열차의 이동을 금지한다.

5.4 디지털 통신 시스템

앞에서 언급한 시스템들은 궤도변과 열차 간에 전송할 수 있는 정보의 양에 제한이 있다. 디지털 기술의 성장으로 많은 양의 데이터를 안전한 방법으로 전송하는 능력이 상당히 증가되었다.

5.4.1 디지털 궤도회로

증가된 처리 능력의 가용성과 데이터 통신기술의 지속적인 발전은 5.3.2에서 검토된 단순한 속도코드 궤도회로에서 보다 궤도변에서 열차로 훨씬 더 많은 정보를 전송하는 능력을 가지고 있는 디지털 부호화 궤도회로를 1980년대에 도입하도록 하였다.

이러한 시스템들은 궤도변 장치가 폐색구간 점유에 관한 데이터를 수집하여 이 정보를 진로 프로파일(최고 허용속도, 선로의 경사도, 연동장치 상태 등과 같은)에 관한 다른 정보와 함께 주행 레일이나 유도루프를 통하여 열차에 전송한다. 그러면 차상 장치는 단순히 속도코드가 아닌 ATP 속도-거리 프로파일을 계산하고 시행할 수 있어 이에 따라 사실상 신호기 넘어 오버 랩 거리에 대한 요구를 제거하게 되는 것이다. 이 기술로 궤도회로는 아직도 이동허가의 한계를 설정하기 위한 열차검지의 일차적 수단으로 사용되고 있지만 현재는 차상 장치가 프로파일의 시행을 위하여 이 이동허가의 한계와 관련된 위치를 결정할 수 있게 되었다.

계산된 프로파일의 시행은 실제 열차의 속도와 현재의 열차 위치에서 ATP 프로파일 속도를 비교함으로써 달성될 수 있는데 이 경우 ATP 프로파일 속도는 열차가 이동허가의 한계 이전에 안전하게 정지하도록 최대속도를 허용하거나 또는 상시 또는 임시 속도제한 궤도구간으로 진입하기에 적절하게 충분히 서행하도록 한다.

궤도로부터 열차의 전송은 전형적으로 100baud 변조율의 단 방향 전송이다.

5.4.2 디지털 비이콘 시스템

연속적인 ATP 시스템의 대안은 불연속 ATP 시스템(IATP)으로 이것은 진로상의 중요지점에서 열차로 정보를 전송하는 것이다.

앞의 전기/전자 시스템 카테고리에서 설명한 비이콘 시스템을 IATP 시스템으로 분류할 수 있지만 그것들은 일반적으로 비이콘 당 하나의 정보만을 전송하며 속도제어 능력에 한계가 있다. 보다 현대적인 IATP 시스템은 훨씬 더 많은 정보를 담는 디지털 메시지를 전송하는 궤도변 비이콘(발리스)을 사용한다. 비이콘은 수동적인 형태와 전환 가능한 형태의 두 가지가 있다. 수동적 형태의 비이콘은 긴 수명의 배터리로 작동되거나 통과하는 열차로부터 유도된 에너지에 의해 동력을 얻는다. 수동적인 비이콘은 일반적으로 지리적 위치를 정하는데 사용되거나 뒤에 이어지는 비이콘의 상세 데이터를 받을 준비를 위해 차상 ATP 시스템을 초기화 하는데 사용된다.

전환 가능한 비이콘은 현장의 연동장치나 선로변 신호 상태로부터 도출된 가변 데이터 문자(전보)를 전송할 수 있다. 이러한 형태의 비이콘은 일반적으로 현장의 선로변 신호기 장치나 연동장치로부터 에너지를 받는다. 비이콘을 통과하는 열차는 궤도변 비이콘에 높은 에너지의 고주파 디지털 메시지를 전송한다. 수동적인 비이콘은 이 에너지를 사용하여 자체의 전자회로에 전력을 공급하고 뒤이어 회신메시지를 열차에 재전송한다. 회신메시지는 전달되었겠지만 원 메시지의 수정된 버전이나 궤도변 비이콘에서 별도의 다른 포맷이 만들어진다. 전환 가능한 비이콘은 통과하는 열차에 의해 활성화되어 인접 선로변 신호나 연동장치에 의해 결정된 하나 또는 그 이상의 전보를 전송하기 시작한다. IATP의 단순한 적용은 그림 5-6에서 볼 수 있다.

비이콘 1(B1)은 신호기 S1에 접근하여 위치해 있다. 이것은 통과하는 열차에 현재의 신호현시 상태와 신호기가 있는 다음 트랜스폰더까지의 거리를 표시해준다. 소정의 거리를 지난 후에 열차는 신호기가 있는 궤도의 비이콘(B2)에 전송하고 이어서 S1 신호상태, 다음 비이콘까지의 거리와 어떤 경우 추가로 상세한 지형정보나 최고 선로속도를 정의하는 메시지를 수신한다.

차상의 처리장치는 연속적으로 열차의 진행 상태, 속도 측정 그리고 타코 제네레이터를 이용한 주행거리를 감시한다.

살펴본 예에서 신호가 "ON"(정지현시 표시)이면 비이콘 1은 이 상황을 신호기까지 가야할 거리와 함께 열차에 전달한다. 이때 기관사는 제동이 필요하다는 표시를 받고 준비한다(표시 곡선). 미리 결정된 시간 내에 아무런 행동을 취하지 않으면 차상장치는 열차의 속도가 계산된 속도곡선(경고 곡선)을 초과하는 경우 기관사가 신호기에 접근하고 있다고 경고를 한다. 기관사가 이 경고에 대해 제동을 걸어 충분히 속도를 감소시키지 않는 경우 차상 IATP 장치는 자동적으로 개입하여 열차를 정지시키기 위해 필요한 만큼의 비율로 제동을 체결한다(개입 곡선). 정지지점이 어떤 간선당국에서는 신호기를 지나 오버랩까지라고 정의하지만 통상적으로는 신호지점으로 정의 된다. 비이콘 1과 신호기 사이에 덜 제한적인 신호로 바뀌는 경우 열차로 하여금 제동 해지를 허락해야 되는데 기관사가 열차 제어를 다시 할 수 있는 낮은 해지속도로 정의하는 것이 통상적이다. 만약 열차가 신호"ON" 상태에서 비이콘 2(신호기)를 통과하면 비상 제동이 자동으로 체결된다.

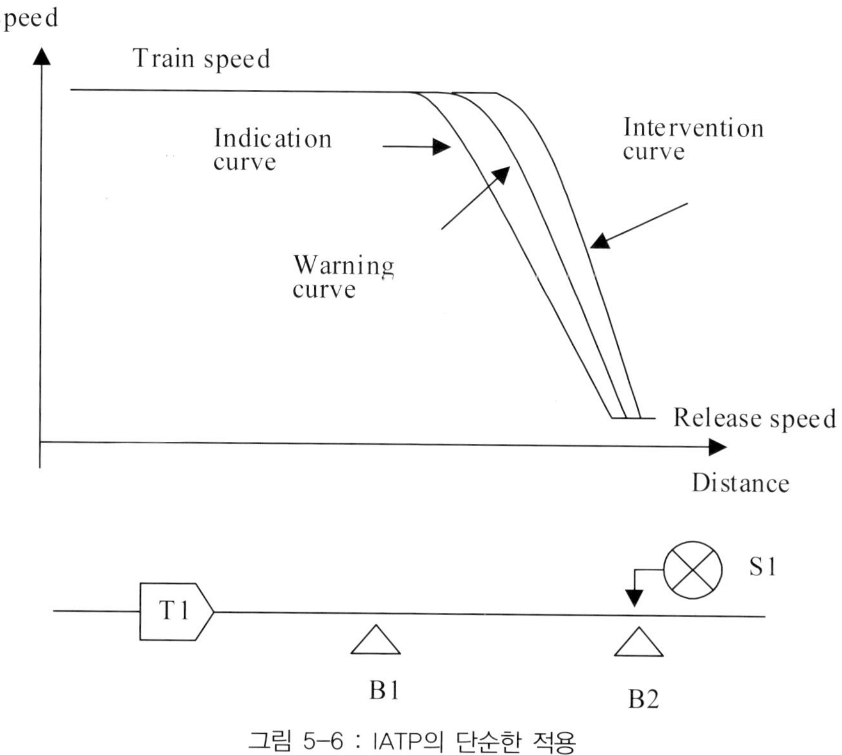

그림 5-6 : IATP의 단순한 적용

IATP 시스템이 불연속적인 전송기술을 사용하고 있으므로 신호를 무시한 열차를 다시 출발하도록 허락하기 전에 엄격한 절차를 거치는 것이 필요하다. 그 이유는 이 경우 열차가 ATP 제어 하에서 진행하기 위한 유효한 정보를 갖고 있지 않기 때문이다.

IATP 시스템은 도시철도 인프라 구조와 비교하여 좀 더 넓은 간격의 신호를 가진 노선이 길게 펼쳐진 철도에 코드화 궤도 시스템보다 좀 더 비용이 효율적이므로 과거에 간선 철도에서 주로 사용되어 왔다.

빈번히 열차로 정보를 전송할 수 있는 능력은 흔히 비이콘의 위치로 제한되며 열차가 마지막으로 받은 지시에 따라 실행이 감시되는 동안 기관사가 전방에 덜 제한적인 신호 현시로 바뀌는 것을 관찰한다 하더라도 열차는 비이콘 사이에서 그 실행을 변경할 수 없다. 이것은 안전성에 대한 위협이 되지는 않지만 기관사에게는 불만스러운 상황이며 운전 시격에 대한 제한이다. 비이콘을 좀 더 설치하거나 각각의 비이콘에 600m 길이의 케이블 루프를 추가함으로써 어느 정도 완화시킬 수 있다.

그러나 비이콘을 보완하기 위해 추가적인 어떤 전송 매체를 사용하지 않는다면 IATP 운전시격 성능은 연속적인 ATP 시스템보다 못하다.

5.4.3 궤도 케이블 디지털 시스템

1960년대에 UIC(Union International des Chemins de fer)의 연구기관이 궤도기반 케이블 루프에 의한 열차와의 연속적인 양방향 통신에 대해 조사를 시작했다. 주로 독일에서 실용적인 시스템이 개발되었는데 이것은 현재 유럽과 북미에서 간선과 도시철도 모두에 사용되고 있으며 도시철도의 해결책으로 이동폐색 신호시스템(MBSS) 특성을 달성하는 것을 목표로 하고 있다.

전형적인 궤도변 구성은 다음과 같다.

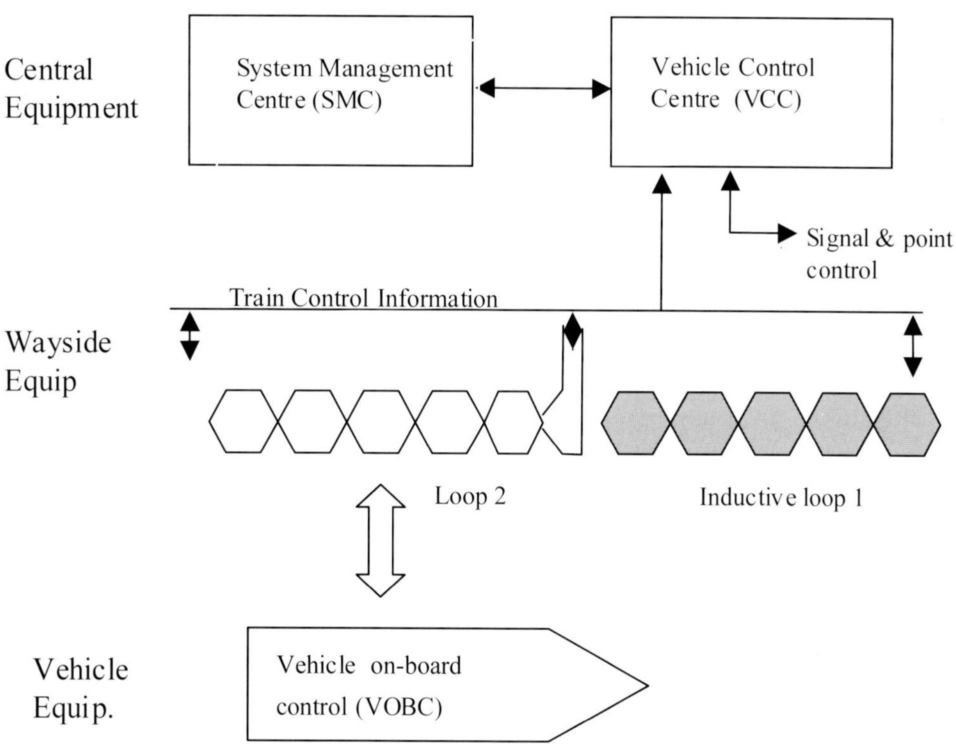

그림 5-7 : 궤도케이블 디지털 열차제어시스템의 단순화 폐색 개요도

각 유도루프는 차량제어 컴퓨터(VCC)에 의해 고유의 주소를 할당 받는다. 각각의 루프를 규칙적인 간격(전형적으로 25m)으로 교차시키고 교차점에서 루프신호의 위상반전을 검지함으로써 각 루프내의 지리적 위치를 열차가 결정할 수 있도록 한다. 차상장치는 타코 제네레이터로부터 도출한 거리측정에 이들 하부 루프를 조금씩 증가시켜 루프를 세분

함으로써 그 위치를 좀 더 정확하게 결정한다. 네트워크가 가동되었다고 가정하면, 각 열차와 유도루프 간의 양 방향 전송은 VCC로 하여금 네트워크 내에 있는 모든 열차들의 위치를 결정하도록 할 수 있다. 이것을 연동장치 상태와 결합하면 VCC는 이동허가 속도와 제한에 관한 각 열차에 필요한 명령을 결정할 수 있다.

시스템 운영의 모든 측면에서 시스템 각 요소 간에 높은 무결성의 데이터가 교환된다. 예를 들면 선로변에서 차량으로 전송되는 데이터는 다음 사항을 포함할 수 있다.

- 허락된 차량 방향
- 궤도나 가이드 웨이 모든 요소 상의 최대 허용 속도
- 차량의 현재 목표지점(차량이 진행하도록 명령된 궤도상의 지점)
- 최대 제동율
- 출입문 시스템, 행선표시 등과 같은 보조시스템의 제어

열차에서 선로변으로

- 차량의 현재위치
- 차량의 속도
- 차량의 방향
- 차상 시스템의 현재 상태, 예로서 제동 견인시스템, 출입문 시스템, 공기시스템, 동력 시스템

이 데이터의 상호교환은 제어기가 시스템 성능을 최적화하고 어느 사건에 대해 신속하고 효과적으로 응답하도록 차량과 궤도변 장치 간에 반연속적 통신을 구축하여 긴밀한 통합시스템이 되도록 한다.

주 ▶ 연속적이란 용어가 사용된 이유는 루프 내에서 다른 차량과 통신을 위해 폴링 이 사용되기 때문이다.

이런 형태의 시스템은 복수의 열차가 동일한 전송 루프 안에 있어도 어떤 특정한 열차에 시분할 방식으로 전송하는 상호 배치로 연속적인 제어시스템이라고 간주할 수 있다.

이 시스템의 중요한 측면은 네트워크에 진입하기 전에 각 열차가 자신에 대한 식별과 정확한 위치를 VCC에 전송하는 초기화 과정으로 이 과정에서 적절한 허가를 받아야 한다.

이를 적용하는데 있어 네트워크가 요구하는 높은 가용성을 확보하기 위해 주요 요소인 VCC, 동력 또는 전송 고장 시 시스템을 다시 초기화하기 위하여 열차위치를 결정하는 대안의 방법이 필요하다. 이것은 종종 재 초기화와 복구절차를 신속하게 하기 위해 주요 지점에 차축 카운터를 설치하여 이를 해결한다.

5.4.4 무선기반 시스템

최근의 무선과 프로세스 기술의 발전은 연동장치나 관제센터로부터 열차와 직접 연속적인 통신의 가능성을 열어 주었다.

이 개념은 궤도변에 설치되는 장치에 주로 의존하던 기존의 시스템에 다음과 같은 편익을 제공한다.

- 궤도변 장치를 위한 최소한의 활동 - 터널 환경에서 설치와 보전성에 특별한 편익
- 시스템의 가용성을 높이기 위한 공통장치의 이중화 능력
- 운영 중인 철도에서 "오프라인"으로 하는 시스템 시험능력
- 전체적인 네트워크 개관을 토대로 하는 철도 제어능력

기본적인 개념은 궤도변 발리스(IATP에서 설명된)를 사용하지만 궤도와 열차 간에 연속적인 데이터를 무선으로 제공함으로써 IATP의 불연속적인 특성을 극복한다.

이러한 시스템의 단순화된 개요는 다음의 그림5-8에서 보여준다. 그림에서 수동적인 발리스는 규칙적인 간격으로 놓이거나 각 진로의 전략적 위치에 놓인다. 열차는 발리스 전보를 수신할 수 있는 ATP 장치를 갖추고 선로변과 열차 간의 바이털 전보를 데이터 무선시스템을 통해 송수신 한다. 안전성 연동장치는 궤도점유 상황과 진로설정 기록을 유지한다. 연동장치에 연결된 이동폐색 프로세서(MBP)는 다른 한편으로 무선제어시스템(RCS)과 연결되어 안테나 네트워크(마스트 안테나 혹은 누설 피더 케이블)로 전송한다.

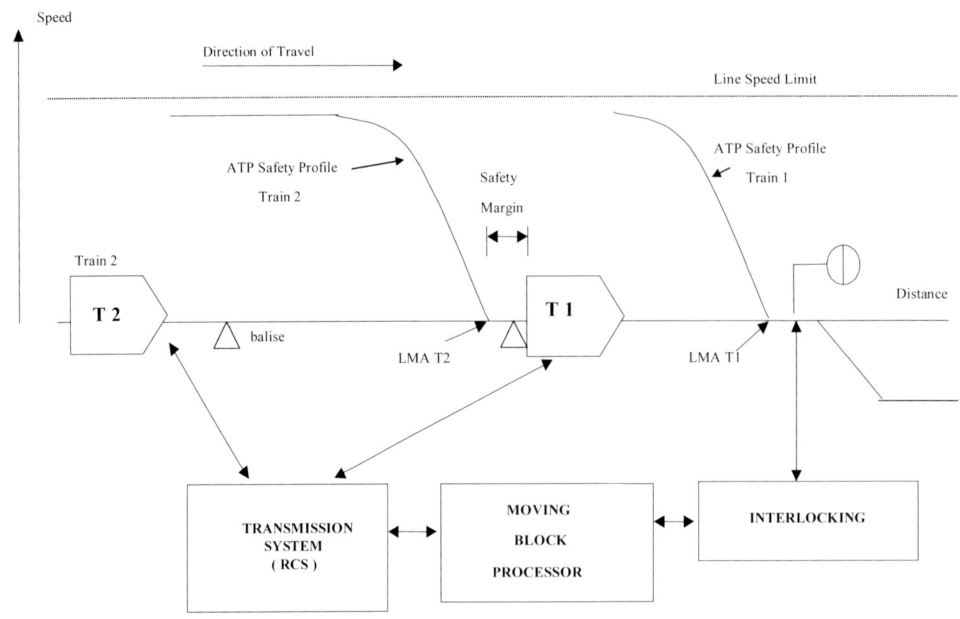

그림 5-8 : 전송기반(MB) ATP 시스템의 개요도

어떤 시스템에서는 궤도변의 발리스 통과로 각각의 열차는 자신의 정확한 지리적 위치를 확인할 수 있다. 이 위치로부터의 거리는 다음 발리스에서 확인할 때까지 자신의 위치를 열차가 주행하는 동안 연속적으로 정의하도록 타코 제네레이터의 계산으로 결정된다. 열차는 규칙적으로 자신의 식별정보, 열차의 길이, 지리적 위치를 무선으로 RCS에 전송한다. 이 데이터는 MBP가 이동허가를 결정하는데 요구되는 전체 네트워크 상황정보를 만들어 준다.

그림 5-8에서 열차 1은 자신의 식별정보와 위치를 RCS에 전송했다. RCS로부터 열차 1로 회신은 전방에 있는 분기 상황과 전방 궤도점유 상황을 결정할 열차 1의 이동허가 제한(LMA)을 정의 해준다. 또한 분기나 선로속도 제한으로 부과되는 모든 속도제한을 전송하기도 한다.

열차 2가 자신의 식별정보, 열차길이, 지리적 위치를 전송하면 RCS로부터의 회신은 열차 1의 후방으로서 그 LMA를 정의한다. 이 거리는 안전마진을 포함하는데 이 안전마진은 지리적 위치의 허용 오차와 전송 및 프로세스 시간의 지연을 감안한다.

열차는 발리스가 있는 위치에서 더 빈번하게 정보를 송수신하지만 마지막에 통과한 발리스와 연계시켜 끊임없이 거리를 측정하여 빈번하게 자신의 식별정보와 위치정보를 RCS에 갱신해준다.

LMA를 수신한 차상장치는 LMA 내에서 안전하게 운전하기 위한 적절한 속도/거리 프로파일을 결정하며 이것은 선행열차의 동적 위치, 분기 또는 전방 장애에 의해 결정된다.

이 LMA의 연속적인 갱신은 이동폐색수단을 제공하고, 열차의 전방이동을 최적화하며 선로용량을 더 효율적으로 사용하고 지연으로부터 신속한 회복을 하도록 한다.

이 단계에서 각종 형태의 열차제어 시스템으로 도달할 수 있는 상대적 근접거리를 비교하는 것은 흥미 있는 일이다. 선로속도를 제한하지 않고 좀 더 가깝게 열차를 운전할 수 있는 능력은 운전시격을 개선하며 주어진 선구에서 좀 더 많은 열차가 운행되도록 하여 선로용량을 증가시킨다. 역 부근에서 간격을 좁힐 수 있는 능력은 특히 중요하여 선행열차 출발한 후 곧 두 번째 열차가 역에 진입하도록 해준다. 이 근접능력이 열차로 하여금 어떤 시스템의 장애 후에 좀 더 신속하게 다시 출발할 수 있도록 해서 네트워크에 잠재하는 지연을 최소화한다는 사실을 알아야 한다.

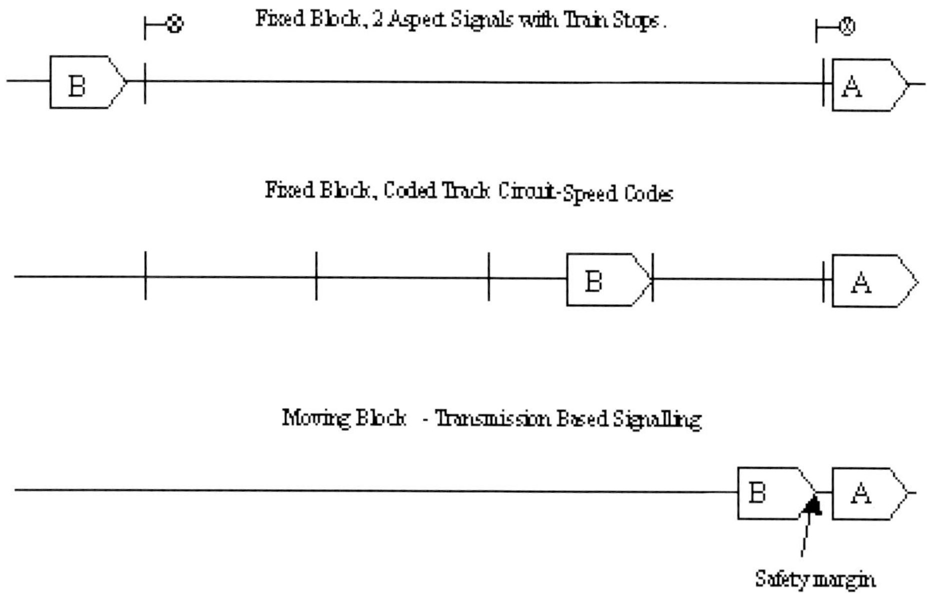

그림 5-9 : 열차의 상대적 근접거리

이동폐색 운영은 전송기반 신호(TBS)로 최소의 궤도변 시설을 사용하여 최대의 이익을 얻지만 TBS를 고정 폐색으로 운영하는 선로변 신호기와 함께 사용하는 것이 가능하다. 이 경우 열차의 위치와 길이는 전통적인 궤도변 장치에 의해 결정될 수 있다.

각종 재산권을 가진 시스템들이 개발되고 있지만 흥미로운 활동은 ERTMS-ETCS로 알려진 간선철도 버전의 개발이다. 이 시스템은 유럽의 철도당국과 공급자가 합동으로 개발하는 것으로 일차적으로 국경을 넘어 운영하는 문제를 극복하기 위한 것이다. 이 개발은 표준화의 관점과 몇몇 도시철도 내에 존재하는 상호 운영성 문제를 극복하는 도시철도 열차제어시스템의 유사한 개발 가능성을 높여주고 있다.

5.4.5 유럽 철도교통 관리시스템(ERTMS)

유럽 철도교통 관리시스템(ERTMS)은 유럽의 고속철도 네트워크 내에서 철도교통 제어의 조화를 이루기 위하여 유럽연합이 지원하여 이루어진 개발이다. 이것은 새롭게 개발된 유럽 열차제어시스템(ETCS)을 하부시스템으로 하여 선로변 신호기를 가진 철도에서부터 이동폐색 능력을 가진 차상 신호시스템에 이르기까지 세 가지의 확실하게 다른 운영레벨을 갖고 있다.

유럽 전역에 이 시스템을 사용하기 위해서는 궤도와 열차 간의 전송장치와 프로토콜이 표준화 되는 것이 필요하다. 이것은 다음에 의해 달성된다.

· 유로 발리스 : 지리적 위치확인 목적의 수동적 버전의 궤도변 발리스 또는 신호현시, 진행할 거리, 최대속도수준 또는 구배와 같은 정보전송을 위해 전환할 수 있는 궤도변 발리스.
· 유로 라디오 : 유럽 전역의 GSM 무선 네트워크를 통하여 궤도와 열차간의 바이털 그리고 논 바이털 정보전송에 사용하는 안전 프로토콜.

세 가지 운영 레벨은 다음과 같다.

레벨 1 - ATP 기능을 제공하기 위해 선로변 신호기에 결합하여 사용하는 기본적으로 하나의 중첩 시스템이다. ERTMS/ETCS 레벨 1은 단지 열차 분리를 제어하는 수단을 기존 신호시스템에 중첩시켜 시행된다. 이것은 그림에서 보는 바와 같이 갱신되는 목표정보를 갖거나 또는 그것 없이 시행될 수 있다. 운영은 5.4.1의 설명과 유사하다.

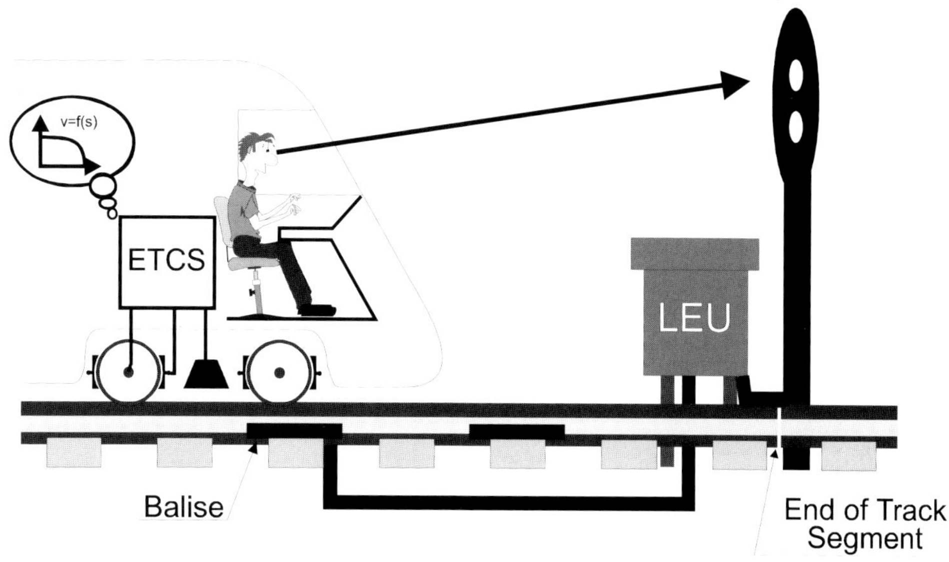

그림 5-10 : 목표정보의 갱신기능이 없는 ERTMS/ETCS 레벨 1

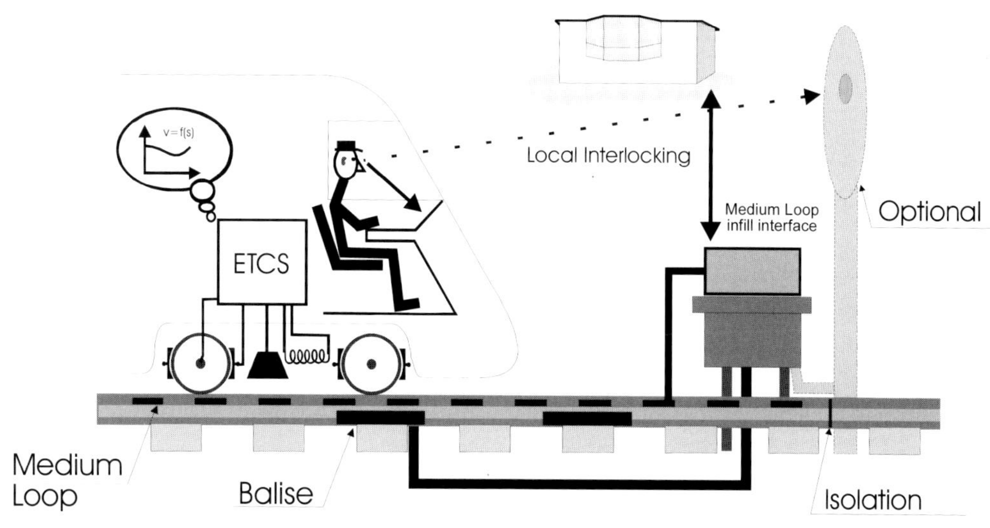

그림 5-11 : 중개루프로 갱신기능이 있는 ERTMS/ETCS 레벨 1

레벨 2 - 이 레벨은 차상신호 기능과 ATP를 제공한다. 열차를 위한 가변정보가 유로 발리스를 통해 궤도와 열차 사이에서 전송되며 GSM 무선 네트워크를 통한 무선정보에 의해 보완된다. 열차 위치의 결정은 궤도회로에 의할 수도 있고 특정 유로 발리스 위치와 연계한 열차감시와 보고에 의해 이루어질 수 있다. 이 시스템은 고정 폐색 시스템이다.

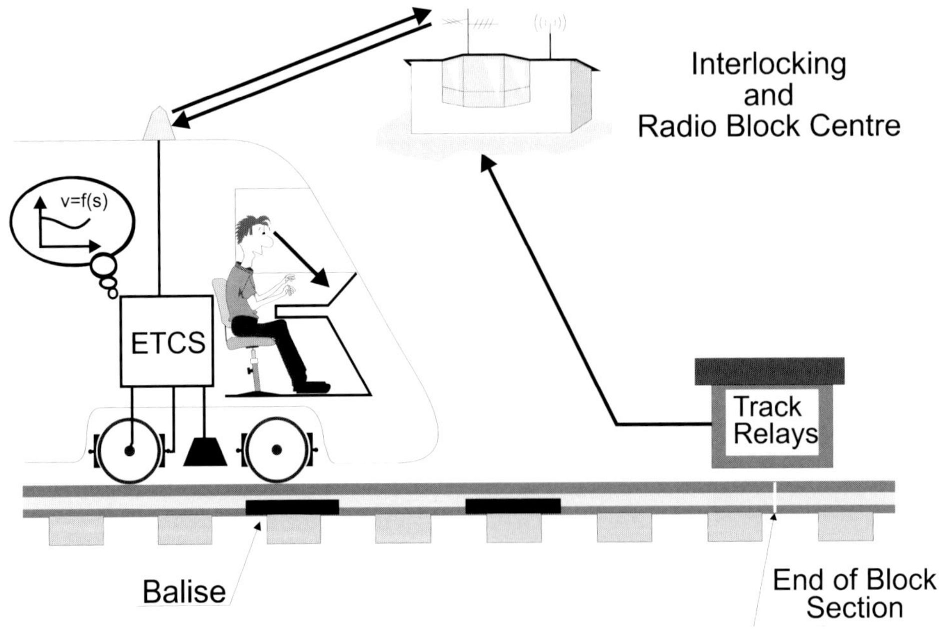

그림 5-12 : ERTMS/ETCS 레벨 2

레벨 3 - 이 레벨은 5.4.4에서 설명한 시스템과 유사하다. 열차의 위치를 정의하기 위해 지리적 위치 참조지점으로 유로 발리스의 수동형 버전을 사용한다. 모든 다른 정보는 GSM 네트워크를 통하여 궤도와 열차 간에(또는 반대로) 전송된다. 이 레벨은 고정 및 이동 폐색을 모두 운영할 수 있다.

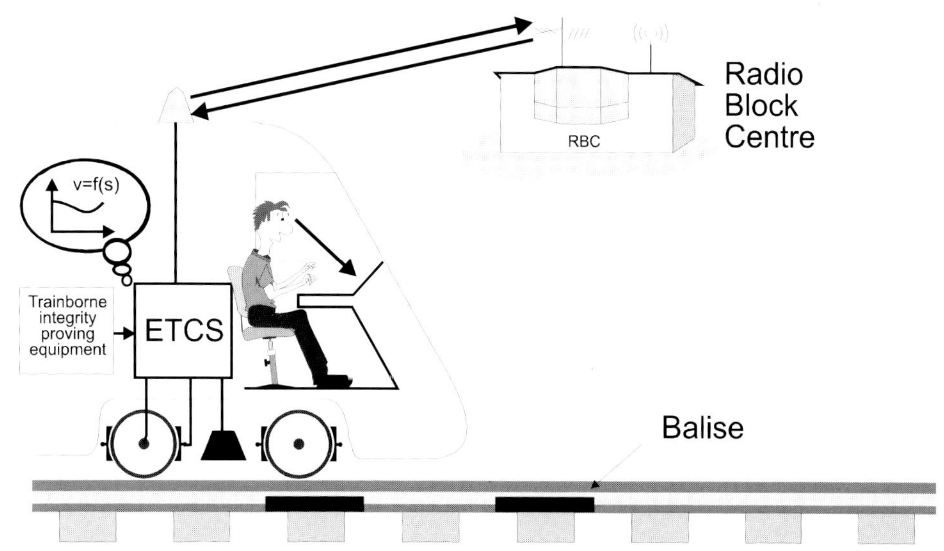

그림 5-13 : ERTMS/ETCS 레벨 3

많은 공급자들이 유럽 철도당국들과 함께 이 개발에 참여하였다. 따라서 이 시스템은 여러 공급자로부터 기본적으로 동일한 규격을 사용할 수 있게 되었다.

서로 다른 철도 간에 상호 운영성이 달성된다 하더라도 다른 공급자로부터의 장치를 사용 하는 것은 몇몇 조립부품의 상호 교환성이 반드시 보장되는 것은 아니다.

ERTMS의 융통성과 복수의 공급원을 갖게 되는 것은 도시철도 당국들의 관심을 끌었다. 이것은 도시철도가 자신의 네트워크 안에서 노선들 간에 상호운영성의 요구가 있으며 복수 공급원의 특징이 구매요구를 단순화하고 보다 나은 제품의 수명주기를 보장하기 때문이다.

UGTMS

도시철도에 사용하기 위한 ERTMS의 버전(UGTMS-Urban Guided Train Management System)이 개발되고 있다. 그림 5-14는 시스템의 범위에 포함될 수 있는 개념적인 관점을 보여준다. 이것은 철도관리 시스템과의 연결을 포함하여 1장에서 설명한 전체적인 시스템 접근내용을 반영하고 있다.

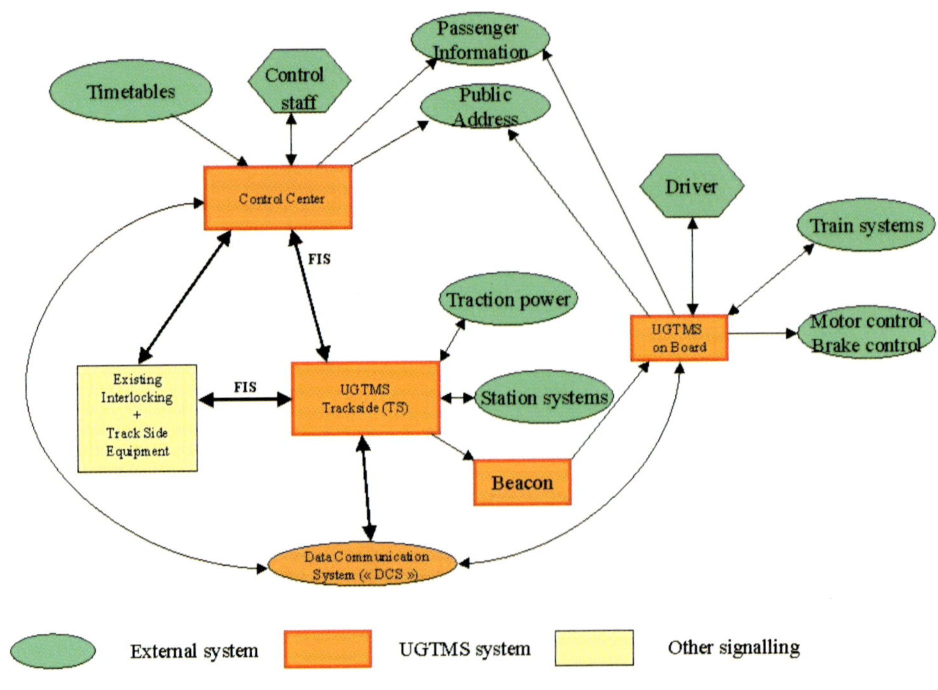

그림 5-14 : UGTMS 개요도

주의 : 이 도표는 저자의 개념을 표시한 것이며 최종 시스템과 다를 수 있다.

5.5 효율성 향상 시스템

앞의 설명은 열차제어의 안전 측면을 다루었다. 다음에서는 열차운전의 효율성을 향상시키고 네트워크 운영을 가능한 한 최적화하는 하부시스템에 관하여 설명한다.

5.5.1 자동열차운전

자동열차운전(ATO)은 열차운전의 논 바이털 기능을 수행한다. 이 기능은 다음 사항 모두를 또는 이중 몇 가지를 포함할 수 있다.

- 휴지 중 열차의 가속
- 정의된 역 정지위치까지의 감속
- ATP 안전범위 안에서의 속도 제어
- 에너지 절약을 위한 타행운전
- 문의 개폐(열차의 출입문 및 승강장 문)
- 올바른 측면의 문 개방

ATO를 시행하는 주된 이유는 운영기간 내내 모든 열차의 일관된 운전을 이루기 위해서이다. ATO는 교통의 규칙성, 열차가 몰리는 현상의 최소화 그리고 시간 당 열차의 수인 처리량을 증가시킨다.

각 역 사이를 주행하는 각각의 열차에 정보를 제공하기 위하여 동상석으로 각 역에 전송장치를 두어 다음과 같은 열차정보를 정의한다.

- 다음 역까지 주행해야 할 거리
- 구배 정보
- 지상 또는 지하 역
- 타행운전의 세부내용 등

열차로부터 궤도로의 회신은 통신 핸드 쉐이크 목적과 열차시스템 상황 및 다른 논 바이털 정보처리 목적으로 사용될 수 있다. 터널 내에서의 무선 시스템의 개발로 최근의 ATO 시스템은 무선을 전송 매체로 사용하였다. 이것은 고정된 위치에서만 열차에 전송하는 전통적인 절차로서가 아니라 언제든지 상세한 운전정보를 변경하는 수단을 제공한다.

일반적으로 ATO가 적용되는 경우 시스템 고장에 대처하기 위하여 전형적으로 다음과 같은 몇 가지의 운전모드를 가지고 있다.

- ATO 자동모드 : 열차가 자동으로 운전되는 경우
- ATP 수동모드 : (MATP), 열차가 목표속도 표시에 따라 ATP 방호 하에서 수동으로 운전되는 경우. 이 모드는 ATO 궤도변 장치가 적용되지 않는 경우나 고장이 난 지역에서 운전할 때 유용하다.

- 제한적 수동모드 : (RMATP), 열차가 차상 ATP 장치에 의해 결정된 ATP 방호 저속운전이나 견인제어 장치의 특별한 설비에 의해 매우 저속으로 운전되는 경우. 모드는 기지에서의 운전이나 궤도변 ATP 장비가 고장일 때 유용하다.

ATO는 ATP 시스템이 정의한 안전범위 내에서 작동하기 때문에 통상적으로 논 바이털 시스템으로 간주되고 안전범위에 어떤 침해도 ATP의 반발을 불러일으킨다.

5.5.2 자동열차감시(ATS)

자동열차감시 시스템은 규정된 시간표나 열차간격에 따라서 열차 서비스의 전반적인 운영을 감시한다.

ATS의 임무

광범위한 ATS 시스템은 다음과 같은 임무 수행이 요구된다.

- 규정된 시간표나 열차 간격에 따라 열차서비스 운영의 유지
- 열차서비스의 혼란으로부터 열차서비스의 회복과 정상적인 운영패턴의 복구
- 교통흐름의 변화에 따라 열차계획의 수정
- 시스템 성능의 최대화
- 에너지 절약의 최적화
- 승객과 철도, 직원과 관리자에게 열차서비스 정보제공
- 열차의 위치와 진행감시 그리고 열차관제사에게 이 정보의 표시
- 자동으로 열차 진로설정
- 계획된 열차의 수행 편차, 경보 그리고 수동개입의 기록 수집
- 정비계획 지원을 위한 차량의 유니트별 누적주행거리의 기록정리와 유지
- 각 열차서비스 운행에 대한 열차운영자 번호 등록

ATS의 기능

상기의 임무를 수행하기 위하여 ATS 시스템은 다음과 같은 기능을 한다.

- 열차의 발차
- 타행 지시의 발령
- 역 정차시간의 조정

· 자동시스템의 능력 내에 있는 경우 계획된 열차서비스의 회복을 위한 전략의 작성과 시행
· 자동 시스템의 능력 밖에 있는 경우 관제사에게 경고와 함께 계획된 열차서비스의 회복을 위한 전략의 제안
· 승강장 표시기와 기타의 승객/관리 정보 매체에 출력 기동
· 역의 연동장치에 진로설정명령의 발령
· 열차계획의 전산처리
· 열차의 위치와 진행 감시
· 관제사에게 열차서비스 상황의 표시
· 기록의 등록 및 수집
· 관제사로부터 수신한 지시의 이행

ATS 시스템 구성

그림 5-15는 상기의 모든 임무를 수행하도록 설계된 종합적인 ATS 시스템의 수요 요소를 나타내어 단순화시킨 블록도이다. 이 구성은 일반적인 고장의 영향을 국지화하고 어떤 중앙제어나 통신 고장의 효과를 최소화하기 위하여 계획된 열차서비스의 운영을 감시하는 의사결정 장치의 분산을 추구하는 설계개념으로부터 나온 것이다.

운영제어센터

열차 관제사들은 운영관제센터(OCC)에서 근무한다. 그들의 기능은 통상 감시의 역할을 수행하는 것이지만 시스템 혼란 시 자동시스템의 능력 밖에 있는 결정을 내리고 그 결정을 시행한다.

OCC는 궤도회로의 점유, 신호현시, 포인트 위치, 진로설정, 경고 등을 표시해서 전반적인 개요를 보여주는 패널로 장치되어 있다.

컬러 VDU와 제어장치들도 제공되어 열차 관제사들이 세부적인 로칼 지역을 감시하고 제어의 최종 결정을 수행하도록 한다. 보고용 프린터도 OCC에 제공된다.

ATS 시스템의 중심은 OCC 컴퓨터이다. OCC는 열차의 성능을 감시한다. 계획된 성능으로부터 불일치되는 것을 검지하고 시정하는 전략을 만들어 내며 시정하는 것이 자동시스템의 능력 밖에 있는 경우에는 열차 관제사에 경보를 한다. 그림 5-15에서 보는 전형적인 배치에서 OCC는 로칼 프로세서(LP)에 시간표 정보와 각 현장을 관장하는 그 지역의

중요 지시사항을 다운로드한다. OCC는 기록을 등록하고 집계하여 보고서를 발행한다. 수정된 열차 스케줄이 스케줄 컴퓨터로부터 입력된다.

각 로칼 프로세서 (LP)는 현장에 저장된 정보와 OCC로부터 다운로드 받은 지시사항에 따라 자신에게 할당된 제어구역 내의 교통에 관련하여 ATS 기능을 수행한다. 로칼 프로세서는 자신과 바로 인접한 프로세서와 통신을 하여 통과한 열차정보를 전송해서 진로를 설정하도록 하고 열차 도착 전에 행선지가 표시되도록 한다.

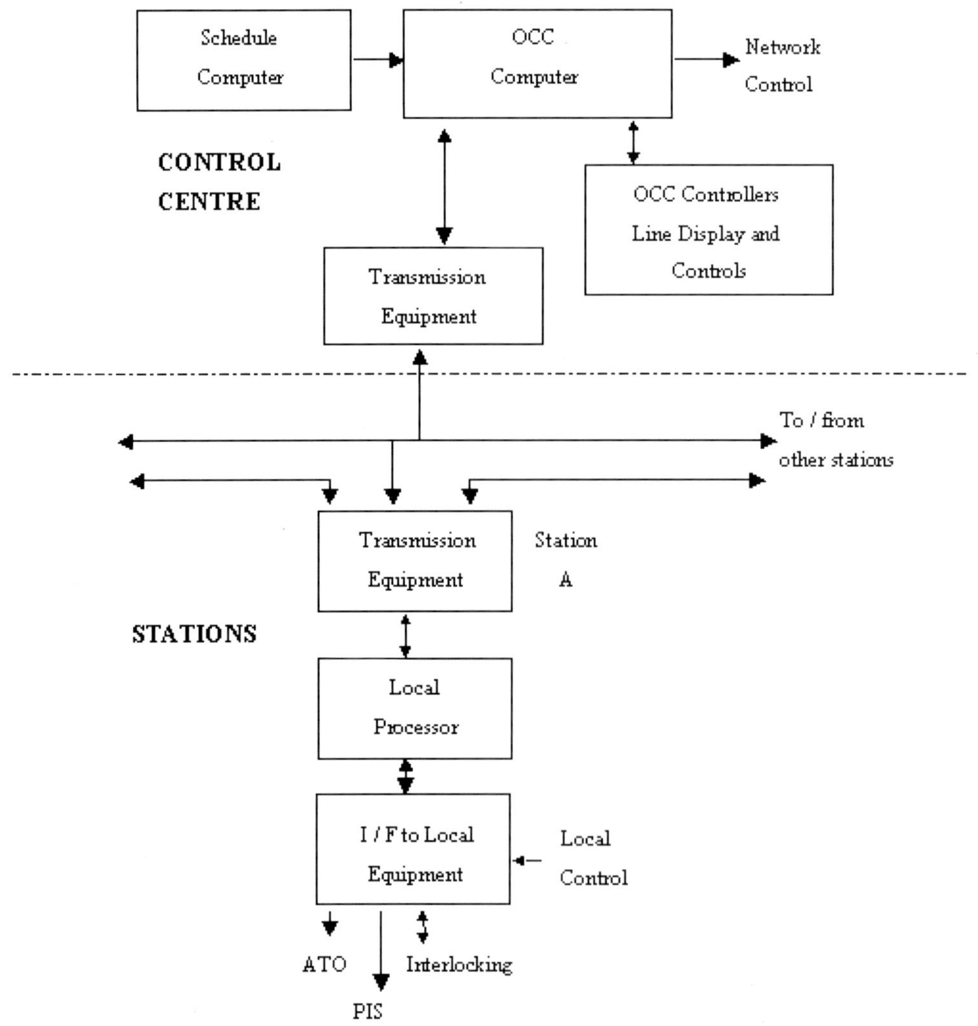

그림 5-15 : 전형적인 ATS 장치 구성의 예

5.5.3 열차조정

빈번하고 규칙적인 열차서비스의 제공은 1장에서 검토한 바와 같이 네트워크 제어에 가장 중요하다. 열차가 몰리는 것은 역과 열차에 과도한 혼잡을 야기하여 통제가 되지 않으면 급속하게 악화할 수 있다.

전통적으로 도시철도는 관제실과 그리고 로칼 제어의 백업설비를 제공하기 위해서 점진적으로 역에 제어 및 감시설비를 채택했다. 열차조정과 제어는 수동 관제사의 누적된 경험을 기초로 하여 수행되었다.

열차 성능을 개선하기 위해서 열차제어 시스템이 상당히 발전되었지만 스케줄의 유지관리에 있어 주요 요소 중 하나는 역에서의 정차시간을 제어하고 최소화하는 능력이다. 승객의 제어는 열차제어보다 더욱 어렵다.

최근 강력한 컴퓨터 설비의 발전으로 관제실에서 자동조정을 실행하는 것이 가능해졌다. 다음과 같은 요소들을 고려하는 알고리즘이 열차이동을 실시간으로 조정하기 위한 개발에 사용되었다.

- 열차의 특성
- 요구되는 열차의 간격
- 역 간 선로의 지리적 특징
- 현행 네트워크 교통 상황
- 필요한 경우 분기지점에서 열차의 합류
- 역 별, 열차 별 승객 수 및 예상치
- 요일
- 승객의 흐름에 영향을 주는 특별한 행사

이것은 열차의 일부나 전부에 대해 타행운전의 도입 또는 취소, 역에서의 정차시간 수정, 네트워크 균형을 회복하기 위한 스킵 스톱 또는 중간 회차에 의해 달성될 수 있다.

도시철도는 상이한 목적지를 많이 가지고 있다는 특정한 문제에 봉착했다. 이것은 상이한 진로거리로 운행되는 열차들이 있고 모든 열차가 공통으로 사용하는 진로구간 내에서 원활하게 합류하기 위해서는 결과적으로 자동조정시스템에 더 많은 파라미터를 만들어

내는 결과를 초래 하였다. 도시철도에 또 다른 문제로는 열차 승무원의 교대가 많은 역에서 일어나는 것이 보통이었으며 이것은 각 열차에 의해 승무원의 식별이 자동으로 정의될 수 있도록 하는 것이 필요하게 되었다.

많은 편익을 갖는 이동폐색의 사용이 요구되었다. 이동폐색이 열차가 단축된 운전시격으로 운영되고 교통의 혼잡으로부터 좀 더 신속하게 회복할 수 있는 잠재력을 제공하는 한편 이것은 종합적인 네트워크 제어와 조정시스템이 채택되지 않는 경우에는 열차들이 더욱 몰리는 일이 발생될 수 있다는 것을 의미한다.

5.5.4 완전한 자동열차

앞에서는 열차가 ATO 모드로 운영될 수 있다 하더라도 기관사나 종사원이 열차의 주행기능을 감시하는 경우를 모두 가정하고 있다. 국가 규정상 또는 도시철도 당국에서 비상시에 특히 터널 상황에서 공포심을 완화시키기 위해 승객통제를 하는 사람을 둘 수도 있다.

기술적인 측면에서 차상에서의 수동적인 개입 없이 완전자동으로 운전할 수 없는 것은 아니다. 완전자동 운영의 경제적 그리고 운영상의 편익은 상당하다. 그 이유는 가능한 기관사와 그들의 스케줄 조정에 제한 없이 열차의 스케줄을 잡을 수 있는 높은 신축성 때문이다.

연속적인 형태의 ATP와 ATO가 장착된 열차들은 기관사나 승무원의 최소한의 행동으로 안전하고 효율적으로 운행될 수가 있다. 일반적으로 그들의 역할은 열차가 역에서 출발하기 위해 출입문을 닫을 때 하차하는 승객들이 완전히 빠져 나가고 없는지 또는 열차가 역에 도착하여 출입문이 열릴 때 문제가 없는지를 확인하는 것이다. 이러한 기능은 승객들에게 기관사가 있을 때 제공했던 정보와 이들 역할을 안전하게 수행 하도록 장치를 설치함으로써 자동화될 수 있다.

이러한 장치는 다음 사항을 포함할 수 있다.

- 승객의 안전을 확보하기 위한 역 승강장의 CCTV 장치
- 역 구내의 궤도 방해물 검지장치(적외선 또는 레이더 시스템)
- 승강장 스크린 도어

· 열차 승객과 관제센터 간의 양 방향 음성통신
· 진단목적의 열차시스템 감시 및 보고용 장치

시스템 고장이나 비상시에 승객과 열차를 위한 복구 전략의 개발도 필요하다.

완전자동시스템으로 운영되는 도시철도는 다음과 같다.

· 밴쿠버 스카이 트레인
· VAL 시스템 (프랑스 및 기타 지역)
· 리옹 도시철도 노선 D

5.5.5 추세

열차 제어에 있어서 그 발전은 요구되는 운영전략이 네트워크로부터의 피드백에 실시간으로 응답하여 자동으로 수정됨으로써 네트워크가 제어되는 폐 루프 제어시스템을 초래했다. 이것은 관제센터, 궤도변, 역 그리고 열차 사이에 광범위한 데이터 전송의 결과로서만 가능하다. 전통적인 신호와 열차제어 엔지니어 분야 밖의 요소들도 철도의 효율적이며 안전한 운영에 영향을 미칠 수 있다. 이러한 요소들은 동력공급 특성, 공기조화의 필요성, 에스컬레이터 상태, 승객의 흐름, 화재와 기타 경보 등을 포함하고 있다. 그러므로 현대의 도시철도 제어센터들은 공통의 관제센터 내에 감시와 제어를 통합하고 있다. 이것은 전통적으로 분리된 엔지니어링 방법을 덮고 도시철도의 가능한 성능을 최적화하기 위하여 훨씬 더 광범위한 시스템제어 접근방법을 엔지니어들에게 요구하게 되었다.

도시철도에서 수송능력의 증가가 요구되지만 열차의 길이를 늘이거나 역과 터널의 수정은 현실적으로 불가능하고 유일한 해결책은 신호시스템과 열차제어시스템을 갱신하는 것뿐일 것이다. 이러한 상황에서 신호와 열차제어 엔지니어는 토탈 시스템엔지니어가 되어 기존의 토목 엔지니어링, 역 시스템, 차량 특성의 한계에 대한 상세한 이해와 함께 도시철도 운영의 요건에 대한 이해가 필요하다.

6. 시행

다음은 개념에서부터 운영에 이르기까지 한 프로젝트가 가야 할 단계들의 이상적인 해설이다. 역사적으로 철도신호시스템의 시행은 많은 계획들이 늦어지고 처음 인도될 때 신뢰할 수 없도록 완벽하지 못했다. 철도신호시스템이 더욱 발전할수록 다음에서 설명하는 과정들이 더욱 엄격하게 적용될 것이다.

신호시스템의 시행은 다른 모든 프로세스 제어시스템과 같은 기본적인 단계를 따른다. 이는 표준 V 모델로 가장 잘 표현 된다(그림 6-1). 현실적으로 그 순서가 그림과 정확히 일치하지 않을 수도 있으며 뒤의 단계가 앞의 단계의 변경을 필요로 할지도 모른다. 그러한 변경의 결과와 변경을 관리할 필요성에 대한 통제는 본 장의 후반부에서 설명하겠지만 우선 프로젝트에 관련된 기본 단계를 이해하는 것이 유용하다.

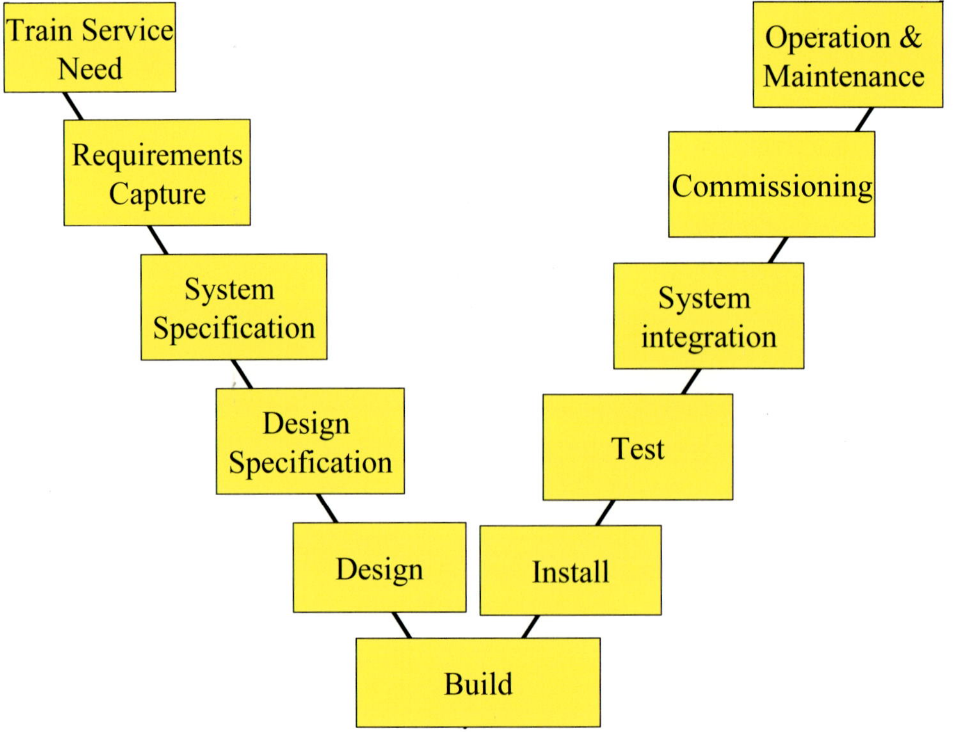

그림 6-1 : 시스템 개발의 V모델

· **열차 서비스 요구** - 첫 단계는 열차서비스에서 그 프로젝트가 달성하고자 하는 것이 무엇인지 정의하는 것으로부터 출발해야 한다(시간 당 최대열차 수, 여행시간, 역의 위치, 신뢰도 목표 등).

· **요구사항의 파악** - 시스템이 해야 할 사항을 좀 더 상세한 수준으로 정의한다. 이 단계는 흔히 경시되지만 프로젝트의 궁극적인 성공은 요구사항이 얼마나 철저히 그리고 잘 파악되고 평가되었는가에 달려있다. 이 단계의 결과물은 시스템 전체에 대한 검사 분석 명세서와 일치되는 세트이어야 한다.

· **시스템 사양** - 전체적인 요구사항을 각종 하부시스템(신호, 차량, 궤도 등)으로 세분하고 각 하부시스템이 무엇을 해야 하는지 그리고 이 하부시스템이 다른 시스템과 어떻게 인터페이스 되어야 하는지 정의한다.

· **설계 사양** - 시스템의 구성부분을 개별적으로 인도해야 할 모든 것들이 포함 될 때까지 상세하게 증가시켜 정의한다.

· **설계 및 구축** - 세부설계를 하고, 제품을 만들고, 컴퓨터 코드를 작성하고 개별품목이 세부설계 사양을 충족시킨다는 것을 확인하는 개별시험을 한다.

개별 구성부품을 함께 조립하여 하부시스템으로써 시험을 한다. 통상 이 시험은 시스템의 또 다른 부분을 상징하는 시뮬레이터를 사용하여 개별 유니트에서부터 완전한 하부조립까지의 구축과정이 작업대 시험을 통해 이루어진다. 이 단계는 공장에서 수행되어 가능한 한 함께 조립되고 철저히 시험되어 전체시스템으로 완료되도록 한다.

· **설치** - 각종 하부시스템을 철도와 열차에 설치한다.

· **시험** - 설치된 하부시스템이 정확하게 설치되었고 현장에서 정확하게 작동한다는 것을 확인하기 위해 시험을 해야 한다.

· **시스템 통합** - 시스템의 요소들을 함께 통합하는 복합과정이다.

· **위임 인도** - 시스템이 정의된 요구사항에 맞고 철도의 요구를 충족한다는 것을 확인하는 전체적인 시험을 한다.

- **운영 및 보수유지** - 프로젝트의 마지막 단계로서 시스템의 전체 수명을 담당한다. 이 최종 단계의 영향이 프로젝트 시작에서 흔히 과소평가 된다.

6.1 신호시스템의 특징

신호시스템은 전형적인 제어시스템과 몇 가지 면에서 다르다.

- 신호시스템은 제한된 수의 애플리케이션만을 가지고 있다. 전형적으로 새로운 시스템은 몇 백 가지 정도의 애플리케이션만을 가지고 있는 반면 전형적인 산업 제어시스템은 수천 가지의 애플리케이션이 가능하다.

- 각각의 애플리케이션은 몇 가지의 독특한 특징이 있다(철도당국 사이에 아직 신호규정과 선로배선의 표준화는 아주 미미하다). 어느 정도까지는 각각의 애플리케이션은 별개로 간주해야 한다.

신호시스템으로부터 기대되는 안전성의 표준은 매우 높으며 따라서 설계와 확인 및 검증 단계를 관장하는 규정은 그 중에서도 특히 부담이 따른다.

흔히 새로운 시스템은 교체되어야 하는 시스템과 나란히 설치되어야 하며 이전의 시스템으로 철도 운영이 유지되어야 한다. 이전 시스템에서 새로운 시스템으로의 전환은 일련의 단계를 거쳐 이루어지며 새로운 시스템은 효율성과 안전성 모두를 보증하는 광범위한 시험을 거친 후에야만 운영이 인도될 수 있다.

유럽의 신호시스템과 관련된 안전성의 수락과 승인을 위한 단계와 조치에 대한 자세한 설명은 EN 50129(철도 애플리케이션-통신, 신호 및 프로세스 시스템-안전성 관련 전자 신호 시스템)를 참조한다.

6.2 도시철도 신호시스템의 특별 요건

도시철도의 환경은 여러 가지 면에서 국철과 다르며 그 차이는 철도운영에 있어 신호 및 제어 시스템의 시행에 다음과 같은 영향을 미친다.

- 도시철도는 도시에 기반을 두고 역과 역 사이의 거리가 짧으며 국철에 비해 좀더 작아지는 경향이 있다. 그러나 별도로 그들의 규칙과 규정을 유지하고 있다. 따라서 표준 설계를 사용할 기회는 훨씬 더 제한된다.
- 새로운 장치를 설치하기 위한 접근이 매우 제한될 수 있다.
- 통상적으로 공간이 귀하기 때문에 설치는 흔히 터널과 고가에 이루어진다.
- 철도가 운영되지 않는 시간으로 작업시간 역시 제한을 받는다. 이것은 하룻밤에 2시간 정도의 짧은 시간에 작업이 완수되어야 한다는 것을 의미한다(기존 시스템의 보수도 이 시간 동안에 이루어져야 한다).
- 대체 진로가 매우 힘들며 그래도 열차는 설치 기간 중에 계속 운행되어야 한다. 선로 차단과 같은 중단은 길게 허용되지 않는다.
- 선로배선이 좀 더 단순해지는 경향이 있다.
- ATP의 제공이 필수로 간주된다.
- 궤도의 수직 및 수평곡선을 고려해야 하며 특히 터널의 경우 더욱 그러하다.

그림 6-2 : 공사 중인 전형적인 튜브 터널 교차개소

본 장의 나머지 부분은 V 모델에서 설명한 시행 단계를 다룬다. 어떤 특정한 시스템이 V 모델을 정확하게 따른다는 것은 드문 일이지만 그 과정을 설명하는데 이상적인 틀을 제공한다. 본 장은 도시철도 시스템이 신호 엔지니어에게 제시하는 특정한 문제들에 대해

집중하겠지만 많은 부분이 신호시스템의 설치나 일반적인 철도 제어시스템에 적용된다. 프로세스는 단지 철도나 철도의 신호 시스템뿐 아니라 모든 시스템에 적용된다. 프로세스는 도시철도 시스템에만 한정하지 않고 이 책의 다른 장에 대한 배경과 정황을 제공하기 위하여 본 장에 포함되었다.

6.3 열차서비스 요구

자주 무시되는 이 단계는 프로젝트 성공에 매우 중요하다. 공급자에게 하는 철도회사들의 요구사항의 범위는 다음과 같다.

· 순수한 전원지역에, "A에서 B까지 철도를 건설하려 한다."
· "철도가 이 루트를 따라, 여기에 역을 건설하고, 시간당 '몇' 천명의 수송능력을 갖고, A에서 B까지 '몇' 분에 운행되는 철도를 원한다."
· "여기에 따라 상세설계를 하기 바란다."

도입되는 세부내용의 깊이는 철도회사 자체의 능력과 그 구매과정에 달려 있다. 이 단계에서는 철도회사가 그 철도를 운영하려는 의도와 시행과정에서 부과될 모든 제한사항과 같은 내용으로 정의하고 이를 포함시켜야 한다.

6.4 요구사항의 파악

철도의 요구가 어떤 수준으로 표현되었든 간에 시스템의 전체적인 요구사항이 무엇인가에 대해 가능한 한 분명하게 정의하는 것이 매우 중요하다. 이러한 요구사항은 철도회사의 요구에 기초하여 수준을 점진적으로 상세하게 쌓아 나가야 하며 각 단계에서 사고과정이 분명하게 파악되도록 하여 프로젝트의 후기 단계에서 그것이 다시 되풀이 되어야 하는 일이 없도록 해야 한다.

요구사항의 파악은 고객에 미치는 영향을 설정함으로써 시작되어야 한다(어떤 최종 시스템이 고객에게 인도되어야 하는가). 이는 수송능력, 선로의 속도, 신뢰도, 정보의 제공(운영정보 및 승객 정보) 등을 포함하여야 한다. 이 요구사항은 절대적으로 표현되거나 고객이 납득할 수 있는 기존시스템과의 변화 개념으로 표현되어야 한다. 수량화 될수록 더욱 좋다.

그 다음은 시스템 자체가 무엇을 해야 하는지를 설정해야 하며 보다 기술적인 용어로 쉽게 예측 가능한 출력으로 표현하여야 한다. 다음 단계에서 주요 시스템의 각각에 대한 요구사항이 정의되어야 한다.

요구사항 파악의 과정은 점점 세부사항이 쌓여 나가기 때문에 프로젝트 설계 단계 내내 계속 되여야 한다. 이 과정은 엄격하게 제어되어야 하며 모든 변경의 결과는 철저하게 조사되어 인터페이스 되는 다른 시스템이 영향을 받지 않고 적절하게 수정되도록 해야 한다.

6.5 시스템 사양

신호시스템은 통상적으로 인도되어야 하는 시스템의 일부일 뿐이다. 토목, 차량, 궤도, 역 및 통신 시스템이 그들 사이의 상호 작용과 함께 모두 정의되어야 한다. 각각의 시스템은 자신이 수행하는 일과 다른 시스템으로부터 무엇을 필요로 하는지(입력) 그리고 다른 시스템에 무엇을 제공할 것인지(출력) 나타내어야 한다. 이것은 인터페이스 사양에서 분명하게 정의되어야 하며 분명하고 애매하지 않은 용어로 표현되어 이후의 단계에서 하부시스템의 통합 준비가 되었을 때 각각의 시스템이 이 요구사항을 충족한다는 것을 확인하는 시험을 하여야 한다. 이것은 시간의 허용오차, 통신시스템의 첨두 부하, 고장이나 불규칙한 오류 조건 하에서의 조치 등을 포함하여야 한다.

이 단계에서 운영자와 보수담당자의 역할이 명시되고 그들의 모든 요구사항이 파악되어야 한다.

계약의 할당과 계약의 형태가 결정되어야 한다. 전형적인 신호시스템 프로젝트는 시스템의 각종 요소에 대해 일하는 많은 다른 계약자들이 포함될 것이다. 특히 계약에는 제어시스템 개발의 반복적 성질을 인식해야 하며 개발과 통합단계의 기간 중에 계약자들 사이의 상호작용을 허용해야 한다.

흔히 가장 큰 비용을 차지하는 특히 터널이 포함된 새로운 철도의 경우와 같이 대부분의 철도 일은 토목 엔지니어링의 비중이 커서 계약은 토목 엔지니어링 계약조건을 허용하도록 하는 것이 보통이다. 그러나 경험에 의하면 신호시스템과 차량시스템은 이들 시스템의 특정 성격을 허용하는 계약조건과 규정을 작성할 때 주의를 기울여야 한다. 계약은 개발과 통합단계 기간 중 상호작용을 허용해야 하고 특히 설계자, 운영자, 보수 담당자 간의 상호작용을 받아들이도록 허용되어 이로써 인적 요인의 문제들이 적절하게 해결될 수 있어야 한다.

계약자들 간에 책임이 어떻게 분배될 것인가에 대해 고려해야 한다. 시초에 시스템의 통합과 서비스를 위한 최종 위임 인도는 누구의 책임인가에 대해 정의하는 것이 특히 중요하다. 국철에서는 철도회사 자신이 이에 대한 책임을 진다. 전통적으로 대부분의 주요 도시철도도 이 임무를 수행하였다. 그러나 새로운 도시철도와 기존의 도시철도도 점진적으로 이 역할을 계약자들 중의 하나에게 지도록 하거나 아니면 철도회사를 대신하는 관리전문 계약자가 책임을 수행하도록 하고 있다.

시스템의 운영과 보수를 위한 인적 요인, 그리고 프로젝트의 수행 전반에 걸친 인적 요인에 관한 문제 역시 다루어져야 한다. 이 문제들의 범위는 작업장에서의 기본적인 건강과 안전문제에서부터 현재의 인력과 제안된 인력 그리고 운영과 보수유지담당 조직의 역할 문제까지이다. 정상적인 조건과 비정상적 조건하에서 고장에 대한 대응과 수리, 특정 서비스와 비상 운영을 포함한 역할이 주의 깊게 다루어져야 한다.

이 단계로부터의 산출은 각각의 하부시스템에 대한 사양들이다. 이러한 사양들은 시스템들 간의 인터페이스를 정의하여야 하며 또한 외부 시스템의 성능에 관한 가정을 모두 정의하여야 한다.

6.5.1 제품과 애플리케이션

개별적인 애플리케이션과 그것을 달성하기 위해 사용되는 제품 사이에는 분명한 구분이 있어야 한다. 기본적으로 특정한 애플리케이션은 표준 블록구축을 통하여 애플리케이션의 특정한 요구사항을 충족해 나가는 방법으로 구성된다.

이 구분이 신호시스템에서는 분명하지 않은데 그 이유는 계약자가 특정 애플리케이션을 그리고 철도회사에서 요구하는 기존 원칙과 실제에 맞추어 명시한 시스템을 기초로 하여 새로운 시스템을 개발하는 경향이 있기 때문이다. 이미 개발된 것을 사용하는 것이 아니라 새로운 시스템이 특별히 개발되는 경우에는 정상적인 조건과 고장 조건 하에서 운영상의 모든 요소들이 고려되고 적절하게 문서화되었다는 것을 확실히 하기 위해 별도의 주의를 기울여야 한다.

새로운 신호시스템의 제품개발과 엔지니어링에 요구되는 과정들은 이 교과서의 범위 밖이며 다음의 내용은 제품이 개발되어 시험을 거치고 검증되었다는 것을 가정한다.

6.6 설계 단계

사용자 요구사항이 정립되었으므로 다음 단계는 시스템의 개별적인 구성부품들이 달성해야 할 것이 무엇인지 세부적으로 정의하는 것이다. 각각의 설계 팀은 특정한 하부시스템에 대해 정의된 요구사항을 가지고 개별 구성부품과 모듈을 충분하고 상세하게 설계 개발해 나아가야 한다. 이 단계에서는 다음과 같은 점들이 고려되어야 할 것이다.

- 각 계약자는 그들 자신의 설계 팀을 고용해야 한다(종종 설계 팀에 대한 하청계약을 한다).
- 신호시스템 설계는 엄격하게 통제되어야 하며 안전특성의 설계는 철노의 요건에 대해 잘 알고 있는 직원이 점검하고 확인해야 한다.
- 모든 안전성의 요구는 시초에 설정되고 이 설계는 논 바이털 기능과 쉽게 분리될 수 있도록 하여야 한다. 특히 소프트웨어 시스템에서 핵심 신호시스템이 정보처리와 통신 시스템과 분리되어야 하는 경우에 적용된다. 이 분리는 시행 과정의 모든 단계에서 이루어져 최종 시험과 위임 인도 단계에서 안전성의 입증 문서로 작성될 수 있도록 하는 것이 매우 중요하다.
- 설계 단계의 세부 사항은 실제의 하부시스템에 따라 달라진다.

6.6.1 신호 시스템

- 설계과정의 첫 단계는 선로 배선, 필요한 모든 신호에 대한 합의, 그리고 제어 테이블을 준비하는 것이다. 개별적인 현장 데이터를 준비하여야 한다.
- 이들로부터 회로, 케이블 루트, 기구함을 설계할 수 있으며 배선 계획이 작성된다. ATP의 제공은 관련된 회로의 복잡성을 상당히 증가시킨다.
- 컴퓨터 기반 시스템에서는 소프트웨어가 필요하고 데이터가 준비되어야 한다.
- ATO를 적용하는 철도에서는 차량 특성을 분명하게 이해해야 하며 ATP와 ATO의 연결과 장착을 위해 차량 공급자와 필요한 조건을 정의하고 합의 하여야 한다. 신품 차량이 아닌 경우 수정에 대한 합의가 필요하다. 열차들의 모든 수정 상태가 적절하다는 것을 확실하게 하는데 주의를 해야 한다. 열차의 설계는 생산의 시작

에서부터 끝까지 흔히 세부적인 수준에서 변경되며 열차편성은 때때로 다른 생산과정을 통해 공급된다.

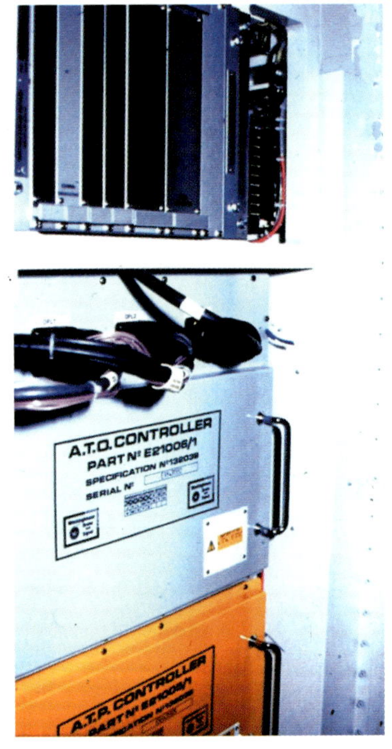

그림 6-3 : 큐비클 장착

그림 6-4 : 좌석 밑 장착

6.6.2 단계작업

프로젝트 기간 전반에 걸쳐 가장 중요한 고려사항은 모든 변경사항에 대해 엄격한 관리가 이루어져야 한다는 것이다. 변경이 단지 기존 신호시스템에 배선 하나를 추가하는 것이라 할지라도 오류의 결과는 재앙을 부를 수 있다. 설계과정의 엄격한 통제, 물리적 설치과정 그리고 시험은 필수적이다(ISO 9001:2000 변경사항의 통제 및 문서 통제에 대한 요건에 관하여는 부록 B 참조).

대부분의 경우 새로운 배선은 기존의 배선과 병렬로 이루어져야 할 것이다. 잘못 연결된 곳이 없다는 것을 확실히 하기 위하여 모든 배선은 고정된 터미널로 이루어져야 한다. 이것을 흔히 "플레이트 랙"이라는 용어로 사용되며 이러한 설비는 이전의 배선에서 새로운 배선으로 절체 하는 경우 단지 퓨즈를 한 위치에서 다른 위치로 옮겨주거나 금속 링크를 바꾸어주도록 하는 것이다. 극단적인 경우에 이전의 배선과 새로운 배선이 계전기를 통해 연결되어 큰 구역이 변경되도록 한다. 이것은 한 번에 종합적으로 교체할 수는 있지만 최종 설비의 준비가 올바르게 기능할 것이라는 것을 확인하는 매우 광범위한 사전시험을 요구한다.

6.6.3 애플리케이션 코딩

대부분의 현대 신호시스템은 컴퓨터를 기반으로 하고 있다. 이러한 시스템의 소프트웨어는 기본 장치의 필수부분이며 모든 애플리케이션에 공통적인 코어 소프트웨어, 특정 애플리케이션을 위해 작성된 특별 소프트웨어, 특정 현장이나 특정 형태의 차량에 대해 시스템의 운영을 정의하는 데이터로 구성되어 있다.

시행단계에서 필요한 코딩 작업은 그 시스템에 도입되어야 하는 독특한 특징에 맞도록 준비되어야 한다. 코어 시스템은 운영자나 공급자에 의해 기성 제품을 사용하여 접해보지 못한 철도환경의 특별한 특징을 추가하는 것으로 따라가게 되기 쉽다. 이러한 예는 승강장 종단 출입문이나 특정한 현시체계를 요구하는 또 다른 신호원칙과 같은 것들이다.

제어시스템에서 철도회사 나름의 명령 및 제어조직 그리고 필요한 정보에 맞도록 작성된 커스텀 코드를 흔히 요구한다. 인적 요소의 인터페이스에서 개별적인 요구를 만족시키는 맞춤형이 언제나 요구된다.

기존 코드에 대한 모든 변경이나 추가는 엄격히 통제되고 문서화되어야 한다. 이러한 문서는 최종 시스템 인도 시에 반드시 필요한 부분이며 시스템 수명기간 내내 보관되어야 한다.

바이털 소프트웨어 변경의 경우 변경사항은 표준에 따라 점검되고 확인되어야 한다. 이에 대한 기록이 전체적인 안전성 검증의 일부로 유지되어야 한다.

6.6.4 데이터 작성

현대적인 시스템에서 특정한 요구사항과 선로배선에 맞도록 하는 맞춤작업은 데이터 테이블 형태로 작성된다. 연동장치에서 이것은 제어테이블을 정의하며 흔히 전통적인 신호시스템 설계과정을 반영하기 위하여 래더 로직의 형태로 표현되거나 부울 대수로 표현된다.

궤도 특성, 역 정지위치, 구배, 속도제한, 포인트 위치 등은 통상적으로 토목설계로부터 결정되며 현장 측정을 통하여 점검된다. 그 후에 이것들이 시스템 개발과 시험 단계에 사용된다. 이것이 설계와 설치 단계에서 변경되었을 수 있기 때문에 위임인도 전에 현장측정에 의해 확인되어야 한다.

통신기반 신호시스템의 컴퓨터 시스템을 위한 데이터의 수집, 작성 및 확인의 관리는 시스템 설계에 매우 중요한 요소이다. 엄격한 통제와 점검 절차가 도입되어야 한다. 이러한 시스템들은 가장 높은 안전성 표준을 적용하여 설계되지 않고는 데이터의 입력이 오류를 만들 수 있으므로 통상 여러 단계의 자동 데이터 확인방법이 사용된다.

6.7 시스템 구축

이제 장치와 하부시스템들이 만들어져야 한다. 실제 시스템의 제조는 보통 여러 공급자들 간에 분담되므로(실로 여러 대륙에), 검증을 거친 회로기판과 부품의 기본적인 공장생산에서부터 새로운 소프트웨어 개발에 이르기까지 상이한 많은 부문이 결합되어야 한다. 이 과정 전반에 걸쳐 엄격한 통제가 유지된다는 것을 확실히 하는 것이 중요하다. 규칙적이고 세부적인 보고도 필요하다. 제조과정에서 부딪히는 어려움으로 인한 변경이든 하부 계약자의 변경이든 요구사항의 변경이든 모든 변경사항은 엄격한 변경 통제과정을 거쳐야 하고 모두 문서화 되어야 한다.

새로운 설계나 변경은 제조가 시작되기 전에 시제품 과정을 거치는 것이 보통이다.

6.7.1 조립

이제 공장에서 개별적인 부품보드가 함께 모아지고 소프트웨어가 통합(모듈과 데이터)되어야 한다. 개별적인 조립체가 설계 요구사항을 충족한다는 것을 확인하기 위한 시험을 할 수 있도록 특별한 리그가 필요하다. 일단 개별적인 부품들이 하부시스템으로 조립되면 이러한 하부시스템들이 다시 모아져서 시험되어야 한다. 이 과정은 하나의 기능적인 유니트가 만들어질 때까지 계속된다.

그림 6-5 : 브릭스톤의 포인트 설치

최초로 생산된 유니트는 설계상의 모든 요구사항을 충족하는지 그리고 그 유니트가 모든 입력 조합과 환경조건에 노출될 때 예측할 수 없는 작동을 하지 않는지 매우 광범위하게 시험되어야 한다. 후에 유니트들은 올바르게 작동된다는 것을 확인하기 위해 고안된 표준 시험세트를 거쳐야 한다.

6.8 설치

장치의 설치와 케이블의 배선은 그 과정이 가장 가시적 특징을 가지고 있으며 매우 주의 깊은 계획이 필요하다. 전형적으로 설치는 많은 계약자들과 커다란 지역에 걸쳐 기술분야의 협력 작업을 필요로 하며 단계적인 작업이 필요한 경우 수년에 걸쳐 이루어지기도 한다.

현장에서의 모든 활동의 관리는 현지에 현장 사무소가 설치되고 현장 관리 팀이 설치를 감시하고 다른 계약자 그리고 철도와 협력하는 권한이 부여 되어야 한다.

그림 6-6 : 배선작업

6.8.1 시행의 제한사항

주요도시에서 도시철도 시스템은 밀도가 높은 서비스를 제공한다. 도시철도의 승객들(물론 운영자들도)은 하루 24시간 1년 365일 지속적인 서비스가 이상적 이라고 할 것이다. 고객의 기대를 충족시키기 위하여 도시철도가 하루에 근 20시간을 1년에 364일간 운행하고 있는 것이 보통이다.

도시철도 특히 튜브 터널을 이용하거나 도심 내부와 같은 제한구역을 가로지르는 도시철도들은 엔지니어링 작업을 계획할 때 특별한 도전을 받는다. 그들의 간선 경쟁사들과는 달리 루프 노선이나 대체 진로를 통한 작업 지역 주변의 다양한 서비스 방법이 없을 수 있다. 작업 현장에 대한 물리적 접근 역시 설비, 장치 그리고 작업요원에게 문제가 될 수 있다. 이러한 이유로 신호시스템에 영향을 주는 작업은 상업 서비스에 지장을 주지 않도록 세심하게 계획하여야 한다.

다른 철도에서와 같이 도시철도 신호시스템에서 수행되는 작업의 주된 형태는 설치, 시험, 위임인도 및 보수유지(일상보수와 응급보수)이다. 이러한 임무를 수행하는 것은 서비스에 지장을 주지 않기 위한 각종 전략이 필요하다. 부딪히는 몇몇 문제들은 보수 담당자와 시험 및 위임 엔지니어에게는(예로써 현장 작업시작) 일반적인 것이지만 그 문제의 크기는 작업의 범위에 따라 다르다.

두 개의 배선 단말처리나 이백 개의 배선 단말처리에 요구되는 안전 프로세스, 절차, 문서화는 비슷하다. 그러나 아주 많은 수는 위험을 증가시키며 수락할 수 있는 수준으로 위험이 최소화되었다는 것을 확인하기 위한 긴밀한 통제와 감시가 필요하다.

다음은 특별한 주의를 필요로 하는 사항이며 설치, 시험, 위임, 보수유지 모두에서 일반적으로 적용된다.

가용시간 내에 시행될 수 있는가

도시철도 시스템에서 대부분의 시험과 위임 작업은 하루의 마지막 열차와 다음 날의 첫 열차서비스 사이의 짧은 시간 내에 수행된다. 그러나 많은 량의 배선 변경작업은 정상적인 야간 작업반이 가용시간 내에 수행하기에는 물리적으로 가능하지 않다. 종단 역과 차량기지에서 생산적인 작업을 위한 가용시간이 두 시간뿐인 경우가 보통이다.

주 ▶ 배선을 계전기에 연결 단말처리하고 접점 기능시험을 하는데 5분이 걸린다고 가정하면 그 작업에 소요되는 시간을 추정할 수 있다(예를 들면 2시간을 가지고 한 선당 5분씩의 작업으로 최대한 24 회로를 시험할 수 있다). 그러나 이것은 다른 기본적인 시험이나 기타의 도통 시험의 필요를 계산에 넣지 않은 것이므로 실제로 하룻밤의 가용시간 내에 완료할 수 있는 회로의 수는 24회선보다 훨씬 더 적을 것이다.

보통의 단일 근무조로 시행될 수 없는 경우 문제는 실제의 현장 조건을 반영하지 않은 보수문서에서 생긴다. 이 설계는 원 설계의 하부세트로 분리하도록 할 필요가 있으며 근무조의 수를 증가시켜서 시행해야 할 것이다. 그래야만 배선작업의 수와 현장조건에 맞는 보수작업서가 맞아 들어갈 것이다. 그렇지 않다면 단순한 위임인도 과정에서 설계를 시행하기 위한 점유기간은 연장되어야 할 것이다.

도시철도 시스템을 설계할 때 신호기와 그 위치, 게이지 저촉과 같은 철도의 건축한계 기준과 같은 설치 작동범위와 한계 또한 신중하게 기억해야 한다. 장치의 설치 주문 전에 장소와 이에 대한 조사가 필요하다.

6.8.2 운영 중인 철도에 대한 접근

모든 철도 엔지니어링 작업은 공통적인 문제를 갖고 있다. 작업을 수행하기 위하여 철도에 접근하는 것이 한정되며 흔히 주요 제한사항으로 실행된다. 이 제한사항은 현장의 물리적인 위치와 접근이 허락되는 시간 모두에 적용된다.

도시철도 시스템은 흔히 지하의 깊은 튜브나 터널을 통해서 주행한다. 필수적인 설비와 장치 그리고 직원들을 작업 현장에 마련하는 것은 가장 일상적인 일이기도 하지만 중요한 일이 될 수 있다.

개방된 구간에서 궤도 손수레는 궤도의 한쪽을 따라서 밀고 갈 수 있고 인접 궤도에서 작업이 수행될 경우에는 용이하게 다른 쪽으로 옮길 수 있다. 1900년대 초기에 많이 건설된 튜브 터널의 궤도 간 비상 교차 분기는 거리가 떨어져 설치되었고 접근이 제한되어 현대적인 설비와 장비의 수송수단을 손쉽게 사용할 수가 없었다. 이것은 수작업으로 일이 되어야 하고 적절하게 규정에 맞추어야 할 필요가 있다는 것이다. 작업 현장까지 가는 횟수를 최소화하는 수단을 주의 깊게 강구해야 했으며 엔지니어링 용 열차와 손수레를 최대한 활용하도록 계획하여 사용하였다.

기존철도 열차운영에 지장을 최소화하도록 작업이 구성되는 것이 반드시 필요하다. 이것이 작업을 흔히 야간에 수행하게 된 것이다.

6.9 시험

전통적으로 신호시스템의 시험은 시스템이 일단 설치된 후에 수행되었다. 모든 구성 부품에 대한 시험이 실시되었고 수년간 검증되어 그 거동을 정확히 예측했다. 현대 시스템에서 시험은 전체 건설 과정의 한 부분으로 통합되었고 일단 부품들이 제조되면 사양에 맞는지 확인하기 위하여 시험을 실시해야 했다. 이러한 시험은 다음의 두 가지 목적을 가지고 있다.

- 제작 또는 코딩이 올바르게 이루어졌는지 확인한다.
- 요구와 같이 전체성능에 있어 시스템이 안전한지 검사함으로써 시스템의 안전성 입증에 요구되는 기초근거를 제공한다.

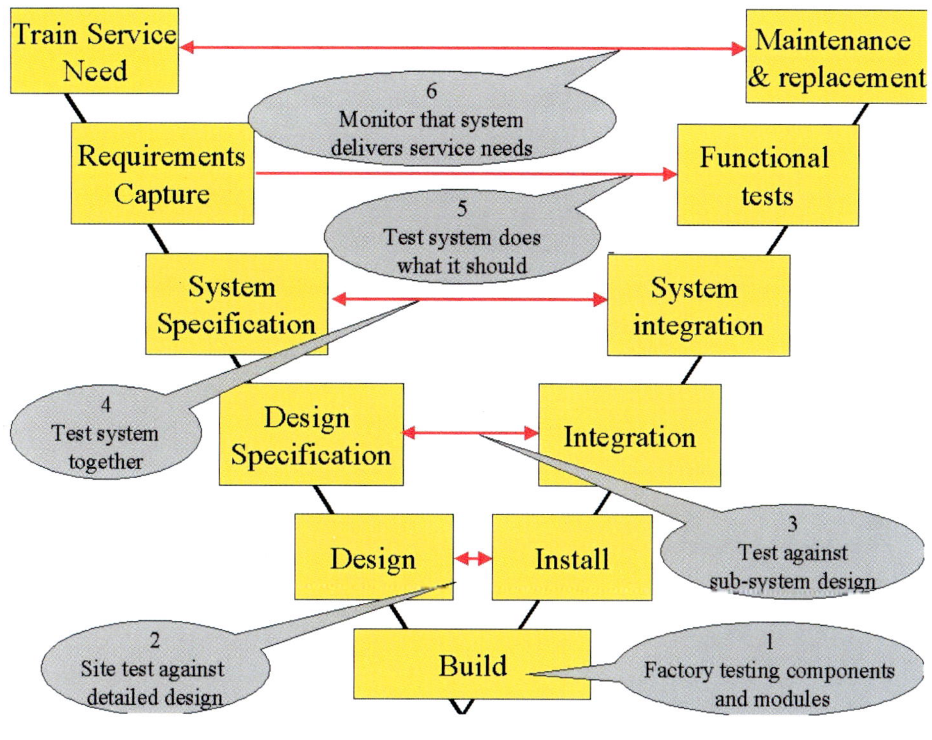

그림 6-7 : 시험 단계

바이털 신호시스템 개발의 모든 단계에서 구성 부품들의 올바른 작동의 검증은 필수적이다. 이러한 시험은 주의 깊게 기록되어 뒤에 안전성 입증의 일부로 사용된다. 시험은 설계된 대로 실행될 뿐만 아니라 모듈이 극한조건 또는 고장조건 하에서 부정확한 출력을 만들어내지 않는다는 것을 입증해야 한다.

하드웨어 구성부품 각각의 설계에 대한 이들 시험은 정상적으로 통제되는 운영 환경에서뿐만 아니라 그 장치가 처할 수 있는 물리적 조건의 전체 범위를 다룰 필요가 있다. 이것은 모든 고장 모드를 설정하고 고장 모드와 결과의 분석이 올바르다는 것을 입증하는 것이다(안전성의 입증 참조). 이 과정에 대한 문서는 개별 애플리케이션의 안전성 입증에 대한 근거를 제공하며 변경이 이루어진 경우나 특정한 애플리케이션의 사양이 원 설계와 안전성 입증을 초과하는 경우에는 이 과정을 반복하여 실시해야 한다.

그림 6-8 : 장치의 시험

소프트웨어 시험

바이털 시스템의 코드변경이 필요한 경우에는 수정되어야 하는 하부시스템 내의 다른 모듈에 대한 영향과 인터페이스 되는 하부시스템에 대한 모든 영향을 포함하여 변경으로 인한 모든 가능한 영향을 파악하기 위한 엄격한 분석이 이루어져야 한다. 이것은 모든 타이밍 변경의 영향도 포함되어야 한다. 요구되는 문서의 범위와 변경이 정확하게 설계되고 시행되었다는 것을 확인하기 위한 많은 기술들이 관련 표준에 설명되어 있다.

6.10 시스템 통합

모든 신호시스템은 복잡한 부품들의 조합으로 이루어졌다. 도시철도 신호시스템은 국철 시스템 보다 지리적으로 적은 구역을 관장하며 일반적으로 그 배선이 단순하다. 그러나 도시철도는 통상 한 시점에서 동시에 운영되어야 하는 상이한 많은 시스템의 긴밀한 통합을 필요로 한다.

전형적으로 궤도변의 바이털 신호시스템은 차상의 바이털 시스템과 다양한 기술(로칼 비이콘, 연속적인 루프 및 무선)을 사용하여 통신 하도록 요구된다. 연동장치와 궤도변 열차이동 제어기 간에도 바이털 통신 링크가 필요하다. 차상에서는 바이털 신호 링크로 열차 운전시스템과 위치 시스템에 연결된다. 추가하여 바이털 시스템은 관리, 제어 및 정보 시스템과 상응하는 통신, 화면표시, 맨 머신 인터페이스와 통합되어야 한다. 이것이 궤도변, 역, 차상 시스템에서 이루어져야 한다.

프로젝트를 위한 장치의 제공과 함께 기존 시스템에 대한 모든 인터페이스가 구축되고 작동되어야 한다. 전형적으로 이것은 도시철도 자체에만 국한 되지 않을 것이며 인접하는 철도와 기타의 서비스도 포함할 것이다.

각종 하부시스템 그리고 시스템들을 통합하는 과정, 이들이 적절하게 함께 작동하는지 확인하는 시험, 정확한 운영을 위한 고장의 원인 결정, 필요한 변경을 고안하고 시행하는 것을 일컬어 시스템 통합이라 한다. 전형적인 신호시스템에서 이것은 총 시스템 비용의 중요한 비중을 차지할 수 있다. 이에 대한 성공적인 결론과 문서화는 안전성의 입증에 가장 중요한 부분이다.

이미 설명한 바와 같이 통합과정은 먼저 하부시스템을 구축하고 그리고 각종 시스템을 함께 구축해 나가는 것이 보통이다. 가능할 경우 특별히 새로운 시스템에서, 이것은 공장에서 먼저 이루어 질 수 있다. 정확하게 운영되는 것을 입증할 때만 통합과 시험이 현장에서 시작될 수 있다.

6.10.1 계약상의 영향

전형적인 시스템에서 많은 계약자들이 시스템의 상이한 요소들을 공급할 것이다. 초기의 설계단계가 철저할수록 시스템 통합단계 기간 중에 문제가 더 적게 발생하겠지만 그렇다고 문제가 전혀 없을 수는 없다. 문제는 통상 사양의 해석 차이에서 생기게 되므로 인터페이스 영역 조건을 시험할 때 왜 각별한 주의가 필요하며 왜 사양들이 분명하고 애매한 점이 없어야 하는가 하는 이유가 여기에 있다.

6.10.2 통합 시험대

모든 인터페이스들은 모든 조건 하에서 운영된다는 것을 확인하기 위해 철저히 시험하여야 한다. 시스템의 모든 것을 나타낼 수 있도록 시험대를 준비하는 것이 보통이며 최초에는 모델로 시작하되 후에는 최종적인 장치를 시험할 수 있어야 한다. 각 공급자는 이러한 시험대를 구축하거나 아니면 여기에 접근할 수 있도록 해야 한다.

이러한 설비에 대한 필요성은 현장시험의 어려움과 지장이 최소화 되도록 하는 요구에 따르는 것이다. 이상적으로는 시스템이 모든 상황에서 정확하게 함께 작동한다는 것을 보이기 전까지는 설치해서는 안 된다. 시스템이 검증되기 전에 현장에 배선하고 절단하여 회로가 설치되었는데 만약 오류가 발견되면 배선을 전체적으로 다시 해야 하며 이에 따른 비용이 발생하게 된다.

그림 6-9 : 전형적인 공급자의 시험대

상기 사항은 시스템 전체에 해당되지만 안전과 관련된 구성품의 경우에는 특히 더 해당된다. 주로 배선으로 이루어진 전통적인 신호시스템에서도 철도에 연결하기 전에 근본적인 연동시험을 할 수 있도록 기본적인 시험설비를 갖추기를 권장한다. 이것은 통상 외부에서 입력하는 스위치와 모든 출력을 표시하도록 만들어진 궤도 시험보드와 같은 형태의 외부조건 시뮬레이터의 구축으로 이루어진다. 이는 모든 입력을 조합하여 시험해 볼 수 있고 아니면 최소한 시험하는 특정 회로에 영향을 줄 수 있는 모든 것을 시험해본다는 것을 의미한다. 극단적으로는 과부하에서 시스템의 스트레스가 예상하지 않았던 결점을 들어낼 수 있다.

전자 연동장치에서 설계자 워크스테이션은 데이터 테이블을 완전하게 시험할 수 있도록 한다. 어느 정도까지는 이 시험이 스스로 문서화 되지만 아직도 시험을 통해 만들어진 모든 것을 기록 유지하여 대처해야 할 모든 이례적 결과 그리고 만들어 졌다면 그 결과의 분석을 확인할 필요가 있다.

6.10.3 차량 통합

ATO와 ATP 시스템에서 이 제어시스템이 설계된 대로 수행되는지 시연을 위해 차량 시뮬레이터를 사용하여 유사한 시험대를 갖출 필요가 있다. 이상적으로는 차량 제조업자는 차량을 제조하는 동안 차상 신호시스템의 시제품에 접근할 수 있고 최소한 차상시스템을 개발하는 동안 신호 장치를 모의 시험하기 위한 충분한 정보를 제공받아야 한다.

그림 6-10 : 기관사 훈련 중에 사용되는 전형적인 시뮬레이터

대부분의 현대 시스템은 신호시스템, 통신시스템 그리고 차상시스템이 광범위하게 연결되어 있다. 이들은 모터, 제동, 비상제동과 같은 순수한 열차 제어기능과 함께 미끄럼 활주 시스템, 타코-발전기, 위치 결정에 사용되는 도플러 레이더, 안테나와 연관되어 있다.

기관사의 제어 및 표시, 바이털 그리고 논 바이털 통신을 위한 무선연결, 방송, 출입문 작동, 승강장 카메라와 연결된 운전실 CCTV, 블랙박스 기능 등은 개별적인 기능과 그리고 결합 시험 역시 모두 시험을 거쳐야 한다.

이러한 시스템들은 시험이 시작되기 전에 통제된 환경에서 더 많이 입증될수록 시스템 개발과 통합 단계에서 많이 발생하는 변경으로 인한 프로젝트의 초과 위험은 더 적어진다. 차량과 제어시스템 간의 상호작용과 잠재적인 간섭영향에 대한 완전한 이해를 실패하는 것은 새로운 열차의 도입 그리고 ATO 시스템의 인도 모두가 많은 프로젝트에서 지연의 근원이라는 것이 입증되었다(6.17 참조).

이후의 단계에서 이러한 상호작용은 특히 전자기적 적합성(EMC)의 경우 역시 신뢰성 없는 운영을 뒤따르게 할 수 있다. 차량의 제조가 신호에 선행하는 경우 시험 열차는 필연적인 인터페이스 문제를 격리하는 것이 절대로 필요하다. 차량의 설계는 신호시스템 특히 EMC 요건의 완전한 적합성을 확인할 필요가 있고 고려해야 한다는 것이 점점 더 인식되고 있다.

6.10.4 제어 시스템

일차적인 안전 기능성에 관계된다는 의미에서 논 바이털 시스템은 전형적인 도시철도 프로젝트에서 흔히 그 프로젝트의 중요 요소로 나타난다. 철도의 안전 운영에 일차적인 책임은 아니라 하더라도 제어시스템은 철도의 전반적인 안전에 기여한다. 제어시스템은 안전 시스템의 성능을 감시하는 수단을 제공한다. 진로설정 과정을 자동화함으로써 설정된 진로에 충돌을 방어하는 수준으로서 그 역할을 한다. 그러나 제어시스템의 고장은 지연이나 혼란으로 이어져 안전 시스템을 긴장시키고 때로는 터널 안에 정지한 차량에 승객이 갇히는 원인이 된다.

제어시스템은 많은 계약자들에 의해 공급되는 것이 보통이다. 이들은 통상 애플리케이션의 특정한 요구를 충족시키기 위해 사용자 요구에 따른 수정된 범주의 표준 시스템들을 만들기 때문이다. 서로 다른 공급원을 결합하고, 애플리케이션의 특별한 요구를 충족시키기 위해 때론 장치를 수정할 필요가 있고, 서로 다른 엔지니어링 분야가 함께 일해서 장치를 만들어 내는 것은 제어시스템 통합 작업을 바이털 시스템의 통합작업보다 더 큰 도전이 되도록 만든다.

일반적으로 최선의 전략은 단계적으로 진행하는 것으로 여러 가지의 시스템을 한 번에 통합하려고 시도하기 전에 개별적인 시스템의 조합을 각각 시험하는 것이다. 확실하게 식별할 수 있도록 하부시스템을 분명하게 정의(중앙제어, 역, 무선, 통신, 신호)하는 것이 필수적이다. 본래의 시스템 설계 작업의 완전함에 대해 시험하는 것이 이 단계에서이다.

제어시스템의 시험에서 여러 가지 시간표와 서비스 패턴에 대한 철도운영 시뮬레이션이 포함되어야 한다. 대부분의 기능이 논 바이털이라 하더라도 안전성에 관련되므로 모든 것이 표준에 따라 시험되어야 하며 적정 수준의 검사와 개별적인 검증이 수행되어야 한다.

6.10.5 현장 시험

앞에서 살펴본 바와 같이 현장에서 요구될 시험의 양은 최소화시켜야 한다. 철도에서의 현장시험은 항상 어렵고 비용은 비싸다. 도시철도의 운영상 제한은 현장시험을 더욱 어렵고 비싸게 만든다.

새로운 선에서 신호 통신엔지니어들은 현장에 맨 마지막으로 접근할 수밖에 없고(터널, 궤도, 기계실이 먼저 완료되어야 한다) 신호시스템이 완료될 때까지는 상업운전은 시작될 수 없기 때문에 시간적 압력을 특히 높게 받는다.

그림 6-11 : 새로운 시스템의 시험

개량의 경우에도 새로운 시스템이 설치될 때까지는 이전의 시스템을 사용하여 열차 서비스가 유지되어야 하며 시험에 필요한 가능한 시간은 전형적으로 하룻밤에 몇 시간 정도로 제한된다(2시간 정도). 이 시간 동안에 새로운 시스템은 시험이 끝날 때까지 임시로 작동되도록 준비되어야 하며 이전 시스템은 다시 회복되어 정확하게 운영되는지 확인하는 시험이 이루어져야 한다(전환 복귀).

흔히 터널의 비좁은 조건에 장치를 설치해야 하므로 이에 대한 접근이 어렵다. 접근은 통상 열차가 운행되지 않을 때 가능하며 따라서 대부분의 시험은 아침 이른 시간에 수행되어야 한다.

설치하는 사람들이 움직이는 열차나 가까이 지나는 견인 전압의 위험으로부터 보호되도록 개인의 현장 안전 조치는 엄격하게 시행되어야 한다. 작업 시작에 대한 허가를 얻고 열차 운영이 시작되기 전에 모든 것이 종료되었다는 통보 절차가 설치시험을 하는 제한된 시간 보다 더 길어지는 경향이 있다.

철도의 넓게 펼쳐진 특징은 시험 점들 간의 물리적 이동에 상당한 시간이 걸리고 시험자 사이에 특별한 통신설비가 제공되어야 한다는 것을 의미한다. 그럼에도 불구하고 위임인도 전에 시스템의 모든 기능성이 시험되는 것은 필수적이다.
일단 시스템이 위임인도 되는 경우에는 시스템에 대한 접근이 더욱 제한되기 때문이다. 살아있는 신호시스템에서의 모든 작업은 사고를 초래하는 모든 변경의 예측할 수 없는 가능성을 막기 위해 매우 엄격하게 통제되어야 한다.

6.11 위임 인도

위임인도는 새로운 시스템의 도입이나 시스템의 개량 또는 오래된 시스템에서 새로운 시스템으로 전환하는 마지막 단계이다. 이것은 시스템이 승객을 위한 운영에 안전하다는 최종적인 확인을 의미한다.

시스템 개발과 시험결과에 대한 전술한 모든 문서들이 각종 부품들에 대한 시험이 철저히 시행되었고 시스템 착수 시 확인된(6.2, 6.3 참조) 요건을 충족한다는 것을 확인하기 위해 검토되어야 한다.

전체적으로 시스템의 이러한 최종 시험은 가능한 한 많은 상이한 조건(정상적인 조건과 악화된 조건) 하에서 시스템이 안전하게 실행된다는 것을 확인하여야 한다. 특히 모든 열차가 시간표에 따라 엄격하게 운행될 것이라고 가정해서는 안 된다.

이 단계는 장치의 고장이나 서비스 혼란을 극복하기 위해 적용하는 특별한 규칙으로 열차가 운영될 때 시스템의 거동을 점검해야 한다. 이것은 시스템이 연속적으로 운영되고 수동제어 하에서도 가능한 경우에는 언제나 안전을 유지한다는 것을 입증하기 위한 것이다.

운영자 그리고 보수담당자와의 시스템 상호작용도 점검해야 한다. 이들은 적절하게 훈련을 받아야 하고 그 임무를 안전하게 수행할 수 있는 충분한 정보를 제공 받아야 한다. 이것 역시 시스템이 최종적으로 운영되기 전에 확인되어야 한다.

인적 요인과 관련하여 위임인도 담당 엔지니어는 HMI(인간 기계 인터페이스)가 그 목적에 맞추어져 있으며 작업 역할이 안전하게 수행될 수 있다는 것을 확인할 수 있도록 해야 한다.

그러므로 위임담당 엔지니어의 임무는 순수한 기술적인 점검 임무보다는 범위가 넓다. 시스템 운영의 모든 측면을 고려하여야 한다. 전형적인 도시철도 시스템에서 이것은 환기 시스템, 화재 감지와 제압 시스템, 승강기, 에스컬레이터, 펌프, 동력 공급 그리고 기타 역 장치 및 열차 시스템에 대해 제어시스템이 정확하게 기능을 수행한다는 확인이 포함될 것이다.

위임인도는 다른 위임인도 담당 엔지니어들과 여러 단계의 협조로 연관된다, 협조사항을 계층적으로 나타내고 최종 승인은 전 과정에 대한 책임을 지는 선임 엔지니어에 의해 주어진다는 것이 중요하다.

이 임무를 수행하기 위해 사용되는 시간은 제어구역의 규모에 따라 며칠에서부터 몇 주까지의 기간이 소요될 수 있다. 몇 번에 걸친 이러한 위임인도 시간을 위해서는 2 내지 3교대의 작업 조를 만들어 운영하는 것이 필요할 것이다. 이것은 수백 명의 사람들을 필요로 할 수 있으며 작업자의 시간이 안전규정에서 정한 시간을 초과하지 않도록 많은 계획이 필요하다.

전자 연동장치의 도입은 공장을 떠나기 전에 완성된 연동장치의 벤치시험을 위한 설비를 허용함으로써 위임 인도하는 야간에 제어회로의 결함이 발생되는 위험을 감소시켰다

(공장수락시험 또는 FAT). 이것은 또한 현장에서 시험에 소요되는 시간을 상당히 감소시킬 수 있었는데 이는 신호 기계실(SER)과 궤도변 사이에 일치하는지 점검하는 것이 작업의 주된 부분이 될 수 있기 때문이다.

많은 수의 기능들에 대한 시험 역시 전환하는 날 밤에 시행될 필요가 있을 것이며 이에 대한 사항이 위임인도 계획서에 문서화되어야 한다. 이 계획에는 수행되어야 할 임무에 대한 구체적인 내용과 이러한 임무를 수행할 사람의 이름을 나타낸다.

새로 설치한 장치의 성능은 사양에서 정한 한계 내에서 작동되는 것을 확인하기 위하여 위임인도 기간 중의 설치 작동기록에 의해 점검한다.

어떤 형태의 철도에서든지 성공적인 위임 인도를 위하여 관제센터와 궤도변 간에 원활한 통신이 이루어지는 것이 필수적이다. 이것은 통상 무선으로 이루어진다. 그러나 도시철도 시스템을 위임 인도할 때에 흔히 특별한 조치(각 지점 간에 임시 통신선로를 가설하는 것과 같은)가 만들어진다. 이것은 세계의 많은 도시철도 시스템이 지하로 되어 있으며 그 중 상당수가 무선 신호레벨에 간섭을 일으킬 수 있는 메탈 라이닝 터널을 갖고 있기 때문이다.

위임인도 기간 중 여분의 장치를 제거하려 할 때 접근에 큰 어려움을 줄 수 있다. 더구나 지하에서 발생할 수 있는 높은 화재의 위험으로 인해 위임인도 기간 중에 만들어진 여분의 장치를 운행이 시작되기 전에 제거하는 것이 중요하다.

6.11.1 단계적 작업과 시스템의 구축

새로운 시스템이 단 하나의 단계로 도입되는 경우는 거의 드물다. 특히 시스템을 기존 시스템에 추가하거나 새로운 시스템으로 교체하는 경우에는 더욱 그렇다. 별도로 위임인도 할 수 있는 일련의 여러 단계로 신호시스템의 작업을 나누는 과정을 단계적 작업이라 한다. 각 단계는 그 자체가 하나의 실질적인 프로젝트로 간주되어야 한다. 무엇을 도입하고 어떻게 이것을 시험하고 운영할 것인가에 대한 분명한 이해가 착수할 때부터 설정되어야 한다.

개별적인 단계는 지장의 원인을 줄여 나가도록 설계한 별도의 위임 인도 계획이 필요하다. 특히 이전의 신호시스템을 새로운 신호시스템에 인터페이스 하는데 필요한 모든 임시 작업의 통제에 주의를 기울여야 한다. 대부분의 경우 채택되는 방법은 선구의 한쪽 끝에서 다른쪽 끝까지 새로운 신호시스템을 점진적으로 도입하여 결과적으로 하나의 차량 인터페이스만 남도록 하는 것이다.

시스템 구축(임무 구분의 필요)

제어시스템도 흔히 철도에 대한 전체적인 기능성을 향상시키면서 일련의 단계로 도입된다. 다시 강조하지만 이 과정 전반에 걸친 엄격한 통제가 요구되며 각 단계는 이것이 도입되기 전에 오프라인으로 철저하게 시험을 거쳐야 한다.

어떤 경우에 변경사항은 단일 컴퓨터 시스템으로만 한정되지만 대부분의 경우에는 여러 시스템이 연관된다. 모든 경우에 관련된 모든 시스템에서 잠재적 영향이 불리한 상황을 초래하지 않는다는 것을 확인하기 위한 시험이 이루어지고 확정되어야 한다.

물리적 및 기능적 작업

단계적 작업을 계획함에 있어서 필연적으로 물리적인 작업이 현저하게 주어지지만 철도의 기능성에 대한 변경의 영향 역시 고려되고 계획되어야 한다.

철도 운영자와 긴밀히 계획하여 적절히 시간표의 변경이 이루어지는지 확인하고 직원들이 변경에 대해 교육되었으며 모든 변경에 대한 제어, 설비를 어떻게 다루는지 또는 정보를 준비하는지 확인하는 것이 필요하다. 승객들에 대한 영향도 예측하여 적절한 정보를 얻을 수 있도록 해야 한다. 단계적 작업은 흔히 주요 혼란을 일으키고 가끔 여러 날 동안 선구의 전부 또는 일부를 폐쇄해야 하는 결과를 초래한다. 대체 서비스가 이루어져야 하며 적절한 조치를 하여야 한다.

이러한 모든 제한의 결합은 아주 작은 작업이라도 긴 준비기간이 필요하다는 것을 의미한다.

6.11.2 시험 및 위임인도 담당 엔지니어

위임인도 전에 시험 및 위임인도 담당 엔지니어(T&C 엔지니어)는 위임 전 시험기간 중 작성된 시험기록에서 제기된 모든 의문점에 대해 설계 팀으로부터 받은 회신과 재시험을 하고 성공적으로 시험을 통과했다는 시험자의 서명을 확인하여야 한다.

현대의 위임 규모는 T&C 엔지니어가 수행된 모든 시험이 성공적으로 완료되었다는 것을 위임기간 중에 모두 직접 확인하는 것이 물리적으로 불가능할 정도로 방대하다. 그러므로 T&C 엔지니어가 자신을 대신하여 시험을 수행할 수 있다고 신뢰할 수 있는 자격이 있는 시험자 그룹에 할당하는 것이 필수적이다. 이 시험자들은 자신에게 주어진 임무를 완료한 때에 시험이 성공적으로 완료되었다는 것을 주 시험자(T&C 엔지니어)에게 서면 입증하여 제출하여야 한다.

그림 6-12 : 현장 시험

주 시험자(T&C 엔지니어)는 완성된 기록을 받아 마스터 점검표에 이 정보를 입력하고 운영부서에 철도를 인계하기 전에 모든 시험이 성공적으로 완료되었다는 것을 확인하기 위해 마스터 점검표를 점검한다.

시험 및 위임인도 활동에 대한 계획을 수립할 때 각별한 주의가 필요하다. 사람의 안전이 가장 중요하다는 점을 관계자들의 마음속에 분명히 새기도록 하는 특별한 조치를 취해야 한다.

기존 철도에서 변경을 시행할 때는 계획된 활동을 지연시키거나 중단시킬 수 있는 경우가 여러 가지 있다. 그러므로 계획은 동적으로 수립되어야 하며 잃어버린 시간에 대한 회복이 가능하도록 쉽게 바꿀 수 있게 해야 한다. 신호시스템의 설치를 다루는 계획에 영향을 줄 수 있는 많은 문제들이 있다. 이 의존관계들을 프로그램에 포함시키는 것이 중요하다. 이러한 의존관계들은 다른 계약자로 인하여 발생하는 접근지연에서부터 예를 들어 융설 열차운영과 같은 철도를 필요로 하는 고객에 이르기까지 모두 발생할 수 있다.

주 ▶ 융설 열차는 강설이 예상되는 경우에 레일에 제빙용액을 살포하는 특별열차이다. 이 열차는 야간에 운영되어야 하므로 위임인도 과정에 매우 방해가 된다.

6.12 운영과 보수유지

일단 위임인도가 되면 프로세스는 중단되지 않는다. 시스템 설계는 착수할 때부터 운영과 보수유지의 필요성을 고려해야 하며 수명기간 전체에 걸쳐 안전요건을 지속적으로 충족한다는 것을 확인하기 위해 모든 필요성에 대하여 시스템의 성능을 감시해야 한다. 이 감시는 모든 구성품의 열화와 운영자 또는 보수담당자의 역량 변화 그리고 안전에 영향을 줄 수 있는 환경의 모든 변화를 파악해야 한다.

이러한 감시의 결과 변경이 필요한 것으로 나타나는 경우에는 변경 요구사항이 달성하려는 것이 무엇인지 분명히 파악하고 변경사항 도입의 영향을 파악하기 위하여 전체의 프로세스를 처음부터 되풀이해야 한다. 이것은 모든 변경에 적용되며 해당 시스템뿐만 아니라 영향을 받을 수 있는 다른 모든 시스템에 대해서도 잠재적인 영향을 파악하여야 한다.

6.12.1 시스템의 교체

좋은 시스템의 설계는 프로젝트의 초기에 수명이 다 되었을 때의 교체 방법에 대한 고려사항을 포함해야 한다. 현대적인 시스템의 교체 시기는 전통적으로 적용했던 40년보다는 상당히 줄어들었다. 교체나 수명 주기의 중간쯤에 갱신하는 일은 적절한 조치가 처음부터 고려된 경우 훨씬 더 용이할 수 있다.

6.13 모델링

모델 작업은 시스템의 수명주기 전반에 걸쳐 중요한 역할을 한다. 다음 그림은 여러 단계에서 모델이 어떻게 사용되는가 보여준다.

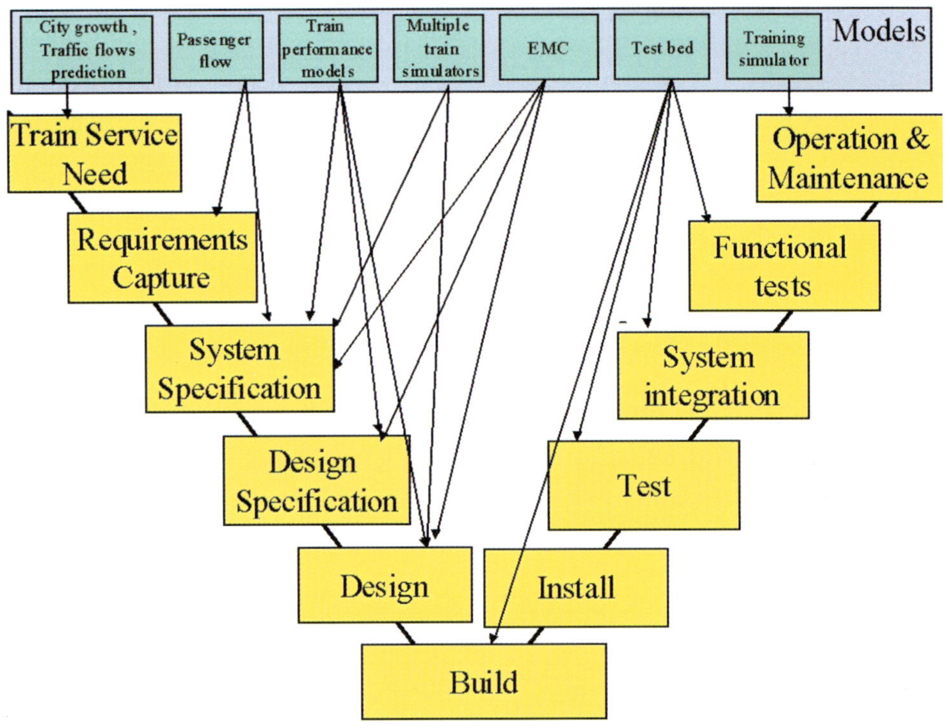

그림 6-13 : 시스템 수명주기 기간 중 사용되는 전형적인 모델

- 열차 서비스 요구 모델은 그 도시의 경제적 모델로 미래에 요구되는 성장과 승객의 여행 양상을 파악하기 위한 고객 전망을 예측하기 위한 것이다. 이 모델들은 새로운 철도의 신설과 기존 철도의 변경에 대해서도 필요하다.
- 역에서의 승객의 흐름에 대한 영향을 예측하여야 하며 프로젝트의 효과에 수용하기 위하여 필요한 모든 변화들이 결정되어야 한다.
- 열차에서의 승객 흐름에 대한 좀 더 구체적인 모델작업은 혼잡의 정도를 결정할 수 있도록 하며 허용되어야 할 역 정차시간과 연결 서비스를 예측한다. 이것은 시스템 설계자들에 의해 점검되는 실용적인 요구사항 명세의 역할을 하며 필요한 정보를 제공한다.

· 열차 성능 모델은 열차의 움직임 자체에 대한 예측을 하게하며 시간, 거리 그리고 속도-거리 그래프를 작성하는데 사용된다. 이것들은 철도에 새로운 차량이 도입되는 때에 특히 중요하다.
· 복합 열차 시뮬레이터들은 신호시스템 자체의 운영과 특히 열차와 신호시스템 간의 상호작용에 대한 모델을 만든다. 이들은 신호 설계의 점검, 열차시간표의 평가, 동력소비 모델을 만들 수 있게 한다. 또한 자동열차 조정 알고리즘의 효과를 예측할 수 있게 한다.

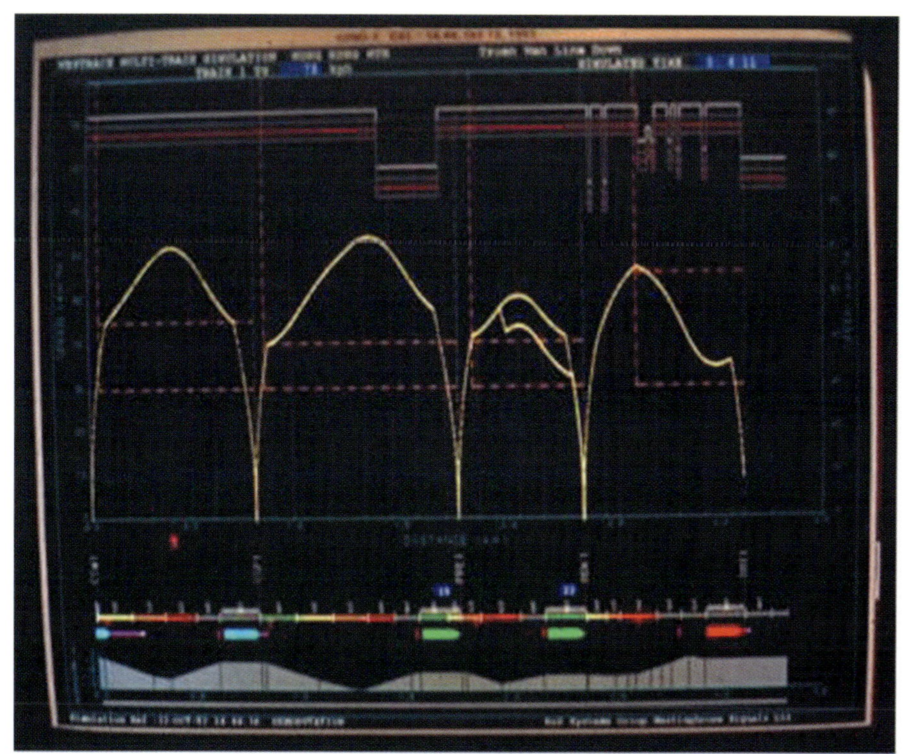

그림 6-14 : 전형적인 도시철도 시뮬레이터

· EMC 시뮬레이터들은 동력 흐름의 상호작용, 견인 제어시스템의 운영, 통신 시스템의 요구사항 그리고 장치의 정확한 구성과 배치에 대한 모델을 만든다. 이들은 상호간섭의 영향을 예측하고 회피할 수 있도록 해준다.
· 시스템 시험대는 각각의 하부시스템의 모형을 포함하며 하부시스템이 전체 시스템에 적합하며 요구사항을 충족하는지 확인하기 위해 사용된다.
· 마지막으로 시뮬레이터들은 시스템의 위임인도 전에 그리고 시스템의 수명주기 전

반에 걸쳐 운영자와 보수담당자들의 훈련에 사용된다(시뮬레이터들은 프로젝트 관리자에 의해 흔히 부속으로 여기지만 이것들은 프로젝트의 성공적 완수에 중요한 기여를 하며 프로젝트의 일정 내에서 필요한 시기에 사용할 수 있도록 준비되어 있어야 한다).

이들 각각의 모델들은 전체 시스템의 각종 부분을 나타내는 많은 수의 별개의 모델로 구성될 수 있다. 한 예로 승객의 편의성 모델에 관련된 요소의 형태를 그림 6-15에서 보여준다.

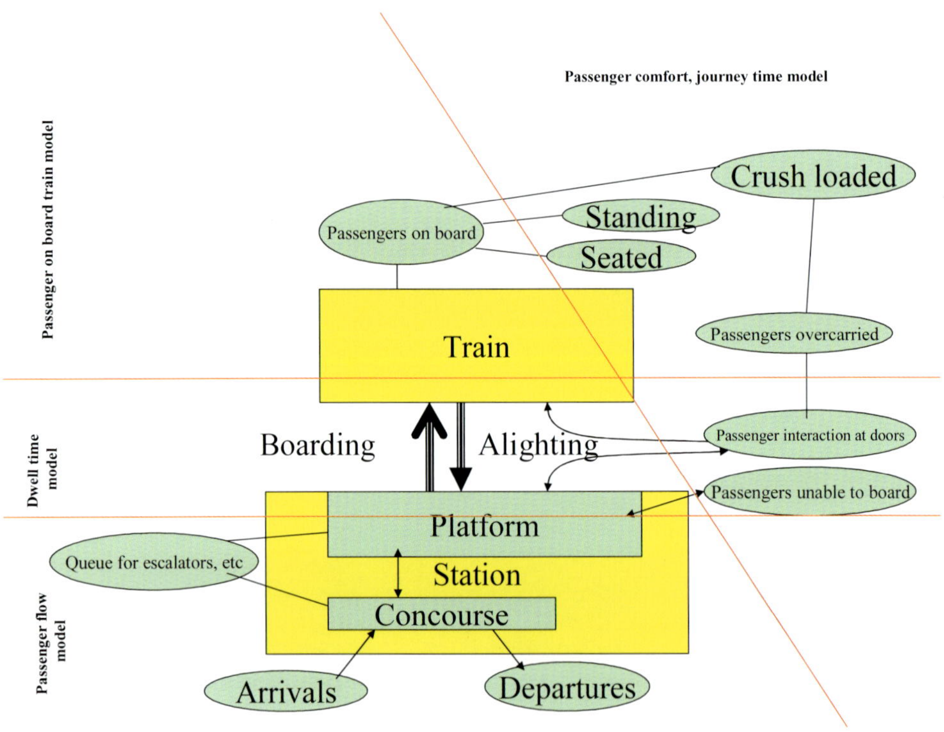

그림 6-15 : 승객의 편의-여행 모델

6.14 고려해야 하는 기타 요소

6.14.1 훈련

신속한 고장의 진단과 수리에 대한 필요성은 높은 밀도의 운영 패턴을 가진 도시철도에서는 가장 중요한 것이다. 훈련은 새로운 계획이나 기존 계획 확장의 시행에 있어서 필수 부분이다.

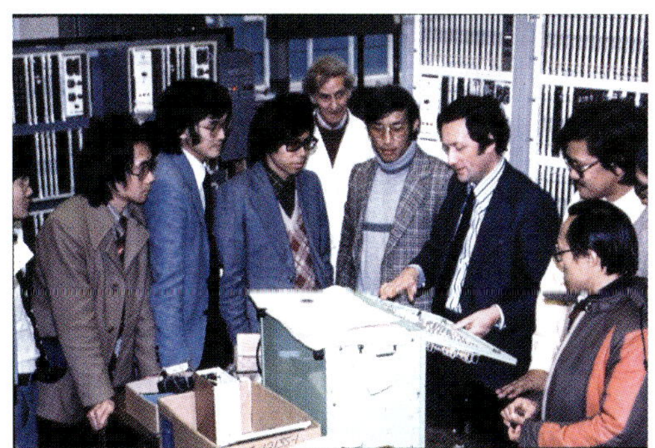

그림 6-16 : 전형적인 훈련 상황

훈련을 받아야 하는 모든 분야의 새로운 직원들은 도시철도의 운영과 요건에 대해 익숙해져야 하며 기존 직원들과 함께 프로젝트의 개념, 프로그램과 사용될 장치에 대해 교육 받아야 한다.

훈련 프로그램은 강의실에서의 교육뿐만 아니라 설계와 제조, 설치시험과 위임인도 단계 중에 계약자들 옆에서 일하는 기회도 가져야 한다. 서비스에 들어가기 전에 장치에 직접 손대보는 실습의 기회는 일단 장치가 위임인도 되면 실습할 수 있는 기회가 극히 제한되기 때문에 이는 아무리 강조해도 지나치지 않다. 높은 신뢰성을 갖은 시스템에 손대볼 수 있는 경험의 부족으로 기술자의 역량이 감소되는 경우 이점은 특히 중요하다.

6.14.2 우발상황에 대한 준비

신호시스템의 변경이 의도된 대로 작동되지 않거나 변경으로 인해 예기치 않은 문제가 발생하는 경우 새로운 회로의 사용은 불가능하며 이전의 회로로 복귀하여야 한다. 설계는 더욱 면밀히 검토되도록 엔지니어링 상태로 돌아가야 한다. 예를 들면 TTC(토론토 교통

위원회)는 절체 조직(회로에 한해서)을 구성하여 오래된 배선의 교체를 단순하게 하였다. 각각의 새로운 전선은 태그를 붙여 미리 단말 처리하고 붉은 테이프로 감아 놓는다. 이전의 각 전선은 구별하여 노란 테이프로 표시를 한다. 따라서 변경에 실패하면 노란 전선으로 복귀하고 본래의 기능을 회복하였는지 확인하는 재시험을 한다.

그림 6-17 : 유색 태그를 부착한 예

새로운 시스템들은 흔히 이전의 장치와 병렬로 설치되며 "전환/원상회복" 절차가 마련되어야 한다. 이것은 서비스가 계속 유지되는 동안 수 주일이 소요되는 시험과 수락단계를 요구한다. 새로운 장치가 투입되어 서비스되는데 이전의 장치를 유지하는 것은 새로운 시스템에 초기 고장이 발생하는 경우 백업을 위한 것이다.

6.15 안전성의 입증

바이털 신호시스템이 위임 인도되기 전에 안전성에 대한 광범위한 시연이 있어야 한다. 이것은 안전성 입증 문서에 포함되어야 하며 여기에는 안전성을 달성하기 위한 방법에 대해 정의하고 프로젝트의 모든 단계에서 채택된 논거와 시스템이 여기에 충족된다는 것을 보여주는 축적된 증거를 포함하여야 한다.

안전성의 입증(P of S)은 프로젝트의 모든 단계를 포함하여야 하며 구성부품의 증명, 소프트웨어의 증명, 신호 시스템의 설계, 데이터의 작성, 설치 시험, 운영환경을 포함하여야 한다. 부가하여 문서는 시스템의 운영방법을 나타내야 하며 또한 전체로서 시스템에 대해 수행된 HAZOPS와 FMECA, 해당되는 규칙과 규정, 관련 운영 및 보수담당 직원들의 역량과 그들의 훈련을 포함하여야 한다.

안전성의 입증은 조직에서 운영자와 보수담당자의 역할과 해당되는 계약상의 조치를 보여주어야 한다. 안전성의 입증 준비는 그 자체가 중요한 작업이며 프로젝트의 시작부터 고려되어야 한다. 요구되는 정보는 요구사항의 파악 단계에서부터 운영과 보수유지 단계까지의 모든 단계에서 수집 정리되어야 한다.

이러한 요구사항을 충족하기 위해 독립된 수준의 감사를 받아야 한다. 독립성의 수준은 그 시스템의 안전성의 중요도와 안전성 승인 책임자의 특정 요건에 달려 있다. 구체적인 내용은 나라와 나라, 도시와 도시 간에 다를 수 있지만 근본적인 요구사항은 같다. 이상적으로는 입증의 대부분이 한 프로젝트에서 다른 프로젝트로 원래 작성한 국가에서 적용국가로 이전이 가능해야 한다(자세한 가능성과 제한에 관해서는 IRSE 기술위원회 보고서 1과 5 참조).

6.15.1 전체 수명에 관한 고려사항

안전성의 입증은 시스템이 그 수명기간 전체에 걸쳐 안전을 유지할 수 있는 방법을 고려하여야 한다. 이것은 운영 및 보수유지 과정을 포함하여야 하며 감시방법, 변경사항의 파악과 관리 방법도 포함하여야 한다.

6.15.2 검증 및 증명

요구사항의 충족을 시연하는 과정은 단순한 시험의 문제가 아니다. 다음의 그림에서 시험 프로그램이 설계단계와 어떻게 연결되어 있으며 증명 과정이 원래의 요구사항에 충족되었음을 시연하여야 한다는 것을 보여준다.

검증과정은 시스템이 설계된 대로 작동한다는 시연으로 구성된다. 만약 설계 사양이 적절하게 작성되었다면 수행되어야 하는 시험과 그 결과는 설계가 시작될 때에 이미 파악되어 있어야 한다. 이러한 시험은 시스템이 설계대로 설치되었다는 것을 보여주는 단순한 전선수의 계수에서부터 소프트웨어가 정확하기 운영된다는 것을 보여주는 복잡한 자동화 시험절차까지 다양하다.

증명은 시스템이 올바른 결과를 만들어낸다는 것과 바이털 시스템은 어떤 상황 하에서도 안전하지 않은 조건을 만들어 내지 않는다는 것을 보여주는 프로세스이다.

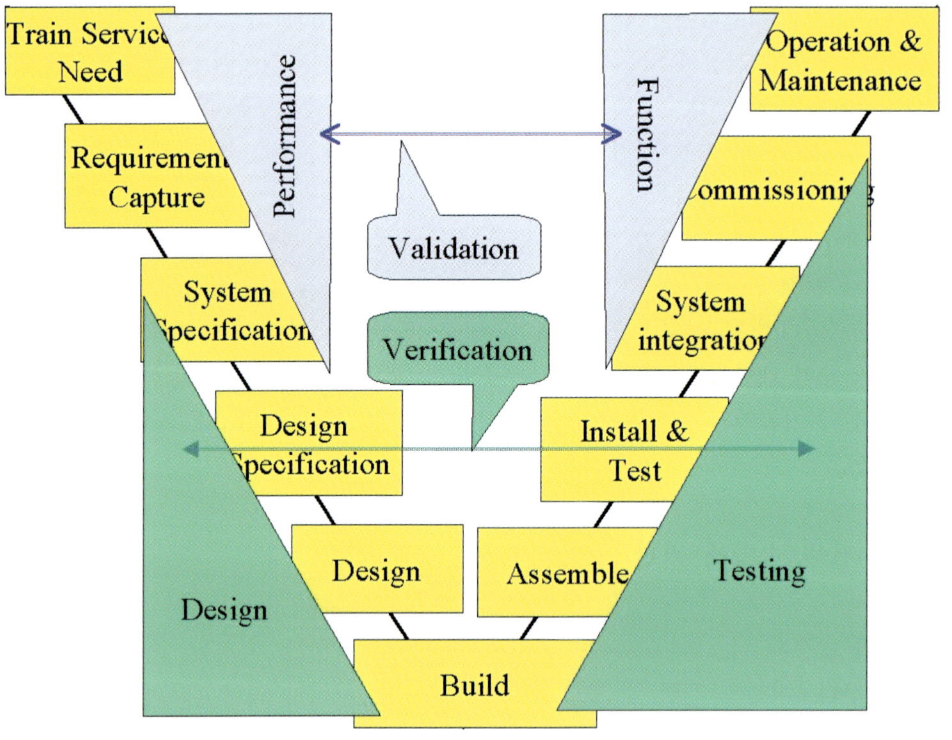

그림 6-18 : 검증 및 증명

6.16 규정상의 요구사항

도시철도는 전체적으로 국철과 동일한 규정상의 요구사항이 적용된다. 그러나 도시철도들은 흔히 시당국의 한 부분으로도 보기 때문에 지방 규정과 시당국의 규정을 충족하도록 요구될 수 있다.

신호시스템은 흔히 대규모 시스템의 일부이기 때문에 운영에 대해서는 정부기관(영국의 경우 여왕의 철도 감독관을 통한 보건 및 안전당국에 의해)과 소방 및 경찰 당국의 승인이 필요할 수 있으며 이러한 기관들은 전체 또는 역들에 대해 명령과 통제를 하게 된다.

승인을 득하는 프로세스는 각기 다를 수 있지만 일반적으로 프로젝트 계획, 프로젝트의 범위, 프로젝트 조직, 철도에 의한 관리 및 운영 방법의 조기 제출을 요구하고 있다.

이 단계에서는 원칙적으로 프로젝트에 대한 승인이 이루어진다. 일단 설계가 완료되고 세부사항이 결정되면 좀 더 세부적인 내용을 제출할 수 있다.

철도를 운영하기 위한 최종 승인은 완전한 안전성의 입증이 수락되었을 때 주어진다.

6.17 자원(일반적)

이 일의 성취는 설비. 기계에서부터 인력에 이르기까지 광범위한 자원의 배치에 딸려있다. 새로운 시스템을 도입하거나 오래된 시스템을 유지하는 능력의 가장 큰 제한사항은 적절하게 훈련된 인력의 부족이다.

철도는 독특한 환경을 가지고 있으며 철도에서 작업을 수행하는 모든 사람들은 특정한 시스템에 적용되는 안전성과 절차상의 통제에 관해 훈련 받아야 한다. 철도 운영상의 측면과 운영에 관한 엔지니어링 작업의 영향 역시 훈련이 필요하다. 초기의 기계적인 시스템에서부터 현대적인 프로세서 기반 시스템에 이르기까지 채용된 시스템에 대한 광범위한 지식도 습득해야 한다.

필수적인 기능을 가지고 작업을 할 수 있는 자원을 확보하는 능력이 계획의 시작부터 고려되어야 한다. 그 이유는 그러한 자원을 파악하는 데는 시간이 소요되기 때문이다. 관련된 많은 사람들이 안전성이 중요하게 요구되는 작업을 수행하게 될 것이며 작업을 적절하게 하지 못하는 경우에는 사고를 초래할 수 있기 때문에 통상적으로 안전성 증명이 요구된다. 적절한 자원을 동원하는 것은 상당한 사전 검토가 필요하며 훈련의 필요성도 프로젝트 초기에 파악되어야 한다.

주 ▶ 프로젝트를 위한 자원의 확보가 전체적인 철도의 운영에 영향을 주는 예로는 토론토 시스템의 중요 작업 대부분을 TTC(토론토 교통위원회) 신호담당 인력에 의해 수행하는 것이다. 쉐퍼드 노선과 필드코드와 같은 더 큰 규모의 프로젝트에서는 어느 정도 설계, 설치 그리고 시험 단계에서 신호 엔지니어링 및 보수 담당 부서가 관여된다. TTC 신호담당 인력은 프로젝트의 수명주기 전반에 걸쳐 관여하여 TTC 인력은 점진적으로 제품의 지식을 습득할 수 있다는 장점이 있기 때문에 이것이 훨씬 더 좋은 접근방법이라는 것이 입증되었다. 더욱이 최근에 행해진 대부분의 개선작업은 "전략적 자산 갱신" 범주에 속하는 것이어서 일반적으로 신호시스템 공급자가 완전하게 지원하기에는 너무 작고 독특한 것들이다. 결과적으로 중요 프로그램들이 시행되는 정도는 내부 인력의 배치에 의해 결정된다.

6.17.1 계약자의 자원

인터페이스 문제에만 빠져드는 것을 피하기 위하여 수요자는 한 곳으로부터 설계, 제조, 설치 및 시험의 완전한 패키지를 요구할 수도 있다. 그러므로 큰 규모의 계약이 체결되는 경우에는 통상적으로 일괄 계약으로 되는 경우가 많다. 그 이유는 일괄 계약자는 모든 작업을 패키지로 수행할 수 있는 위치에 있기 때문이다. 신호시스템 산업(특히 도시철도)에서 일이 계속적으로 일어나지 못함으로 인해 잘 숙련된 인력들이 일이 있고 이러한 인력을 사용할 능력이 있는 작은 회사들과 기관으로의 이직을 초래했다. 이러한 상황이 지배적이므로 낙찰 받은 계약자는 충분한 자원을 확보할 가망이 없으므로 하부 계약자에 의존해야 한다. 이 상황은 기술부문과 관련된 조직적인 훈련 프로그램의 부족으로 이어졌다.

깊은 터널을 사용하는 도시철도에서 제한된 접근은 다른 성격의 문제를 불러일으킨다. 이러한 형태의 도시철도에서 수년간 작업한 사람들은 규칙이 몸에 배어 있지만 처음으로 이러한 환경에서 작업하는 계약자에게는 매우 위험한 장소일 수 있다. 설치 프로그램을 시작하면서부터 도시철도는 철도의 모든 곳에서 작업을 하는 많은 사람이 있으며 그들 중 많은 사람들은 제한된 경험을 갖고 있다는 것을 발견할 것이다. 이런 경우가 허용되어서는 안 된다. 도시철도는 어떤 종류의 작업이든지 참여하기를 원하는 사람은 작업을 개시하기 전에 모두 적절한 훈련을 받고 자격을 가진 사람들이라는 것을 확인하는 통제가 이루어져야 한다. 이 규칙은 엄격하게 적용되어야 한다.

영국에서는 IRSE(런던지하철 및 레일트랙과 연관된)가 시험자의 등급을 매기는 면허

제도를 만들어 고용주가 개개인의 역량을 증명하는 문서를 가지고 여러 계약에서 그들이 이동할 수 있도록 해준다. 그러나 도시철도 시스템의 특수한 성격으로 인해 두 분야 간에 직원들의 이동(도시철도와 간선)이 어렵다는 것이 점점 더 명백해졌다. 런던 지역에서 두 분야 간에 직원의 이동을 용이하게 하기 위하여 IRSE, 레일트랙, 런던 지하철은 그 차이를 다루는 인정과정을 인가하는 과정 중에 있다. 이 과정이 생기면 직원의 이동이 가능하게 되고 직원의 이동으로 양 회사는 작업량이 피크를 이룰 때 이를 원활하게 해결하는데 도움을 줄 것이다.

6.17.2 자동열차 운전의 영향

ATO 시스템은 궤도 특성을 높은 정확도를 가지고 파악할 것을 요구한다. 시스템 데이터의 확인과 운영의 안정을 위해 시험운영기간이 필요하다. 시뮬레이터를 사용하여 시스템 통합 시험을 한 후에 제어 환경에서 요구에 따라 시스템 성능이 최선으로 수행되는지 확인하는 것이 첫 단계이나. 두 번째 난계는 궤도 특성화로 현장 조사와 관찰을 통해 상세한 궤도 고정정보를 확인하는 것이 필요하다. 세 번째 단계는 통상적으로 정지하는 위치가 정확한지 확인하기 위해 개별적인 보정 주행을 하는 것으로 구성된다. 일련의 주행을 통하여 여러 종류의 열차들에 대해 장치가 정확하게 설정되었는지 확인한다. 마지막으로 열차가 ATO 하에서 정확하게 운영되는지 확인하기 위한 시험을 거쳐야 한다. 새로운 차량의 경우 이것이 수락 절차의 일부가 되어야 한다. 기존 차량의 경우에는 차량들이 수동운전 하에서 만족하게 운영되었다 하더라도 열차들 간의 편차는 이 단계에서 분명해질 것이다.

6.18 차량

제1장 철도 제어시스템에서 언급한 바와 같이 철도는 하나의 시스템으로 간주되어야 한다. 그와 같이 열차는 신호시스템의 통합적인 한 부분으로 보아야 하며 철도 또한 마찬가지이다. 차상에서 수행되는 신호기능의 비중은 통신기반의 신호시스템이 점점 우세해짐에 따라 증가하고 있다.

신호 엔지니어가 열차의 기본적인 특성(길이, 가속, 궤도단락 값과 전자기적 간섭에 따른 정상 및 비상 제동율)과 신호를 볼 수 있는 기관사의 능력과 관련된 인적 요소와 문제에 대처하는 것은 언제나 필수적이었다.

새로운 시스템의 도입과 함께 신호 엔지니어는 새로운 시스템을 수용하고 인터페이스 하기 위한 적절한 준비가 되었다는 것을 확실히 해야 한다. 새로운 차량의 구축은 비교적 단순하지만 기존의 차량과 함께 새로운 신호시스템이 위임 인도되는 경우에는 차상 장치를 수용하기 위한 전환에 큰 비용과 위험이 따른다는 것을 뜻한다.

입증된 주요 인터페이스와 전형적인 기능은 다음과 같다.

- 바퀴/레일 – 궤도 단락, 점착력
- 견인/제동 – 가속 및 제동율, 비상제동율, 준비시간, 견인시스템 인터페이스 및 특성
- EMC – 인터페이스 수준, 고장전류
- 열차 관리시스템 – 고장보고, 블랙박스 기록기
- ATP – 차상 안테나, 신호 검지기, 타코-제네레이터, 열차 정지
- ATO – 도플러 레이더, 비이콘 검지기, 견인 및 제동 제어기, 운전석 표시
- 통신기반 신호 – ATP 및 ATO 무선
- 출입문 제어 – 출입문 개폐 표시, 출입문 작동
- 운전실 – 표시, 신호 제어, 무시
- 열차 – 완전한 기능
- 운전 – 모드

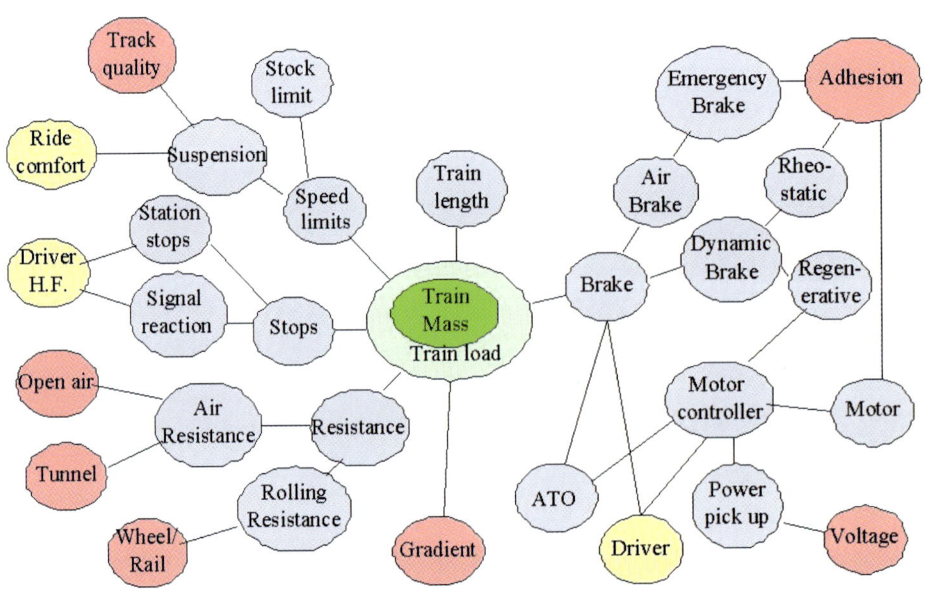

그림 6-19 : 기본적인 열차 특성

6.19 기타 시스템

엄밀하게 신호시스템의 일부는 아니지만 새로운 노선이나 선로 개량의 일부로서 여러 가지 관련 기능이 도입되거나 또는 최소한의 변경이 필요할 수 있다. 이러한 시스템들은 흔히 신호시스템 계약자가 아닌 다른 계약자들에 의해 공급되고 통상적으로 신호시스템의 계약과는 별개의 계약으로 체결된다. 그럼에도 불구하고 이것을 성공적으로 도입하는 것은 철도의 안전과 효율적인 운영에 중요하며 이것은 새로운 시스템 인도의 통합된 한 부분으로 간주되어야 한다. 신호시스템 공급자는 이것을 고려해야 하며 전반적인 프로젝트 관리는 모든 시스템의 통합에 대처해야 한다.

6.19.1 운전실 설계

설계가 확정되기 전에 기관사에 대한 변경의 영향에 충분히 대처하는 것이 중요하다. 전형적인 현대의 열차 운전실은 복잡한 작업환경으로 그 안에서 기관사는 중대한 안전 임무를 수행하도록 되어 있다.

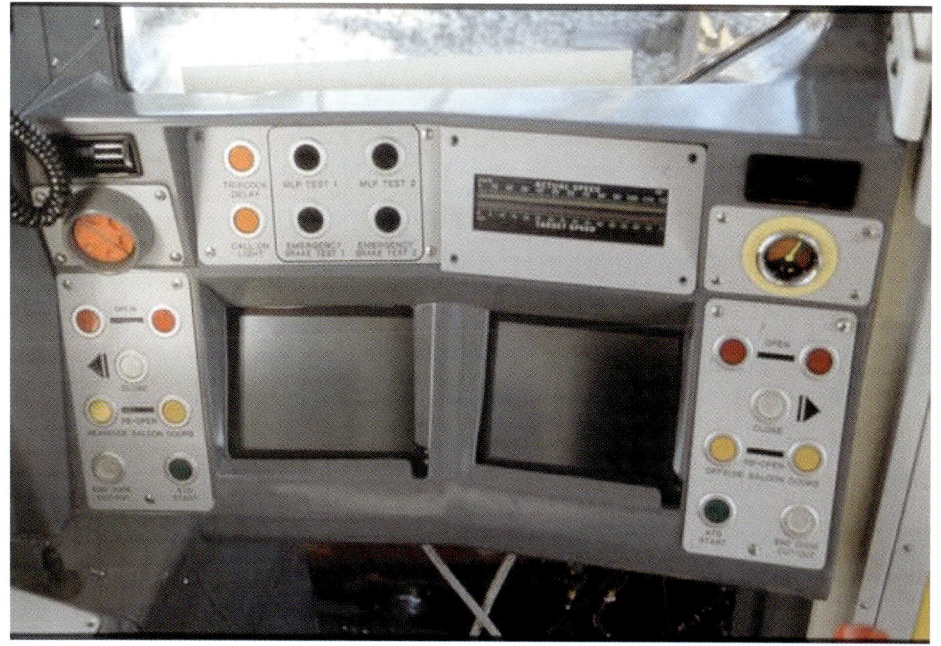

그림 6-20 : 차상 신호장치

열차의 운전실에 신호정보를 제공하는 것은 그것이 기초적 수준의 ATP 정보이든 완전히 통합된 ATO와 ATP 정보이든 아니면 이동폐색 정보이든 간에 차량 제조업자와 긴밀하게 협력할 필요가 있다. 이 정보를 다른 모든 표시 그리고 제어와 통합하여 기관사로 하여금 그 임무를 안전하고 효율적으로 수행할 수 있도록 하는 것은 그 자체가 한 교과서의 제목이 될 수 있다. 차량이 신호와의 공동 프로그램에 맞추어 나가는지 그리고 시작품과 수정된 열차에 필요한 시험이 프로그램에 따라 수행되는지 확인하기 위한 공급자들의 긴밀한 통제는 새로운 시스템이 적기에 도입되도록 하는데 필수적이다. 기관사의 훈련과 때로는 노동조합과의 협상을 위한 시간이 허용되어야 하며 모형 운전실, 시뮬레이터, 그리고 시험/훈련 열차 형태로 적절한 설비가 준비되어야 한다.

6.19.2 운전실 CCTV와 1인 운전

기관사 한 사람이 운전하는 열차에 타고 내리는 고객들의 안전과 관련하여 이에 대한 관심은 점점 증가되었고 그 결과 운전실에 폐쇄회로 TV를 설치하여 승강장과 열차간의 인터페이스 화면을 제공하게 되었다.

신호와 차량의 시스템 통합은 다음과 같은 사항이 관련된다.

- 운전실의 공간 할당
- 물리적인 인터페이스, 동력 공급, EMC 등
- 신호시스템과 열차 CCTV 제어의 인간 공학적 고려
- 출발 시 안전을 확인하기 위한 기관사의 역할 그리고 전방 신호, 지장물, 궤도 작업자들을 관찰하는 기관사의 인적 요소에 대한 고려
- 운전실 CCTV와 차상신호 표시 간의 관계

이러한 인터페이스들 중 몇 가지는 물리적이며 이들 자체가 전통적인 프로젝트 관리 기술을 사용하고 있는 반면 인적 요소에 관한 문제는 흔히 판단에 관한 것이며 이 문제들을 적기에 해결하기 위해 '소프트' 프로젝트 관리 기술을 필요로 한다. 만족스러운 해결을 하기 위해서는 모든 특정한 문제에 대처하기 위해 흔히 인적 요소에 관한 전문가의 폭넓은 활용, 모델 작업과 모형의 구축, 시운전과 광범위한 현장 시험이 요구된다.

새로운 시스템의 도입을 위한 안전기준의 구축은 상당한 작업이 필요할 수 있고 프로젝트 시작부터 계획에 포함되어야 한다. 승강장에서의 임무와 열차 운전 간의 상호작용은 기관사 거동의 주요 요인을 나타내며 두 가지 임무 모두 안전에 중요하기 때문에 이들은

안전기준의 구축에 함께 고려되어야 한다. 이것은 모든 상황에서 적용되어야 하는데(기관사가 열차의 출입문에 문제가 없는지 보기 위해 거울을 사용하는 경우) 운전실에서 모든 활동이 수행되는 경우에 좀 더 분명하게 초점을 맞추고 있다. 기관사의 관여가 중요하며 많은 나라에서 노동조합과의 협상이 필요할 수도 있다.

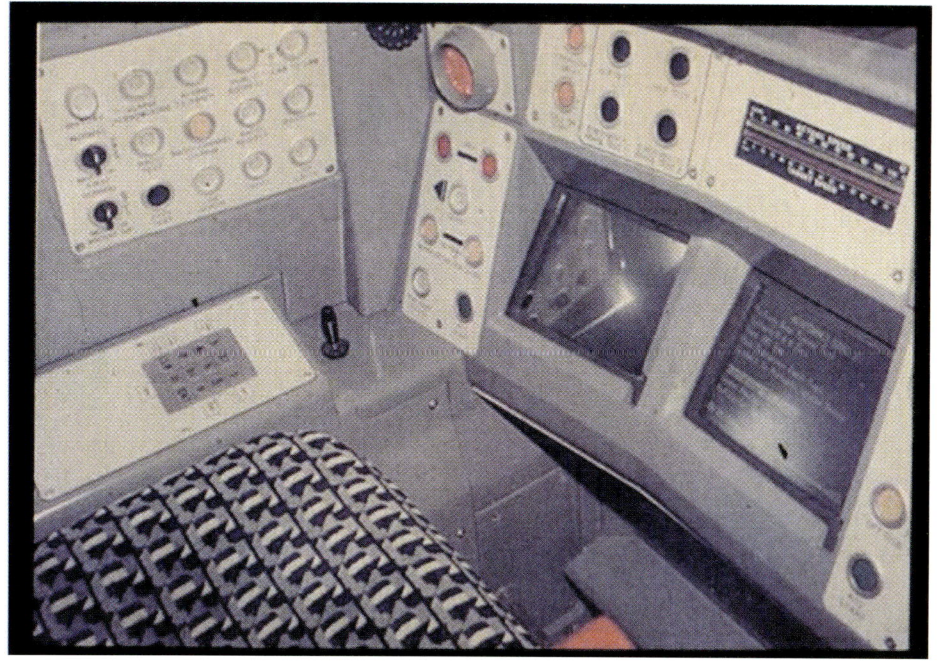

그림 6-21 : 운전실 내의 CCTV

이러한 요구를 예상하는데 실패하는 경우에는 장치가 설치되고 설계대로 정확히 작동하고 있다 하더라도 노선의 성능 향상과 인도는 지연될 수 있다.

6.19.3 무선 등

무선 시스템은 현대의 열차 제어시스템의 한 통합부분이다. 전형적으로 무선 시스템은 다음과 같은 여러 가지 목적을 가지고 있다.

- 기관사와 신호 관제센터 간의 통신
- 관제센터와 열차 승객 간의 통신(비상시 또는 무인운전 열차의 경우)
- 신호 정보의 전송

- 출입문 개방 허용의 전송 및 승강장 문과의 연결
- 열차 보건 정보의 전송

무선 기술은 오랜 동안 발전하였으며 VHF 주파수대에서 운영되는 아날로그 무선에서부터 대역확산 시스템의 디지털 시스템(GSM 및 TETRA)까지 그 범위가 넓다. 많은 신호 시스템에서 사용되는 특수한 전송형식은 역시 유도 루프의 사용이다. 이것은 불연속 발리스에서부터 궤도에 장착된 연속적인 루프까지 다양하다.

무선 신호의 전송 역시 단순한 자유공간 안테나에서부터 누설 피더 시스템까지의 범위이다. 이들 시스템 공급자와의 긴밀한 협조는 중요하다. 사용된 시스템의 특정한 특성과 전송 매체는 신호시스템이 설계되는 방향을 결정한다. 완전한 시스템의 성공적인 위임인도는 원 설계에서 분명히 파악된 이러한 요소들과 면밀한 시험 관리 그리고 설계 요구사항이 충족되었다는 것을 확인하기 위한 통합단계에 달려있을 것이다. 최종적인 위임인도 시험은 흔히 길어질 수 있다. 성공의 측정이 성격상 확률적인 실행 기준에 근거할 것이기 때문이다. 그 결과 흔히 시작부터 시스템의 신뢰도가 개선되고 실증된 좀 더 운영상 대체 수단을 가진 시스템을 도입하는 것이 필요하다.

모든 고장 모드가 다루어지며 그 결과 전부가 해결되고 적절한 완화절차가 고안되었다는 것을 확인하기 위해 특별한 주의가 필요하다. 이것은 통상 광범위한 HAZOP 시행을 통해서 이루어진다. 운영상 절차는 이러한 사항을 반영하여야 하며 기관사도 이에 대해 훈련되어야 한다.

통신 시스템의 준비는 그 자체가 큰 주제이며 여기서 다룰 수 있는 주제가 아니다. 신호시스템과의 상호작용의 주요 분야는 다음과 같다.

- 물리적 – 동력의 공급, 공간, EMC 문제 등의 준비
- 운영상 – 신호 고장이 발생하는 경우 열차 서비스를 회복하는 수단으로 흔히 사용되는 무선 시스템에서 특정 대체 운영모드에 대한 호환성의 확인 필요. 그 결과 고장 공통모드가 주의 깊게 고려되어야 하며 이것이 시험되고 필요한 경우 제거되어야 한다.
- 통합 – 무선이 통신기반 신호시스템의 한 통합부분일 때 그 설계상의 가정들은 고장 조건을 포함한 모든 운영 모드에서 엄격하게 입증되어야 한다.

이러한 시스템의 공급은 거의 항상 전문적인 계약자에 의해 이루어지지만 설치는 흔히

신호시스템 계약자를 통해서 이루어질 수 있다. 시스템 통합의 관리는 시작부터 고려되어야 하며 시스템의 시험, 시험운용, 안전성의 입증은 위임인도 과정의 실질적인 부분이 될 수 있다.

6.20 세 가지 시나리오의 탐구

다음은 각종 형태의 설치에 고려되어야 할 문제에 대한 점검표의 예이다. 이것은 최종적 또는 모든 것을 포함하는 것으로 이해되어서는 안 되며 신호시스템과 제어프로젝트의 시행에서 발생할 수 있는 문제의 형태에 대한 가이드로서 이해되어야 한다.

6.20.1 사례 1 - 새로운 네트워크에 대한 신호 및 제어시스템의 시행

- 잠재적으로 가장 어렵지 않다.
- 통합된 시스템의 개발과 시행에 최선의 기회를 제공한다.
- 신호, 통신 및 제어 시스템의 시행이 건설 일정의 끝에 오지만
- 시행활동은 기본 작업의 설계 초기에 시작되어야 한다(토목 및 구조물).
- 새로운 네트워크의 시행 = 새로운 차량의 구축.
- 차량의 성능 - 통합된 제어시스템의 설계에 중요한 요소.
- 차량의 구축, 시험, 위임인도와 나란히 진행하는 통합.
- 지리적 요인에 의해 결정되지 않는 제어설비의 위치 - 건설, 장치 등 철도시설 자체의 진행이나 접근에 의해 제한되지 않고 전체 프로그램에 의해서만 제한을 받는다.

주 ▶ 주요 문제들 중 하나는 장치의 수용이 지하노선의 경우 매우 중요하다는 것이다. 자유로운 공간이 없기 때문에 수용해야 할 모든 것이 설계되고 구축되어야 한다.

토목설계 시작 단계에서 고려되어야 할 기타의 문제들은 다음과 같다.

· 케이블 루트 - 역과 궤도변 장치에 연결해야 할 케이블이 많은가

· 장치의 수용 - 시스템 구조에 달려있지만 역에 공간이 필요한가 아니면 궤도변 기구함에 둘 것인가 아니면 두 가지 다 인가

· 로칼(역) 제어와 감시 설비가 필요한가 또는 무인 시스템인가

· 구조물이나 마감에 어떤 승객설비(안내, 경보시설)가 구축되어야 하는가

· 시스템 통합 초기단계에 최종적인 제어시스템이나 또는 그 일부와 연계하여 실제 조건에서 차량이 운영될 수 있는 경우에 시험설비가 제공되는가

· 철도의 운영이 단계적으로 도입되어야 하는가, 또한 관리되어야 하는 단계 사이에 경계(인터페이스)를 허용하기 위하여 건설이 어떻게 조정되어야 하는가

· 제어 시스템과 연계하여 전문적인 훈련 보조장치(모델, 시뮬레이터, 임무 조교)가 제공되어야 하는가

제어시스템의 요건을 고려하기 위한 전체적인 건설 프로그램의 개발은 다음과 같다.

· 제어시스템 장치의 설치에 어떤 수준의 토목/궤도작업을 필요로 하는가(즉, 작업용 열차가 필요한가)

· 최종적으로(안전, 안정) 어떤 동력 공급이 필요한가

· 얼마나 많이 그리고 어느 수준의 시험이 현장에서 필요한가(즉, 제어시스템 구조는 현장이 아닌 곳에서의 사전 시험을 얼마나 허용하는가)

· 역에 마감재가 언제 적용될 것인가(방에 회나 페인트를 칠하기 전에 장치를 설치하거나 시험해서는 안 된다)
· 실제의 견인 동력이 공급된 열차의 시험은 언제 가능한가

· 시스템이 언제 실습 훈련을 시작할 수 있는 단계에 도달할 것인가

새로운 네트워크에서의 시험은 간단하며 시스템에 적절한 산업 표준을 따를 수 있다. 시험 프로그램은 접근 기회를 최적화하도록 구성되어야 하며 기타의 건설 작업과의 간섭이 최소화되도록 구성되어야 한다.

새로운 네트워크의 시행은 시험 주행, 시운전 또는 실시간 조건 하에서의 적응 시험주행을 수행하는 기회를 제공한다. 그 이점은 다음과 같다.

· 하부시스템들 간의 용이한 통합 및 인터페이스 시험

· 철도의 기타 필요한 물리적 인터페이스의 용이한 통합

· 조직 및 인력의 용이한 통합(운영/기술)

· '살아있는' 시스템과의 인터페이스 관리요구 최소

· 단계적인 도입 - 운영 및 비 운영 구간 사이의 경계가 인터페이스 관리를 용이하게 하기 위하여 초기 설계 단계에 정의된다.

· 실시간 시험주행 및 시운전은 특히 신규 또는 경험이 적은 운영회사에 훈련과 숙달을 위한 최선의 기회를 제공한다.

6.20.2 사례2 - 기존 네트워크에 새로운 도시철도 노선의 시행

여기에서는 완전히 새로운 네트워크에 대한 것과 유사한 기회와 제한을 받게 된다.

주 ▶ 모든 것이 자체적으로 완비되고 네트워크의 휴지구간에 물리적 연결이 필수가 아닌 정규적으로 운영이 요구되는 노선은 새로운 노선으로 간주될 수 있다.

시스템의 기존 부분에 연결이 요구될 때 다음과 같은 문제들이 추가적으로 고려된다.

- 물리적인 경계의 설정 그리고 네트워크의 운영 구간과 건설 중인 구간 간의 인터페이스

- 기존 시스템의 운영설비에 영향을 주거나 위험을 초래하지 않고 새로운 구간으로 진행하는 시험의 허용

- 시험을 위해 교통 혼잡시간을 피해 새로운 부분에서 시스템의 기존 부분으로 통과 주행을 허용하는 인터페이스의 관리

- 새로운 노선건설(기존 차량과 상이한 기술/성능의 경우)로 기존 네트워크의 그리고 고정된 장치와 연결에 필요한 차량의 호환성 설정을 위한 시험의 필요성

- 기존 운영시스템(직원 포함)과 함께 공유하는 관제실의 감시/제어/관리 설비의 설치 및 시험

6.20.3 사례 3 - 기존 네트워크 상에서 새로운 신호시스템과 제어시스템의 시행

이것은 잠재적으로 철도제어 시스템 엔지니어링의 가장 도전적인 애플리케이션이다.

다음과 같은 변경 수준에 기초하여 여러 가지 초기 시나리오들이 고려될 수 있다.

- 새로운 신호시스템과 열차 제어 - 기존 관제센터에서 감시하고 기존 차량의 계속 운영

- 새로운 신호/감시 시스템 - 새로운 관제센터에서 기존 차량의 계속 운영

- 새로운 신호/감시 시스템 - 새로운 신호시스템으로 새로운 차량 운영 주요 인터페이스는 다음과 같다.

- 철도 운영상의 통합에 영향을 주지 않는 기존의 하부시스템들이 통신하는 경계에서 도입되고 시험, 사용되어야 하는 새로운 시스템과 기존 시스템 사이

· 계획되고 관리 가능한 시퀀스로 인터페이스를 인식하고 관리하는 시행전략에 대한 필요성 – 하부시스템 수준에 초점을 맞추는 것보다 더 성공적인 통합 도출

다음은 새로운 시스템과 기존 시스템 간의 인터페이스 도입에 필요한 절체 설비의 요건을 설명해 준다(시험 주행과 시험 적응주행에 대해).

· 차량을 새로운 ATC 시스템과 기존 ATC 시스템 양쪽에 맞춘다.

· 운영 시간 동안 기존 신호시스템의 궤도변 장치를 운영하기 위하여 시험을 위한 새로운 장치로부터 절체하는 설비

· 차상 신호나 ATC 도입에 따른 선로변 신호기의 재배치 또는 제거할 때 요구되는 최소한의 물리적 스위칭

· 일반적인 규칙으로 외부 장치를 많이 보유할수록 절체는 더 복잡해진다.

· 새로운 신호시스템과 기존 신호시스템 간에 전환이 용이한 절체와 감시 기능(많은 수의 물리적 회로 변경을 요구하지 않는 데이터 링크를 가정)

· 새로운 시스템과 기존 시스템 간의 인터페이스 수가 최소인 경우에 가장 덜 복잡하다 – 두 시스템이 간섭 없이 공존 가능할 때 설치되는 시스템은 교체되는 시스템과 확연하게 다르다(궤도회로의 고정 폐색 신호시스템이 전송기반 이동 폐색 신호 시스템으로).

7. 재산권이 있는 신호 시스템

도시철도는 일반적으로 자체의 철도 네트워크로서 그들 각각은 전통적으로 자신의 특정한 요건을 정의하였다. 이것은 불가피하게 각 도시철도에 대해 개별적으로 요구되는 사양을 만들게 되었고 새로운 도시철도는 예상되는 한계까지 그 기능성과 성능을 확장하려는 의욕을 가지게 했다.

그 결과 이러한 개별적인 도시철도의 요구에 맞추기 위한 공급자의 개발은 지속적으로 이루어졌고 국제규격의 결여로 인해 범위가 다른 시스템 솔루션(때때로 호환성이 없는)을 낳게 되었다.

공급자들이 제공한 다음의 자료는 이러한 솔루션들을 예시하고 있으며 이들 공급자들의 역사적인 개발 과정과 경험을 조명하고 있다.

7.1 Alcatel Transport Automation

7.1.1 주요 특징

- 높은 수송능력의 도시철도, 경량철도 및 APM을 위한 통신기반 열차제어 및 신호 시스템(SELTRAC)
- 최소 운전시격 능력을 위한 이동폐색 설계
- 무인운전 지원 또는 운전자 보조의 차상신호 모드의 지원
- 자동 열차방호, 자동 열차운전, 자동 열차감시 포함
- 3레벨의 운영 : 관리(SMC), 운영(VCC), 활성화(중복 검사 차상제어기, 분기제어기, 유도 루프 또는 무선에 의한 전송)
- 강화된 안전성 및 신뢰도
- 조밀한 운전시격 운영을 통한 수송능력의 증가
- 추가의 하드웨어 없이 완전히 방호되는 양 방향 운전
- 운영상의 신축성 및 운영 효율
- 설치 및 하드웨어의 저비용 및 최소 선로변 장치로 낮은 보수비용

7.1.2 주요 설치 도시철도시스템(신호시스템 및 열차제어시스템)

· 캐나다 스카보로 RT 노선
· 캐나다 밴쿠버 스카이 트레인
· 미국 디트로이트 DPM
· 영국 런던 도클랜드 경량철도
· 미국 샌프란시스코 도시철도
· 터키 앙카라 도시철도
· 말레이시아 쿠알라룸푸르
· 미국 JFK 국제공항
· 홍콩 KCRC 서부철도

7.1.3 개요

국내 기업인 Alcatel Corporation과 통합한 Alcatel Transport Automation은 선도적인 기술기업의 하나로 도시의 대량교통 및 간선철도 시스템을 담당하는 기업이다. 대량수송에 대한 기업의 사명은 발전된 기술의 열차 제어시스템과 신호시스템을 개발, 제조하고 시행하는 것이다. 지난 20여 년간 기업은 고객의 요구를 충족하기 위해 엔지니어링, 제품설계, 시스템 통합 경험과 능력의 광범위한 기반을 구축했다.

Alcatel의 열차 제어시스템 기술은 전 세계에 걸쳐 Rapid Transit, People Movers 그리고 경량철도에서 발견할 수 있다.

7.1.4 시스템의 발전

1970년대 초기에 고정 폐색 기술의 능력을 넘는 수송력 증가(일정기간에서 사람의 수)에 대한 필요성이 혁신을 가져왔고 그것은 이동폐색 기술이었다. 이 기술은 열차의 운행속도에서 요구되는 열차 정지거리를 토대로 하여 운영한다. 열차를 방호하는 폐색은 궤도상의 고정된 구간과 연관되는 것이 아니라 후속 열차의 속도에 따라 변한다. 지속적인 운전시격 조정 능력으로 운영자는 더 짧은 운전시격으로 더 많은 열차를 운행하며 보다 신축적으로 열차를 운행할 수 있게 되었다. 이 기술은 또한 선로변과 차상의 하드웨어를 줄여주고 적은 인원으로 수송을 안전하게 운영하고 유지하는 편익을 제공했다. 수입의 증가와 운영비용의 절감이 가능하다는 약속과 함께 SELTRAC이 태어났다.

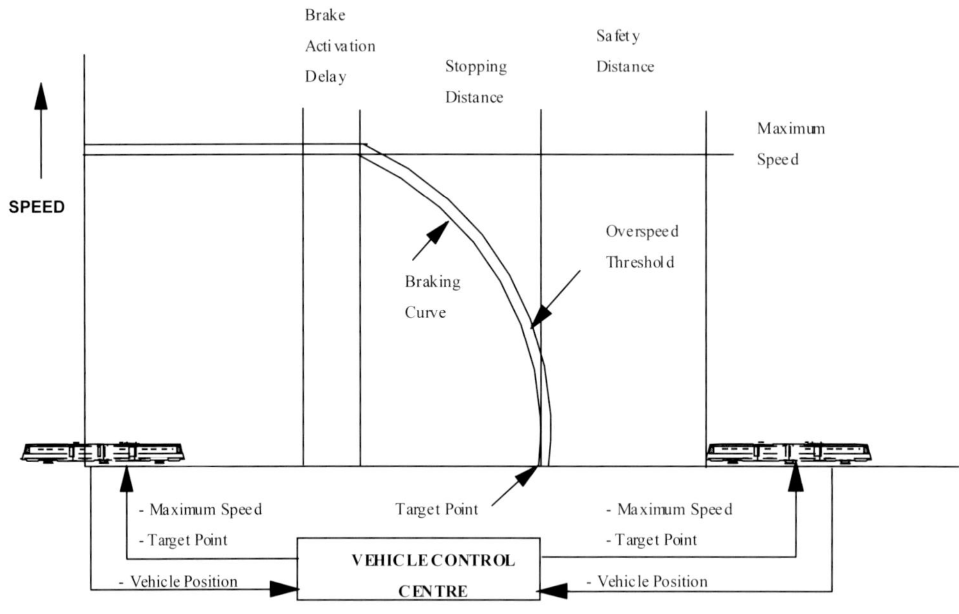

그림 7-1 : 이동폐색의 원리

SELTRAC은 신호를 개편하지 않고 200km/h의 DB 열차 운영에 처음으로 적용되었다. 실용적으로 판단된 이 개념은 후에 수정이 되고 발전되어 그보다 낮은 속도의 교통밀도가 높은 대량 교통시스템에 채택되었다.

1986년 캐나다 밴쿠버 EXPO 준비를 위하여 브리티시 컬럼비아 주정부와 1981년에 체결한 계약으로 완전한 SELTRAC 무인운전 ATO 시스템의 실현이 허용되었다. 새로운 21.4km 구간과 15개 역의 스카이 트레인에 운영자는 이동폐색 시스템이 짧은 길이의 열차로 높은 처리능력을 제공하는 현실적인 방법으로 보았으며 시간이 지나면서 수송능력의 증가에 적응하게 되었다. 브리티시 컬럼비아의 Rapid Transit은 선구내의 역에서 40~60초의 운전시격을 달성할 수 있다. SELTRAC 시스템의 높은 정지 정확도는 80m 길이의 짧은 승강장과 작은 역 공간을 실현하여 상당한 자본 비용을 절감하는 주요 요인이 되었다. 안내원 첨승 ATO 애플리케이션은 캐나다 토론토의 스카보로 RT 선에 적용되었고 뒤이어 1987년 디트로이트 시내 People Mover에 무인운전 ATO 시스템이 적용되었다.

이것을 시작으로 하여 SELTRAC의 개념은 변화하는 운영 및 제어의 필요성을 충족하고 기술 발전의 혜택을 누리기 위해 계속 발전했다.

7.1.5 현행의 시스템 원리/시행

SELTRAC 시스템 구성 :
SELTRAC은 다음과 같이 구성된 독특한 3 레벨의 제어구조를 사용한다.

· 관리 레벨
· 운영 레벨
· 활성화 레벨

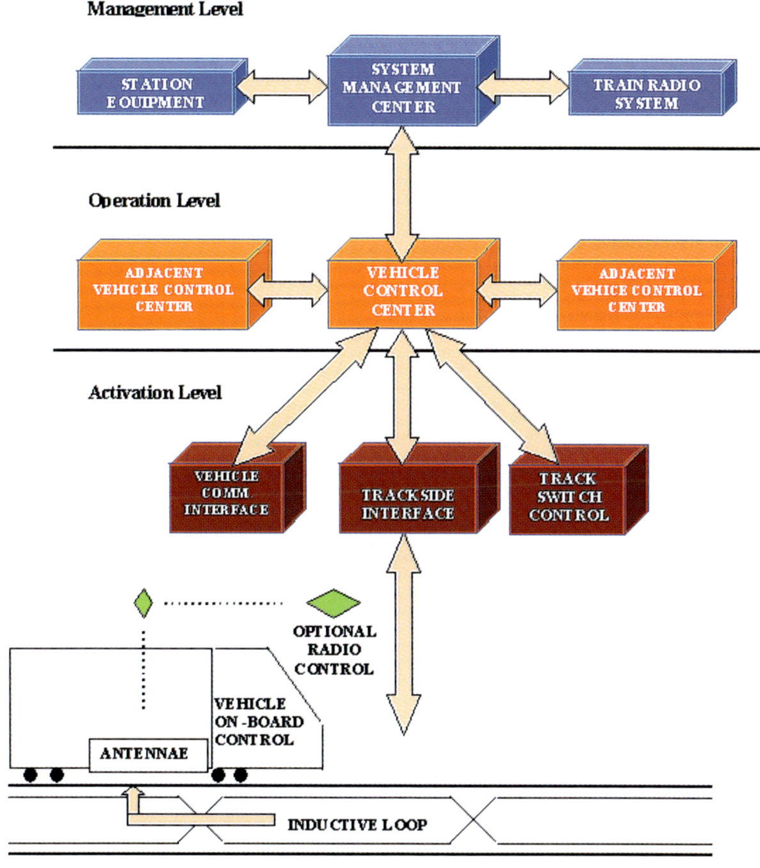

그림 7-2 : SELTRAC

이 구조는 '이동폐색 원리'의 적용을 통하여 교통시스템의 운영에 커다란 신축성을 제공한다.

차량 관제센터(VCC)

차량 관제센터는 SELTRAC의 전략적인 '중심'이며 안전한 열차의 분리와 진로설정 그리고 연동으로 분기에서의 차량 이동을 책임진다. 센터는 각 열차의 차량 차상 제어기(VOBC)와 주기적으로 데이터를 교환하는 바이털 3중계 컴퓨터 복합장치로 구성되어 있다. VCC는 갱신된 안전 정지지점, 최고 허용속도, 하부시스템 명령을 대략 매초에 한번 관제 구역 내에 있는 각 열차에 보낸다.

SELTRAC
System Management Cen

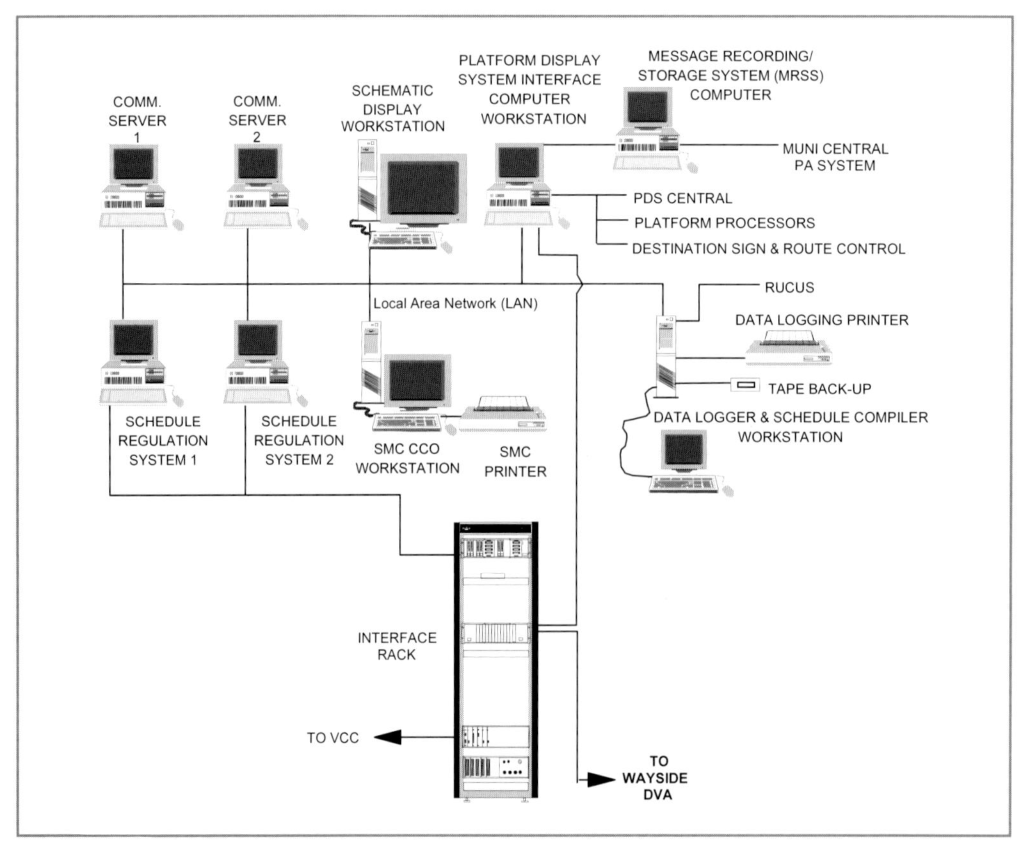

그림 7-3 : 시스템 관리센터

VCC는 다음의 운영조건 중에서 가장 제한적인 조건에 따라 안전한 정지위치를 결정한다.

· 다른 열차
· 쇄정되지 않은 분기
· 속도 제한
· 역 승강장 정지

열차의 진로설정을 위하여 VCC는 분기 상태를 감시 제어하며, 열차정지 또는 신호 활성화를 분기제어기 하부시스템(SCS)을 통해서 수행한다.

SELTRAC의 가장 뛰어난 성능, 안전성, 비용효율 특징들을 많이 만들어내는 것은 VCC의 전략적 실시간 명령과 지속적인 통신을 하는 VOBC와의 이러한 결합이다.

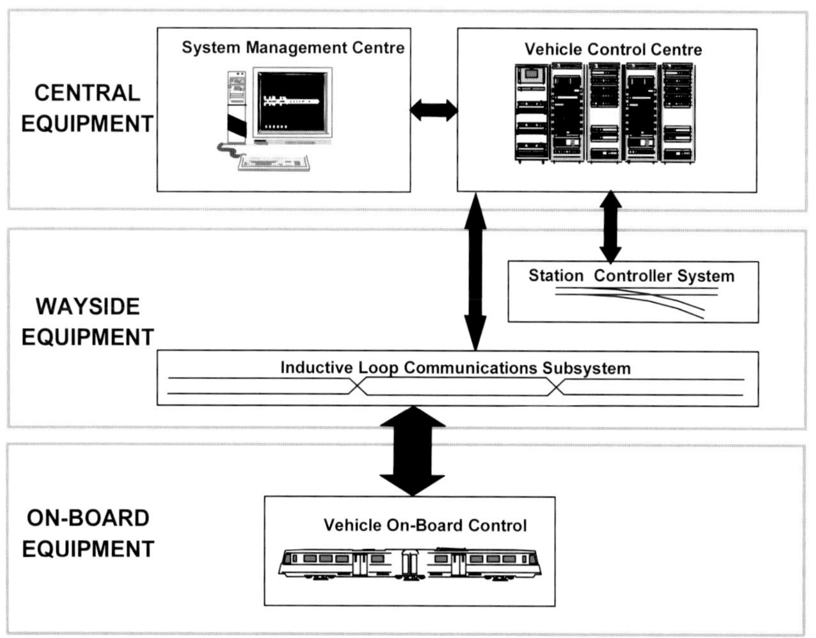

그림 7-4 : SELTRAC 구조

차량 차상 제어기(VOBC)

VOBC는 중복 검사 마이크로프로세서 장치로 VCC로부터의 명령을 해석하고 VCC가 명령한 속도와 거리의 제한 내에서 차량을 제어하며 차량의 위치와 속도, 진행방향 및 하부시스템의 상태 데이터를 VCC에 전송한다. 차상 신호와 자동 운전모드 모두에서 VOBC는 열차의 속도를 감시하고 검지된 과속조건에 반응하여 자동으로 제동(사건의 상태에 따라 비상제동 또는 서비스 제동)을 체결한다.

VOBC의 중복 마이크로프로세서는 모든 바이털 출력과 입력을 비교한다. 한 마이크로프로세서가 고장이 나는 경우 열차제어는 열차의 다른 차량에 있는 VOBC로 전환된다.

통신 하부시스템(유도 루프 또는 무선)

VCC와 VOBC 간의 통신 매체는 사용자의 요구사항에 따라 루프 케이블을 통한 저주파 유도전송이나 고주파 디지털 대역확산 무선링크로 지원된다.

유도전송 버전은 궤도 사이에 루프 케이블을 설치하여 25m마다 교차시켜 열차 위치의 계산에 사용한다. 디지털 대역확산 버전은 독립된 안테나 또는 누설 동축케이블 안테나를 사용한다. 무선 버전은 열차의 위치 파악을 보조하기 위하여 궤도변에 트랜스폰더 태그를 사용한다.

역 제어기 시스템(STC)

역 제어기 시스템(STC)는 중복 검사 마이크로프로세서 장치로 분기와 기타의 장치(열차정지, 신호, 승강장 문 등)를 제어하기 위하여 VCC로부터의 명령을 해석하고 상태를 다시 VCC로 전송한다(분기 위치, 승강장 침입 검지기 등).

STC는 통신이 되지 않는 열차의 추적과 선로전환기의 교착상태에 사용되는 선택사양인 AXEL™(차축 카운터) 시스템도 지원한다.

각각의 STC는 필요한 경우 일주일의 7일간 하루 24시간 운영하는 대기 장치를 구성할 수 있다.

SELTRACDistributed Wayside Equip

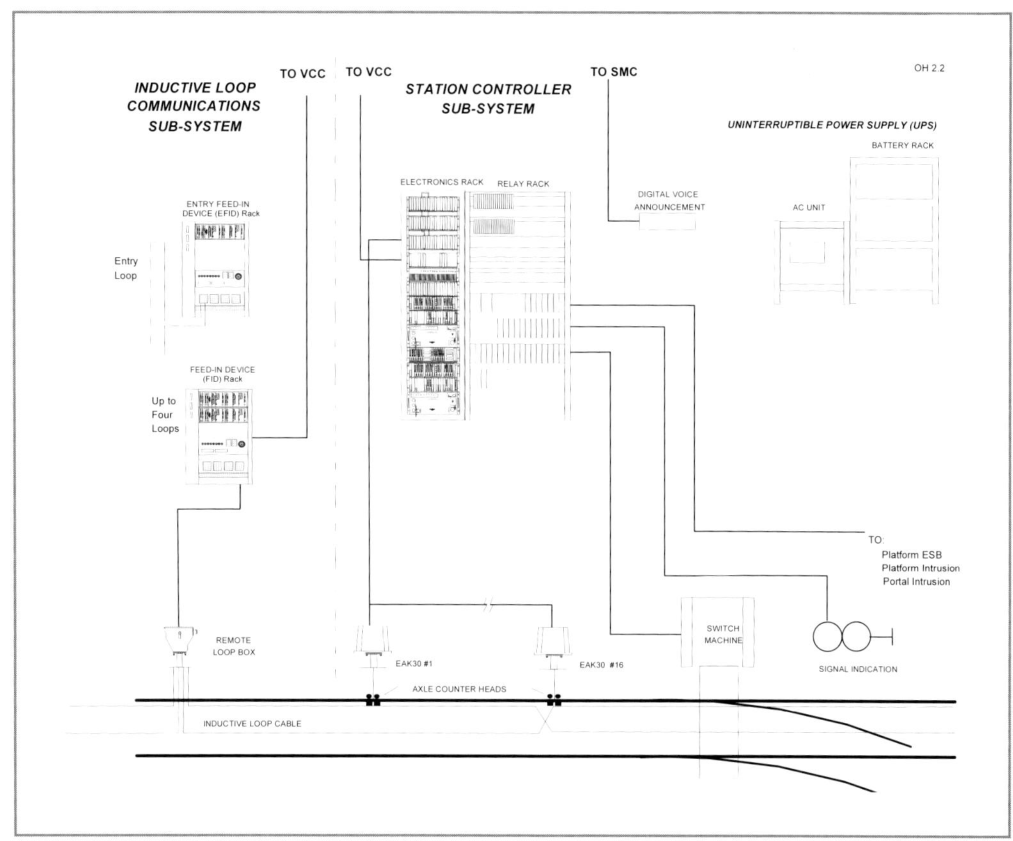

그림 7-5 : SELTRAC 분산된 선로변 장치

시스템 관리제어(SELNET)

SELNET™은 LAN에 의해 분산된 퍼스널 컴퓨터를 바탕으로 하는 중앙 운영제어 설비의 플랫 홈이다. SELNET은 시스템 관리센터(SMC)가 SELTRAC 열차제어 및 신호시스템을 제어할 수 있도록 하는 기능과 용도를 제공한다. SMC는 관제사가 교통시스템 내의 전 열차들을 자동감시, 차상 신호 또는 수동 운영할 수 있도록 한다. 그래픽으로 된 사용자 인터페이스는 SELTRAC 시스템(모의표시)에 의해 감시되고 제어되는 요소들을 나타내기 위하여 아이콘으로 시스템 배선을 지리적으로 표현한다. 한 눈에 모의표시는 관제사에게 시스템 내에 있는 각 열차의 위치를 표시해주며 열차 아이콘에 사용되는 색으로 열차의 상태나 현재 주어진 스케줄을 준수하고 있는지 알려준다.

SELTRAC
On-Board Equipment

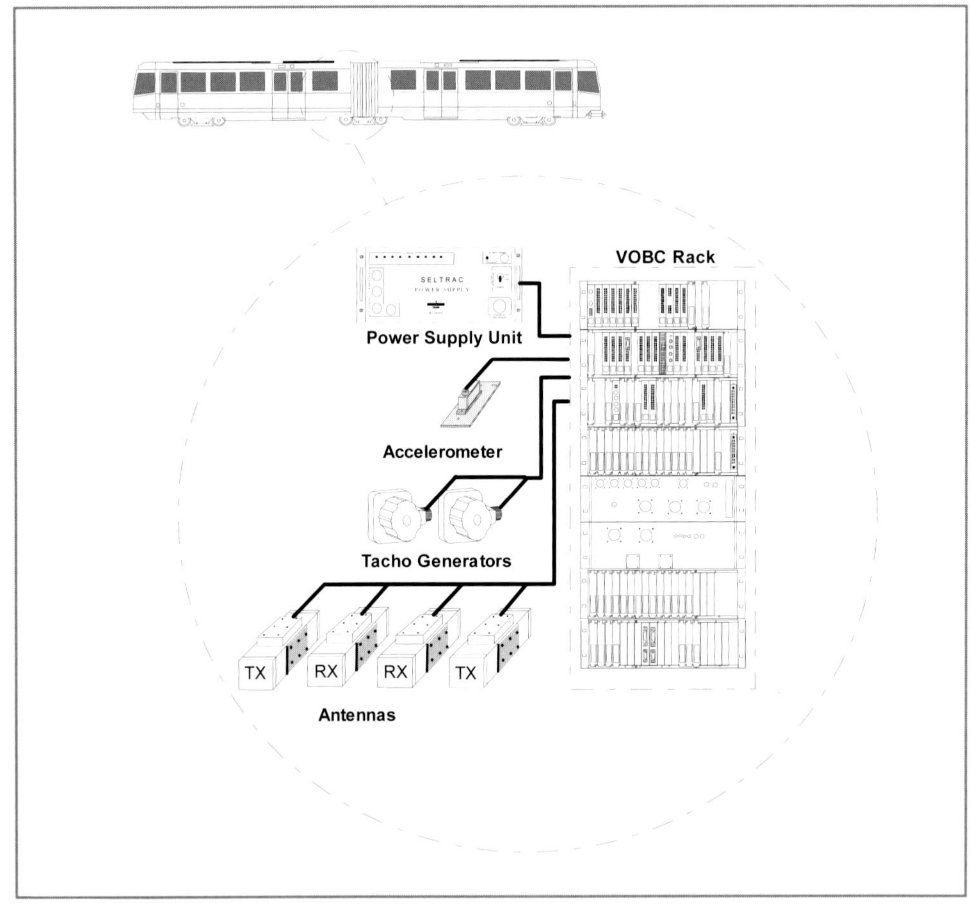

그림 7-6 : 차상 장치

열차, 승강장, 궤도, 분기는 모두 각 요소의 상태를 나타내기 위하여 색을 사용하여 표시되었다. 시스템에 의한 감시에 문제가 발생하는 경우 영향을 받은 장치의 상태를 나타내기 위하여 그 요소의 색이 바뀐다. 관제사에게 주의를 요하도록 경보 메시지 그리고 청각 신호와 함께 상황을 즉각 표시하여 준다.

SMC에 대한 관제사의 인터페이스는 일련의 명령 메뉴에서 선택 클릭 하도록 하는 워크스테이션을 통해서 이루어진다. SMC 워크스테이션의 각 화면은 구체적인 임무와 관련된 명령을 갖고 있다(스케줄의 선택과 수정 또는 수행보고서 작성). SMC 하에서 명령 기능은 관제사가 다음과 같은 활동을 수행할 수 있도록 한다. 그중 몇 가지를 열거하면 다음과 같다.

- 스케줄의 할당과 시작
- 각 열차, 분기, 승강장의 상황 감시
- 특정 궤도나 역으로 열차의 진로설정
- 노선에 열차 할당이나 운행 할당 또는 셔틀버스에 할당
- 명시된 승강장에 정차, 대기 또는 정차연장(사전 계획된 스케줄 외)
- 열차가 다른 선로를 사용하도록(통과가 불가능한 구역의 우회)하며 일정은 그대로 유지
- 열차의 속도 변경

SMC는 역과 차상에서 자동으로 방송을 시작하도록 사용할 수도 있으며 다른 공급자의 하부시스템과 인터페이스 될 수 있다. 이 모든 것은 중앙의 한곳에서 매일 서비스 활동을 모두 처리하는 SELTRAC의 신축성과 능력을 나타낸다. SELTRAC은 정보를 현장 직원에 의존해야 하는 경우에 대응하기 번거로울 수 있는 운영상의 신축성을 더해준다.

기존 시스템에 대한 신호 개량

SELTRAC은 생산성과 성능을 향상시키기 위해 기존의 고정 폐색 신호시스템에 적용하여 왔다. 그 장점을 살펴보면 다음과 같다.

- 차상 신호와 자동 열차운전(ATO)이 서비스에 지장 없이 단계적으로 도입될 수 있다.
- 최소의 자본 지출로 운전시격을 단축할 수 있으며 시스템의 성능을 증가시킬 수 있다. 동적 스케줄 조정으로 지연의 영향을 감소시킨다.
- 인력이나 기타 조건이 허락되는 경우 열차 승무원의 수를 감소시킬 수 있다.
- 독립적인 열차 검지시스템의 결과로 전체 시스템 신뢰성이 향상된다.

7.1.6 SELTRAC의 특징

- 중량철도, 경량철도, 통근철도, 그룹 Rapid Transit, 시내 People Mover 시스템을 포함하여 모든 형태의 고정된 궤도교통에 적용 가능하다.
- 운영상 60초 범위의 운전시격은 90km/h까지 운영되는 교통시스템에 경제적으로 현실성이 있다.
- 하드웨어의 추가나 수정 없이 늘어나는 수요에 충족하기 위해 운전시격을 조정할 수 있다.
- 역 정지의 자동제어가 현격히 정확해진다(제동/추진 시스템에 따라 10cm 내외의 오차).
- 다수의 지상 및 차상의 하부시스템을 감소시키며 자본 및 보수유지비용이 감소된다.
- 거친 환경조건에 노출되는 선로변 전자장치를 상당히 줄인다.
- 궤도 절연의 제거는 궤도 소음과 궤도의 유지보수비용을 최소로 한다.
- 광범위한 추진 및 제동기술과의 입증된 호환성
- 관리상의 혜택.
- 모든 차량 하부시스템의 완전 자동화 : 애플리케이션은 단순한 차상 신호시스템에서부터 자동무인운전에까지 이른다.
- 속도 그리고 역에서의 정차를 포함한 전체 선구에서의 실행 변경이 중앙 관제 센터로부터 제어된다. 이것은 지연의 파급과 기타의 영향을 감소시키고 스케줄을 회복하며 에너지 소비를 감소시킨다.
- 중앙 관제의 진로설정은 자동과 수동으로 할 수 있다. 중앙 관제시스템의 고장 시 백업하는 선로변 진로설정 장치가 제공된다.
- 시스템 설계에 본래 포함된 열차의 식별은 진로설정 제어, 열차(그리고 승무원) 운영의 중앙 감시, 시정 전략의 온라인 명령, 승객에게 정보 사전제공 그리고 스케줄에 일치하지 않는 열차의 식별, 하드웨어의 고장 또는 비상조건에 따라 중앙 관제할 수 있도록 한다.
- 광범위한 연속적인 가변속도의 감시와 제어(코드화 궤도회로 기반 시스템은 제한된 수의 불연속 속도제어 명령을 갖고 있다).
- 관제사에 의해 중앙 관제센터로부터 임시 속도제한을 부과하고 자동으로 감시.
- 선로 속도제한이나 기타의 궤도 파라미터에 따른 변경은 비교적 중요하지 않은 소프트웨어 파라미터 변경에 영향을 줄 수 있다. 하드웨어의 변경은 필요하지 않다.
- 하부시스템의 상태를 포함한 열차 파라미터의 중앙 감시는 관제사가 실시간으로 올

바른 조치를 취하게 하거나 오프라인으로 분석할 수 있게 한다.
- 대향으로 주행하기 위한 추가적인 하드웨어 없이 양방향 운전이 시행될 수 있다.
- 호환성.
- 실실적 운영능력 향상을 위해 기존시스템을 개량하는 고정 폐색 신호시스템과의 공용.
- 교통 네트워크의 변경은 제어시스템의 하드웨어 변경을 최소한으로 요구한다.
- 전체 시스템에 걸쳐 적용되는 검증된 고장 시 안전 측 동작 원리.

7.2 ALSTOM Signaling

7.2.1 주요 특징

- 글로벌 조직
- 솔루션 제공자
- 대량 교통 제어시스템의 세계 선도자
- ERTMS 프로젝트와 제품의 분명한 선도자
- 70개 국 이상에 진출
- 한 세기의 경험

7.2.2 주요 설치 도시철도 시스템

- 카이로
- 홍콩
- 멕시코
- 파리(도시철도 및 PER)
- 상파울루
- 싱가포르

7.2.3 개요

그림 7-7 : Alstom의 세계 진출

Alstom Transport는 철도 교통의 세계적인 성장에 대응하여 안전성과 성능, 신뢰성과 비용 효율성을 향상시키기 위해 특별히 설계된 모든 범위의 철도교통 제어 및 관리 시스템으로 21세기에 진입했다. 또한 보수유지, 기술지원, 기술 이전, 직원의 교육훈련 및 기존 장치의 개선을 포함하는 모든 범위의 고객서비스를 제공한다.

Alstom은 50개 이상의 도시철도에서 운영하는 장치를 가진 대량 교통 제어시스템의 세계적인 선도자이며 이들은 대부분 Alstom 신호 제품과 시스템에 의존하고 있다. Alstom은 세계 최대의 무인운전 도시철도인 싱가포르 도시철도에 가장 야심적이고 현대적이며 혁신적인 제어 시스템을 공급할 것이다.

Alstom Signaling의 성공은 한 세기 이상의 경험으로부터 개발된 견고하고 경쟁적인 위치에 바탕을 두고 있다.

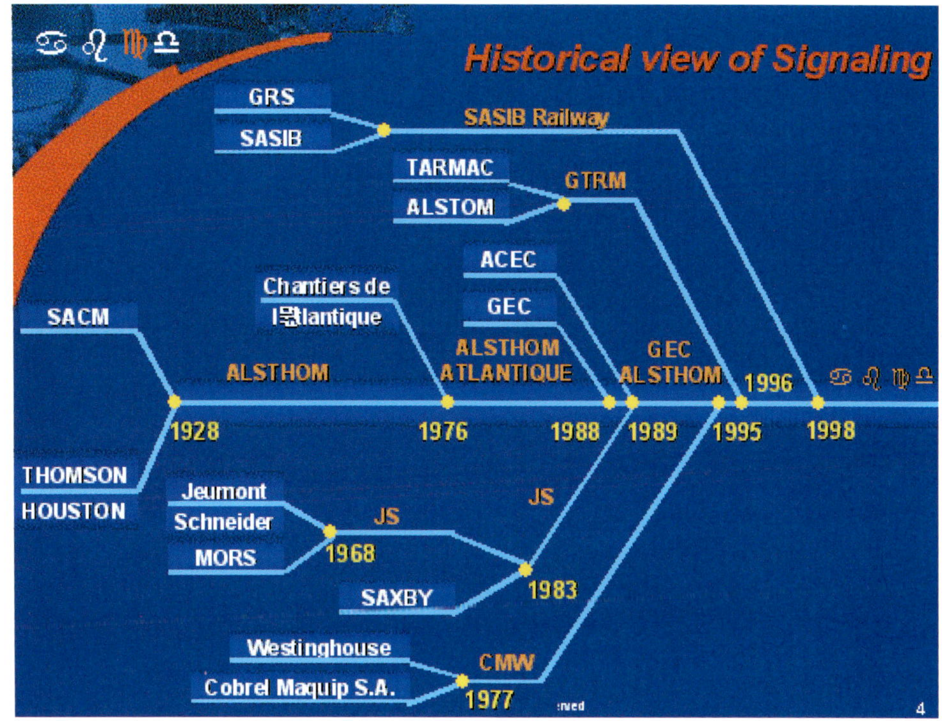

그림 7-8 : 역사적인 개관

7.2.4 시스템의 발전

신호는 고객의 관점에서 볼 때 신호 솔루션의 적은 투자로 높은 영향력을 얻는 수단으로 교통 산업에서 중요한 활동이다. 신호시스템 시장은 국가적인 솔루션에서 표준 제품 사업으로 옮겨가고 있어 연구개발의 충분한 투자가 중요한 성공 요소이다.

Alstom Signaling은 국제적인 경영구조를 시행하여 세계적인 조직으로 나아가기 위한 발걸음을 내디뎠다.

7.2.5 Alstom 도시철도 신호시스템

Alstom 제품의 범위는 통합된 여러 기업으로부터 오는데 기본적으로 다음과 같은 기업들이다.

- 벨기에의 ACEC-Transport
- 브라질과 남아메리카의 CMW

· 프랑스의 Jeumont-Schneider, Saxby, Alstom/GEC Alstom
· 이탈리아의 Sasib
· 영국의 GEC-GS, GEC-Alstom
· 미국의 GRS (General Railway Signal)

Alstom Signaling 은 처음에 표준 선로변 신호 솔루션을 가지고 많은 도시철도 네트워크에 진출했다.

그 당시 CTDC(Commade des Trains à Décélération Contrôlée : 속도제어 열차방호 시스템)가 도입되었다. 이 시스템은 궤도회로(일반적인 HVITC : 고전압 임펄스 형)를 바탕으로 하는 열차 검지와 열차에 속도코드를 전송하는 수단으로 두 가지 목적에 사용되었다.

CTDC는 프랑스의 마르세이유 도시철도에서 운영되고 있으며 다른 버전이 캐나다의 몬트리올과 이집트의 카이로와 같은 네트워크에서 운영되고 있다.

7.2.6 도시철도에 대한 참조사항이 SACEM 주위에 구축되었다

SACEM(SYSTEME D'AIDE A LA CONDUITE A L'EXPLOITATION ET A LA MAINTNENANCE : 운영, 보수유지 및 운전 지원 시스템)이 1988년 파리의 RARP PER (Express Mass-Transit)의 A선에 처음 도입되었다.

편도 시간 당 65,000명까지 승객을 수송하는 Auber와 Chatelet 역간의 RER A선은 모든 RATP 노선들 중에서 가장 많은 교통량을 담당하고 있다. 전통적인 신호시스템과 궤도변 장치 그리고 차량으로는 2분 30초의 운전시격과 역 정차시간 50초 즉, 시간 당 24개 열차로 시간당 45,000명에서 50,000명의 승객을 편도로 수송한다. 결과적으로 A선은 포화상태였다.

수송 능력을 증가시키기 위해 선구의 중앙부분(Nanterre에서 Fontenay까지)에서 운전시격을 2분으로(역 정차시간은 동일하게 50초로) 줄여서 시간당 30개 열차가 시간당 55,000명에서 60,000명(심지어 65,000명까지)을 수송하도록 하는 것이 목표였다. SACEM이 그 솔루션 중의 일부였다.

A선의 포화상태 문제에 대한 RATP의 다른 해법은 새로운 인프라구조(Méteor 14호선)와 A선 자체에 2층 차량을 도입하는 것이었다.

다른 도시철도 네트워크들은 그 후에 SACEM을 선택했다.

- 멕시코시티는 교통량이 가장 많은 도시철도 노선들 중 몇 개에 교통운영, 운전시격 그리고 네트워크 보수유지를 개선하기 위해 가장 좋고 효율적인 신호시스템 패키지로 SACEM을 선택했다.
- 홍콩의 MTRC는 처음에 3개의 기존 도시철도 노선에 SACEM을 설치하고 홍콩의 신 국제공항을 연결하는 새로운 Lantau 철도에 이를 설치했다. MTRC의 교통량이 가장 많은 구간에서 편도 시간 당 85,000명에서 90,000명까지 승객을 수송하고 있는데 아마도 이는 세계에서 가장 높은 밀도일 것이다.
- 칠레의 Santiago는 처음에 2개의 도시철도 노선과 가장 최근에 건설한 5호선에 SACEM을 설치했다.

7.2.7 SECAM의 기본 개념

SACEM의 기본 개념은 각 역에서 3개에서 5개에 이르는 일련의 "서브 블록"을 도입함으로써 보다 짧은 운전시격으로 열차가 운행하도록 하여 선행열차가 승강장 끝에서 멀리 떨어진 서브 블록이 개통되기 전에 승강장에 진입할 수 있도록 하는 것이다. 이 상황에서 승강장으로의 진입을 방호하는 신호는 적색이지만 그러나 폐색운영은 통상 허용신호로 적색신호에서 통과할 수 있는 신호가 된다. SACEM에서 열차가 진행하도록 허용하기 위해서 그 신호는 차단하고 차상 속도 표시로 교체된다.

운전 인간공학

SACEM으로 운전하는 기관사는 "백색 교차"신호(파리) 또는 "청색"신호(홍콩)가 켜져서 그 신호가 기능상 정상적으로 작동하고 있다는 것을 표시하더라도 선로변 신호표시를 보지 않는다. 유일한 예외는 이중 적색 표시 즉, 절대 폐색으로 강제하기 위해 이 경우 2개의 적색 신호가 현시된다.

차상 신호는 기관사에게 어떤 주어진 시점에서 자신의 열차가 주행하는데 허용되는 최고속도를 화면에 표시해 준다. 전방에 지장이 없는 경우 속도는 녹색의 사각형 안에 나타난다(파리에서와 같이 : 운영자의 요구사항에 따라 다른 솔루션이 제공된다).

SACEM은 열차의 속도도 제어한다. 예를 들어 상시 속도제한이 있는 곡선구간에 접근할 때 속도를 제어한다. 속도제한이 있기 전 상당한 거리에서 SACEM은 운전실에 부저를 울리며 기관사에게 요구되는 속도를 황색 사각형으로 표시한다(이것도 파리의 경우 참조). 기관사가 명시된 제한속도로 감속하는 즉시 황색 사각형은 녹색으로 바뀐다. 열차가 제한구간을 통과하면 속도는 더 높게 설정되도록 올라갈 수 있고 이것은 차상신호에 표시된다. 다른 열차가 아직 정차하고 있는 역에 접근할 때 기관사는 차상신호 화면에서 황색 표시를 보게 되며 이때 기관사는 30km/h로 감속해야 한다. 황색표시는 곧이어 즉시 정지하도록 요구하는 적색 표시가 나올 수 있다. 어떤 이유에서 기관사가 빨리 감속하지 못한 경우 SACEM은 속도초과 경보를 작동하고 그 결과 비상 제동이 체결된다. '크랙션' 소리가 열차가 정지할 때까지 운전실에 울리며 적색 삼각형과 감탄부호가 차상신호 화면에 나타난다.

SACEM은 또한 허용 폐색운영을 할 수 있도록 한다. 기관사는 허용 적색 신호현시에서 정지한 뒤 이 신호를 통과할 수 있으며 "경계" 장치 버튼을 누른 후 전방을 감시하며 운전 한다(30km/h 이하). 차상신호 표시는 적색으로 섬광하여 기관사에게 열차가 점유하고 있는 구간에 있음을 상기시킨다.

기술적인 측면

연속적인 속도 제어와 함께 SACEM은 자동 열차방호(ATP)를 한다. 또한 완전한 ATO(자동 열차운전)로 운영할 수 있다.

SACEM의 중심에는 각 역에 있는 것과 같은 일련의 선로변 프로세서가 있다. 이들 각각의 프로세서는 각 방향에서 다음 역까지 거리의 절반을 관장한다. 프로세서 내의 메모리는 신호기의 위치, 포인트, 포인트의 상태(우측 또는 좌측), 각 궤도회로의 점유 상태와 같은 그 구간의 영구적인 철도의 지리적 정보를 기록한다. 각 프로세서는 인접한 프로세서와 통신을 하여 영구적으로 갱신 상황을 유지하며 프로세서는 그 정보를 디지털 메시지의 형태로 레일을 사용하여 열차로 전송한다.

각 열차에 있는 수신기는 이 정보를 수집하고 처리하여 차상신호로 표시한다. 이것은 "제동이 안 된" 바퀴의 회전 수를 세는 위치 장치와 연결되어 작동한다. 안전성 개념을 포함한 이 설계에 관한 사항은 SACEM의 코드화 프로세스 기술에 근거하고 있다.

파리의 PER A선에서 교외로 뻗어나간 지선에는 SACEM의 단순화된 버전도 사용된다.

7.2.8 URBALIS

2000~2001년부터 Alstom의 도시철도와 대량교통 애플리케이션을 URBALIS로 부르고 있다.

가장 높은 수준의 URBALIS는 무인운전 제어시스템이라고 할 수 있다. : URBALIS 300.

다른 수준(100과 200)은 좀더 적은 기능성을 가지고 있으며, 그들의 주요 특성은 다음의 그림에 나타내었다.

DMS는 프로세서 기반의 장치로 역 자동 열차감시(ATS)에 사용된다. 이 장치는 신호장치, 승강장 스크린 도어 그리고 열차를 감시하고 제어한다.

시스템 안전성의 중심은 컴퓨터 기반 연동시스템에 의해 달성된다.

Alstom의 CBI는 SMARTLOCK의 제품 계열에 속해 있다. 연동 시스템은 본선과 차량기지의 연동기능을 안전하게 구축한다. CBI의 특징은 진로를 호출하고 분기를 제어하는 능력이다. 이것은 자동 열차제어(ATC), 승강장 스크린 도어 그리고 DMS와 인터페이스된다. 그 후 제품명이 MASTRIA인 ATC가 나타나게 된다.

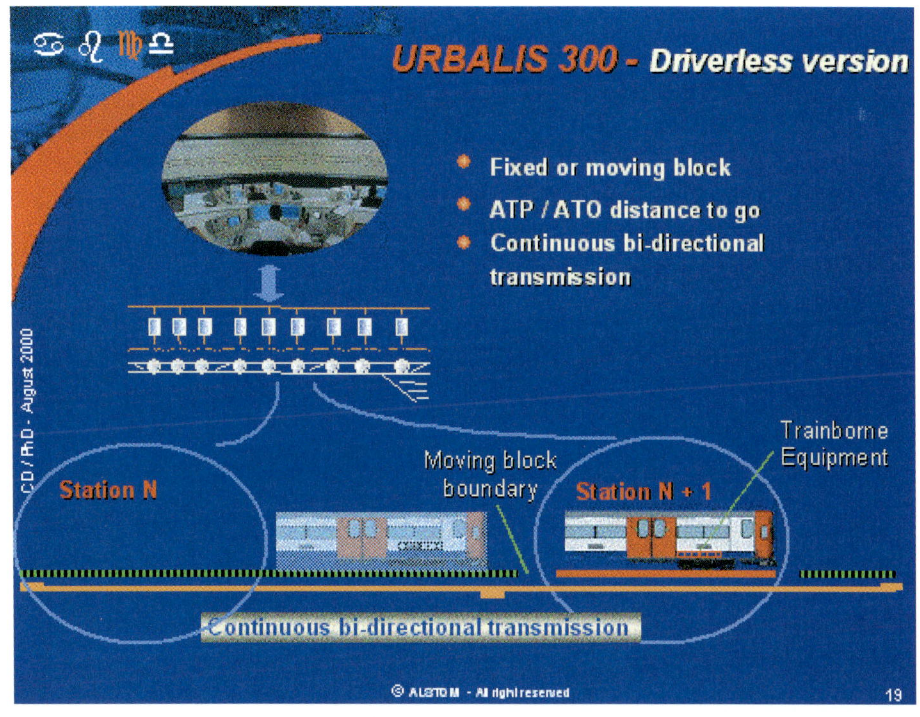

그림 7-9 : URBALIS 300

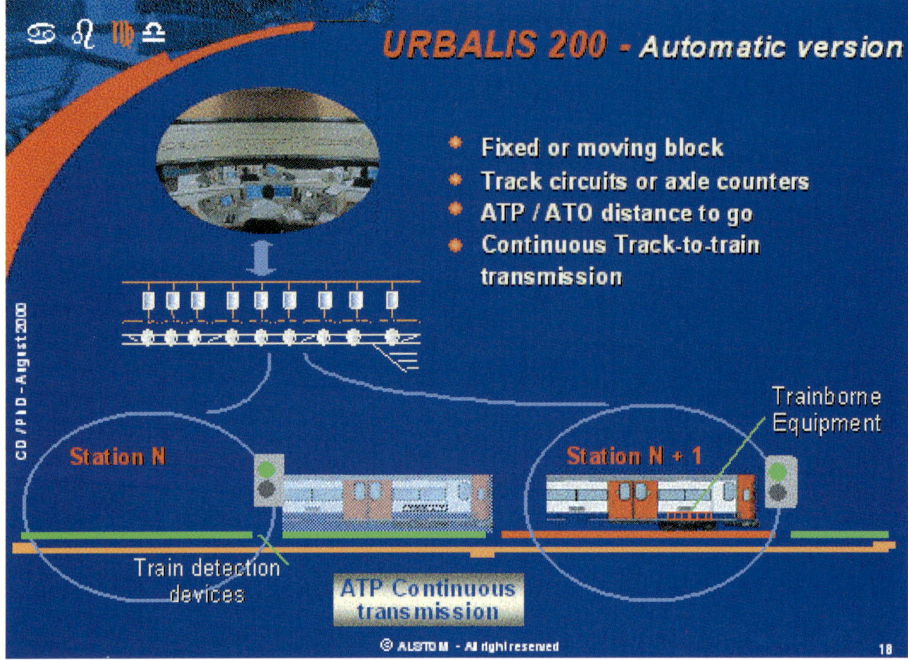

그림 7-10 : URBALIS 200

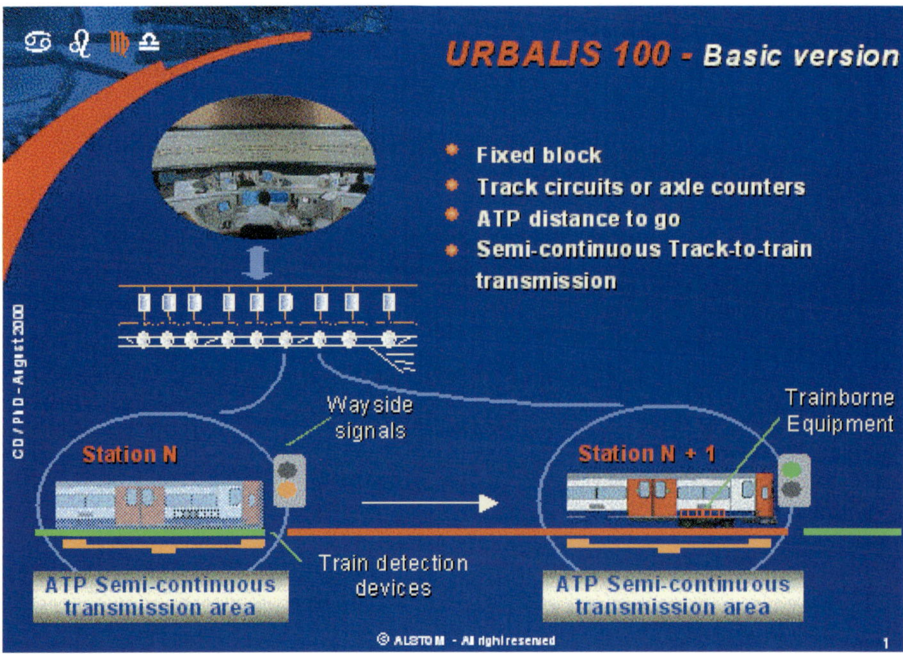

그림 7-11 : URBALIS 100

다음의 설명은 싱가포르 Mass Transit “NEL”(북동선)으로 URBALIS 300에 관해 좀 더 상세한 내용을 알 수 있다.

URBALIS 300에서 첫 번째 항목은 데이터 관리시스템(DMS - 제품명 : ICONIS)이다. 싱가포르 북동선의 실례로 ATC 시스템에 중복성의 이동폐색 기술을 사용한다. 이 MASTRIA 시스템은 “IAGO” 도파의 양 방향 디지털 전송, 충돌과 탈선의 위험을 제거하는 자동열차방호시스템(ATP), 도시철도를 운전하는 자동열차운전시스템(ATO), 고정된 장치로 차량 정보를 수집하고 발송하는 열차 데이터 관리시스템(TDMS)에 사용한다.

싱가포르의 북동선에서 URBALIS 300으로 양방향 연속적인 전송시스템은 훼일 세이프 ATC 운영, 정비 정보의 발송 그리고 승객 정보를 위해 도파 정보 네트워크를 사용한다. 이 광 대역은 비디오 전송 능력을 제공한다. 군용통신의 전송에서 기원한 다이렉트 시퀀스 스프레드 스펙트럼 기술은 간섭으로부터 통신을 보호한다. 전송 매체는 궤도를 따라 가설한 누설 도파 관이다. 이것은 거의 보수가 필요 없다. 기지국은 신호기계실 내에 위치하도록 설계된다.

시스템 통합과 증명은 현장 시험과 위임인도 전에 공장에서 수행되도록 설계된다. 차량 그리고 통합감시 제어시스템(ISCS)과 같은 기타의 주요한 네트워크 구성요소와의 통합은 운영상 요건이 충족된다는 것을 보증한다.

Alstom은 프랑스 북부 Valenciennes의 차량 공장 근처에 실제의 차량, 신호시스템, 통신 그리고 ISCS를 실제 환경에서 충분히 시험하기 위해 9km의 완전히 통합된 시험 궤도를 사용하고 있다. 그래서 통합과 증명은 위임인도 이전 가장 초기의 단계에서 이루어진다.

7.2.9 현행 시스템 원리와 시행

Alstom Signaling은 글로벌 솔루션 제공자이다. 설계 및 설치에서부터 완전한 고객지원에 이르기까지 광범한 범위의 하드웨어와 소프트웨어 제품뿐만 아니라 철도와 수송시스템을 위하여 통합된 시스템을 제공하는 관리 및 기술적 능력을 가지고 있다.

Alstom Signaling은 통신과 컴퓨터 기술에서 달성된 최신의 기술혁신을 바탕으로 하여 새로운 제품과 시스템을 적극적으로 연구하고 있다.

7.3 Bombardier Transportation, Rail Control Solutions

7.3.1 주요 특징

· 진정한 세계적 조직
· 신호시스템과 열차 방호에 있어서 선도적인 능력
· ERTMS의 세계적인 선도자
· 전 세계 100개 이상의 지역에 진출
· 1915년 이래 최고의 신호시스템

7.3.2 주요 설치 대량 교통시스템

· 이스탄불
· 부산
· 마닐라
· 시드니
· 빌바오
· 싱가포르
· 쿠알라룸푸르
· 라스베가스

7.3.3 개요

Bombardier Transportation은 현재 글로벌 산업에서 누구도 능가할 수 없는 범위의 제품과 서비스를 고객에 제공할 수 있다. 제품 구성은 최신의 철도 차량, 일괄인도 방식의 교통 시스템, 대차, 추진시스템 및 첨단 교통관리 시스템, 완전한 열차 군의 관리 그리고 보수유지 서비스 등을 포함한다. 2002년 상반기 동안 Bombardier Transportation은 철도 산업계에서 발표한 주문의 50% 이상을 확보하였다. Bombardier Transportation은 또한 ERTMS 2단계 시스템의 상업 운전을 도입한 세계 최초의 기업이다.

Bombardier Transportation은 적은 투자로 높은 영향력을 얻을 수 있는 검증된 기술의 혁신적인 새로운 제품의 개발과 고도의 모듈화와 표준화에 초점을 맞추고 있다.

7.3.4 Bombardier 신호시스템의 발전

Bombardier Transportation은 "game changer" 제품에 의해 증대된 "계열" 제품개발 접근방법에 역점을 두는 것이 글로벌 시장에서의 선도적인 위치를 견고히 하는 것이라고 믿고 있다. Adtranz 조직을 인수함으로써 Bombardier Transportation은 그 규모와 범위에 있어 산업계에서 비교대상이 없는 조직이 되었다.

7.3.5 Bombardier 계열의 대량 교통제어 솔루션

Bombardier 계열의 대량 교통제어 솔루션은 Bombardier Transportation 내에서 나온다. Bombardier Transportation은 자체의 시스템과 다른 기업으로부터의 시스템에 대한 시스템 통합자로서의 역할도 해왔다. Bombardier Transportation은 여러 해 동안 대량 교통을 위한 "distance-to-go" 시스템의 선도자였으며 현재 요구되고 있는 짧은 운전시격의 애플리케이션을 위한"이동폐색"에 있이시도 선도사의 위치에 있다. 그래서 Bombardier Transportation 계열의 대량 교통 솔루션은 궤도회로를 통하거나 아니면 무선 전송을 통하는 열차 위치검지의 두 가지 방법이 있다.

7.3.6 궤도회로에 의한 열차검지

이 부분의 제품계열은 열차검지를 위한 궤도회로와 전송 매체로서의 Eurobalises나 궤도회로를 사용한다. 이들은 모두 "distance-to-go" 기술을 사용하며 Ebicab 시스템 계열이라고 부른다. 아래에 설명한 시스템은 모두 Bombardier Transportation의 컴퓨터 연동장치 Ebilock과 통합 관제센터 Ebiscreen을 사용한다.

7.3.7 Ebicab 900 발리스 기반 시스템

Ebicab 900은 열차검지를 위해 궤도회로를 사용하고 선로변 에서 열차로 바이털 메시지 전송 링크로 Eurobalise를 사용하는 대량 교통 신호시스템이다. 이 전송 링크는 매우 높은 데이터 전송능력을 만들어 주는 Eurobalise 코드를 사용한다.

열차 이동의 안전한 방호

대량 교통 신호시스템의 기본적인 안전성 목표는 다음과 같다.

- 열차의 주행이 너무 빠르지 않도록 방지
- 열차와 열차 그리고 정지 버퍼와의 충돌 방지
- 분기 통과 열차의 이동 보호
- 동일 궤도에서 앞뒤 열차간의 안전거리 유지

이러한 모든 목표는 Bombardier Transportation의 컴퓨터 기반 연동장치 CBI, Ebilock과 함께 Ebicab 900 시스템으로 달성된다. Ebilock은 궤도회로의 도움을 받아 열차를 검지하고 선로전환 장치를 제어하고 차상 ATP에 이동허가를 준다.

차상 ATP는 열차가 허가된 속도를 초과하지 않는지 그리고 이동허가를 받은 위치를 넘어가지 않는지 감시한다.

Ebicab 900은 궤도에서 열차로 바이털 데이터를 보내기 위해 Eurobalise를 사용한다. 이것은 DC 궤도회로와 여러 형태의 가청 주파수 궤도회로를 포함하여 열차 검지를 위한 모든 궤도회로에 사용할 수 있다. Eurobalise는 높은 데이터 비트율의 FSK 변조방식을 사용하여 속도, 거리, 구배뿐만 아니라 기타의 정보도 전송한다. 이것은 차상 ATP가 열차이동의 distance-to-go 감시에 사용하도록 한다.

기관사에 대한 모든 표시는 운전실의 화면을 통해서 이루어질 수 있다. 선로변 신호기는 Ebicab 차상 시스템이 연속적으로 속도와 거리를 감시하더라도 정상적으로 유지된다.

포인트 운영을 위해서는 잘 검증된 JEA 72/73 선로전환기가 있으며 침목에 통합시킨 혁신적인 선로전환기 Ebiswitch가 있다.

열차 출입문의 제어

Ebicab 900 balise 기반의 시스템에서 출입문의 개방은 보통 수동으로 이루어진다. 그러나 안전 시스템 Ebicab은 열차가 움직일 때는 열차의 출입문이 닫혀 있는지 확인한다. Ebicab은 또한 열차 정차 시에 승강장 쪽의 출입문만 열 수 있도록 한다.

그림 7-12 : Ebiswitch

7.3.8 Ebicab 800 궤도회로 기반 시스템

Ebicab 800은 대량 교통 신호시스템으로 열차의 검지와 선로변 에서 열차로 바이털 메시지 전송 링크로 궤도회로를 사용한다. 전송 링크는 높은 데이터 전송능력의 텔레그램 코드를 사용한다.

차상 ATP는 열차가 허가된 속도를 초과하지 않는지 그리고 이동허가를 받은 위치를 넘어가지 않는지 감시한다.

Ebicab은 궤도에서 열차로 바이털 데이터를 보내기 위해 코드화 궤도회로 TI 21-M을 사용한다. 이 궤도회로는 가청 주파수로 작동하며 절연을 필요로 하지 않는다. 이 궤도회로는 높은 데이터 비트율의 디지털 변조방식을 사용하며 속도 값뿐만 아니라 거리와 기울기도 전송한다. 이것은 차상 ATP가 열차이동의 distance-to-go 감시에 사용할 수 있도록 해준다.

속도 코드 시스템과 비교하여 Ebicab의 distance-to-go 감시는 다음 사항으로 인해 좀 더 높은 교통능력과 좀 더 나은 안락감을 승객에게 제공한다.

· 열차 간의 좀더 짧은 운전시격
· 노선의 종단 역에 좀더 신속히 접근
· 제한 또는 정지를 향한 부드러운 제동 곡선

기관사에 대한 모든 표시는 운전실의 화면을 통해서 줄 수 있다. 차상 ATP가 없는 차량에 대해서만 선로변 신호기가 필요하다. 포인트 지역을 방호하는데 정지/진행 정보의 2현시 신호면 보통 충분하다. 포인트 운영을 위해서는 잘 검증된 JEA 72/73 선로전환기가 있으며 침목에 통합시킨 혁신적인 선로전환기 Ebiswitch가 있다.

그림 7-13 : 도시철도 Bilbao

열차 출입문의 제어

열차의 안전한 이동을 보장하기 위하여 Ebicab과 자동열차운전 시스템인 Ebicruise는

· 열차가 역에 도착했을 때에 출입문을 열 수 있다.
· 역 정차시간 이후에 출입문을 닫을 수 있다.
· 열차가 움직일 때 열차의 출입문 개방을 방지한다.
· 승강장을 마주보지 않을 때 출입문 개방을 방지한다.

안전시스템인 Ebicab은 열차가 움직일 때 열차의 출입문이 닫혀 있다는 것을 보증할 것이다. Ebicab은 또한 열차가 정지했을 때 승강장 쪽으로 향한 출입문만 열릴 수 있다는 것을 보증할 수 있다.

자동 운전

Ebicruise는 다음과 같은 자동 운전 기능을 제공한다.

· 역 정차 후에 출입문을 닫고 열차 출발.
· 가속, 주행, 타행 및 프로그램 된 정지위치까지 제동
· 승강장 측 출입문 개방
· 가속 변경율 제한으로 승객의 안락감 향상

Ebicruise는 역과 역간에서 원활하고 효율적으로 열차를 운전하며 승강장 스크린 도어가 사용될 때 요구되는 높은 정확도로 정지시킨다.

무인 운영

Ebicruise는 종단 역에서의 회차와 같은 운영에 전혀 사람이 없는 무인운행에 사용될 수 있다.

열차의 조정

열차의 자동주행과 열차 출입문의 자동작동에서 나아가 Ebicruise는 다음에 의하여 열차의 조정을 지원할 수 있다.

· 역과 역 사이에 미리 정의된 상이한 속도 프로파일 사용.
· 다음 역에 일정 시간에 도착하기 위한 주행속도 조정.

· 역에서의 통과 정차.
· 역에서의 정차시간 조정.

그림 7-14 : 전형적인 대량 교통 관제센터

차상 Ebicruise는 교통 관제센터로부터 열차의 이동을 조정할 수 있도록 해준다. Ebicruise는 출발 및 정차시간에 관한 명령과 함께 속도 프로파일 명령을 관제센터의 TMS 시스템으로부터 받을 수 있으며 그에 따라 열차 주행을 적응시킨다. 또한 관제센터에서 요청을 하는 경우 열차의 속도를 조정하여 다음 역에 정해진 시각에 도착하도록 할 수 있다.

교통 감시 및 관제

교통의 운영관제 및 감시는 통상적으로 관제센터에서 수행하며 관제센터로부터 전체선구에 대한 교통이 감시된다. 교통 관리시스템인 TMS와 Ebiscreen은 다음과 같은 발전된 기능을 제공한다.

· 자동 진로설정

· 지연 감시 및 처리
· 사건의 등록 및 상황의 재생
· 경보 처리

Ebiscreen은 또한 차상 ATO에 제어 메시지를 보내서 교통을 조정할 수 있으며 데이터를 승객정보 시스템에 줄 수 있다. Ebiscreen TMS는 운영자에게 노선상의 모든 교통상황에 대해 완전하게 제어할 수 있게 해준다. 시스템은 운영자들을 일상 임무로부터 해방시키며 그들로 하여금 최적의 방법으로 교통 혼잡문제를 해결하는 데 집중할 수 있도록 하여 교통의 정규성과 전반적인 안전성을 개선하도록 한다.

교통상황은 화면을 투영하는 형태나 모의기술로 된 전체의 대형 패널에 나타낼 수 있다. 관제사는 적절한 수의 표시 스크린을 볼 수 있고 키보드와 마우스 같은 입력설비를 갖게 된다.

승객 정보
승객 정보시스템인 Ebiscreen Guide는 승강장과 차상에 있는 패널에 승객을 위한 정보를 나타낸다. 정보는 사전 녹음된 메시지에 의해 고성 스피커로 방송될 수도 있다.

7.3.9 전송기반 열차검지 시스템(TBS)

Bombardier Transportation의 전송기반 대량 교통시스템은 Flexiblok이라고 부른다. 이것은 표준 궤도회로도 필요하지 않고 차상 운영자도 필요하지 않다. 열차에서 선로변으로의 통신은 양방향 전송이 가능한 "무 접촉" 통신 매체를 통하여 이루어진다. 이것은 열차와 궤도회로 사이에 물리적인 접촉이 존재하지 않는다는 것을 의미한다. Flexiblok™은 진정한 이동폐색 시스템으로서 매우 짧은 운전시격과 무인 운전을 가능하게 한다. "이동폐색"이란 열차의 "점유"가 연속적인 형태로 열차와 함께 따라 움직이는 것을 의미한다.

Flexiblok™은 기능에 따라 다음과 같은 하부시스템으로 구분된다.

ATP - 자동 열차 방호 ATP 시스템은 열차 제어시스템의 안전성 측면을 담당한다. 선로변 (Flexiblok™에서는 지역으로 부름)과 열차 양쪽에 ATP 시스템이 존재한다. ATP 시스템이 수행하는 기능의 예는 연동제어, 안전한 열차분리, 점유 생성 및 출입문 제어이다.
ATO - 자동 열차 운전 ATO 시스템은 열차 제어시스템의 안전성과 관련 없는 운영을 담당한다. ATO 시스템은 지역과 열차 시스템 양쪽에 모두 존재한다. ATO 기능의 예는 승차감의 계산, 출입문 제어 요청, 진로설정 및 방송이다.

ATS – 자동 열차 감시 ATS는 흔히 중앙관제(CC) 또는 열차 집중제어(CTC)로 부른다. 일반적으로 열차 관제시스템 내에는 단 하나의 관제센터만이 존재한다. 관제센터에서 수행되는 전형적인 기능은 데이터 등록, 기록보관, 수동 변경 요청, 열차 초기화 프로세스의 기동이다.

TWC – 열차 선로변 간 통신시스템 TWC는 RF 시스템으로 열차와 선로변 시스템 간에 열차 제어 데이터를 전송한다. Flexiblok™은 분산 안테나에 2.4GHz로 대역 확산 CDMA 변조기술을 활용하여 차상 이동 안테나를 갖고 있는 열차에 데이터를 전송한다. 열차와 지역은 매 통신 주기마다 이 "링크"를 통하여 통신을 한다.

Flexiblok™ 세그먼트와 유도로의 모델링

"고정 폐색"에서 열차 제어시스템의 궤도회로는 시스템 전반에 걸쳐 설치되어 있어 열차의 적절한 운영이 가능하도록 하고 있다. 이러한 시스템에서 유도로는 시스템 전반에 걸쳐 있는 "궤도" 열차에 사용되는 궤도회로의 집합으로 그리고 열차에 속도정보를 제공하는 것으로 생각할 수 있다. Flexiblok™과 "무 접촉" 열차 제어시스템에서는 열차에 정보를 제공하는 궤도회로가 없거나 열차로부터의 점유가 없다. 그렇다면 어떻게 Flexiblok™ 시스템에서 유도로의 모델이 만들어지는가

Flexiblok™ 모델은 "세그먼트"라 부르는 실체를 사용하는 유도로이다.

Flexiblok™ 세그먼트는 독특한 값의 한 세트에 의해 정의되는 유도로의 한 구간으로 정의된다.

· 구배
· 속도
· 승강장 위치
· 분기 위치
· 지역 경계
· 노선의 끝
· 비상 통로 위치

다음의 그림은 단순한 Flexiblok™ 시스템의 세그먼트 배치도의 예이다.

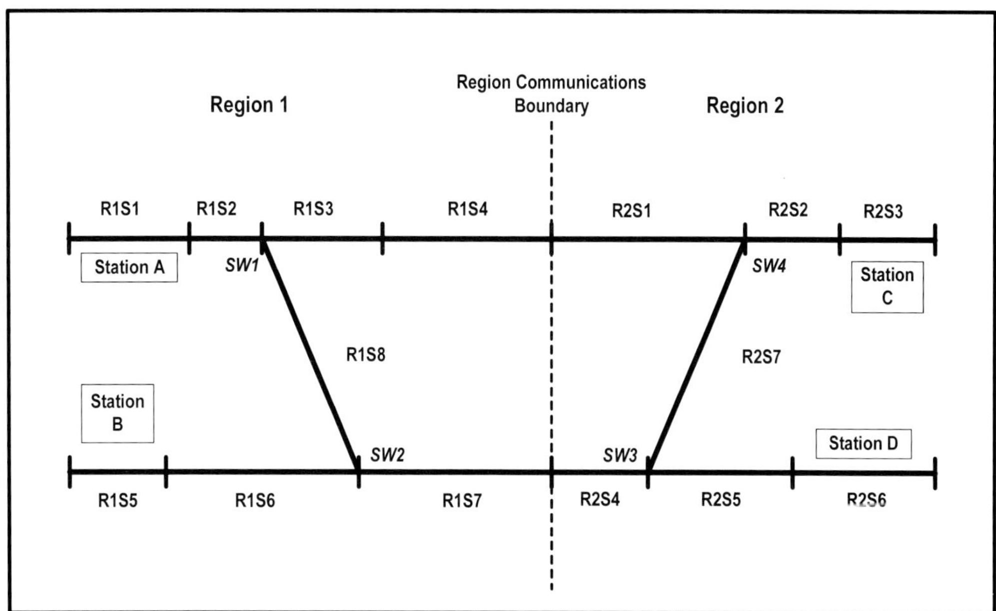

그림 7-15 : 전형적인 Flexiblok™ 세그먼트 배치도

각 세그먼트는 그와 관련된 이름이 있어서 자신의 지역번호와 세그먼트 번호(그 지역 내에서)를 포함한다. 그래서 A 역과 관련된 세그먼트는 R1S1(지역번호 1 세그먼트 번호 1)이라 부른다. 그러므로 유도로의 모델링은 "유도로 위에 펼쳐진" 세그먼트의 집합일 뿐이다. 그렇다면 세그먼트의 배치는 Flexiblok™ 시스템 내에서 위치를 결정하기 위한 것이다. 위치의 결정은 "이동폐색 조정시스템"(MBCS)이라 부르는 시스템에 의해 이루어진다. 세그먼트 내의 하나의 위치를 오프셋 이라 부른다. 그러므로 MBCS 내에 있는 열차의 위치는 지역번호, 세그먼트 번호, 그 세그먼트에 들어간 오프셋에 의해 주어진다. 세그먼트 오프셋은 항상 "시스템 정위 방향"으로 설정 되어 있다. 열차의 움직임은 MBCS를 통해서 제공된다. MBCS가 토목 배치와는 독립적이지만 필요한 모든 배치에 대해서 "도해"될 수 있다는 점에 주의해야 한다.

기준점

Flexiblok™에서 사용되는 다음의 개념이나 "도구"를 "기준점"이라고 부른다. 실제로 기준점은 "개념"이 아니라 "실질적인" 장치이다. 이것은 "위치에 관한 데이터"를 가지고 있는 "수동형 장치" 또는 "수동형 태그"이다. 이러한 태그들은 유도로를 따라 놓여 있으며 MBCS의 형식으로 그들 자신의 위치에 관한 데이터를 가지고 있다.

이 태그들은 열차가 태그를 통과할 때에 사용된다. 태그는 열차의 태그 판독 안테나로부터의 RF 에너지에 의해 에너지를 얻는다. 그러면 태그는 자신의 위치를 열차에 보낸다. 이 태그 위치는 열차 제어시스템 내에서 다음의 두 가지의 중요한 요소를 위해 열차에서 사용한다.

1. 열차 위치의 검증
2. 열차 상태의 오류 정상화(아래에서 상세히 검토)

다음 그림에서는 어떻게 열차들이 기준점들을 사용하여 자신의 위치를 검증하는지 보여주고 있다.

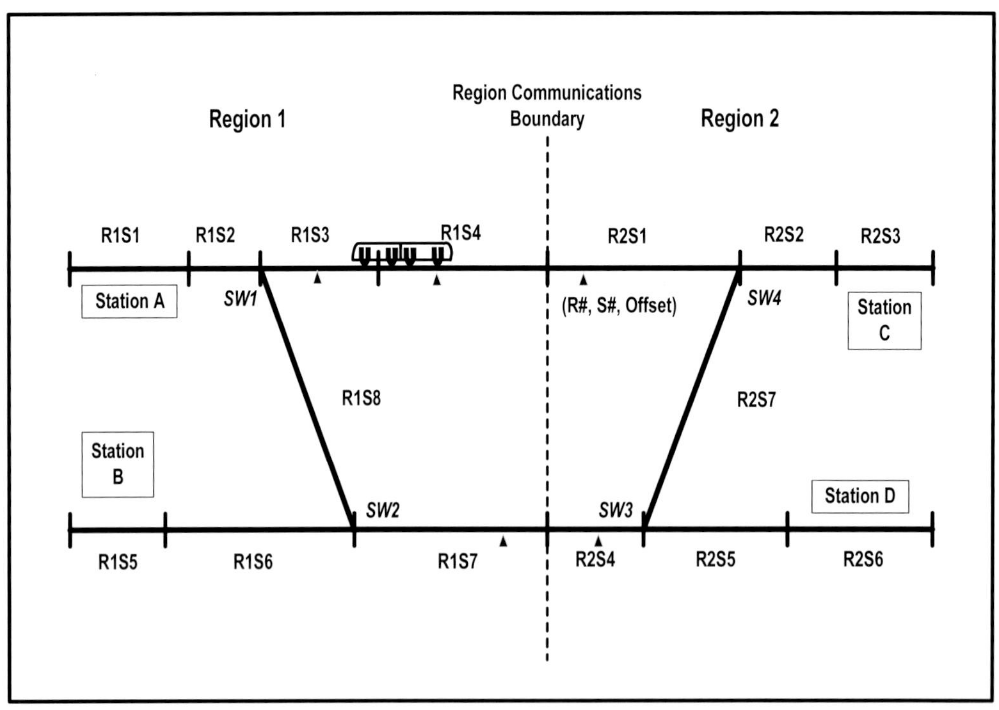

그림 7-16 : 기준점의 배치

열차는 자신의 진로를 따라 진행을 할 때 기준점과 만난다. 열차는 기준점 태그에 있는 위치 정보를 읽고 자신이 계산한 위치와 태그의 위치를 검증한다.

기준점을 사용하는 두 번째 목적은 열차에서 발생된 위치 오류의 재 정상화이다. 열차가 자신의 진로를 따라 움직일 때 열차는 차상 위치시스템을 사용하여 연속적으로 자신의 위치를 계산한다. 이 시스템은 결합 오류를 가진 타코미터로 구성되어 있다. 이 오류는 열차가 자신의 진로를 따라서 계속 움직이면서 발생한다. 열차 제어시스템은 이러한 위치 오류 발생의 최대치를 정해놓으며 기준점은 이 위치의 오류를 최소치로 "재설정"하는데 사용한다.

충돌점

충돌점은 다음과 같이 정의된다.

- "열차가 넘어가도록 허용되지 않은 유도로의 한 위치"

지역 ATP는 이 충돌 점을 사용하여 People Mover 시스템 전체에 걸쳐 열차의 이동을 적절하고 안전하게 관리한다. 전형적인 충돌점들은 다음과 같다.

- 전방열차의 후미(동적 위치, 불변 상태 - 항상 활성)
- 선구의 종단(정적 위치, 변이 상태 - 항상 활성)
- 연동 게이트(정적 위치, 변이 상태 - 활성/ 비활성)

다음의 그림은 충돌 점들이 연동장치와 열차의 움직임을 안전하게 운영되도록 적절하게 관리하는데 사용되는 여러 가지 방법을 보여 준다.

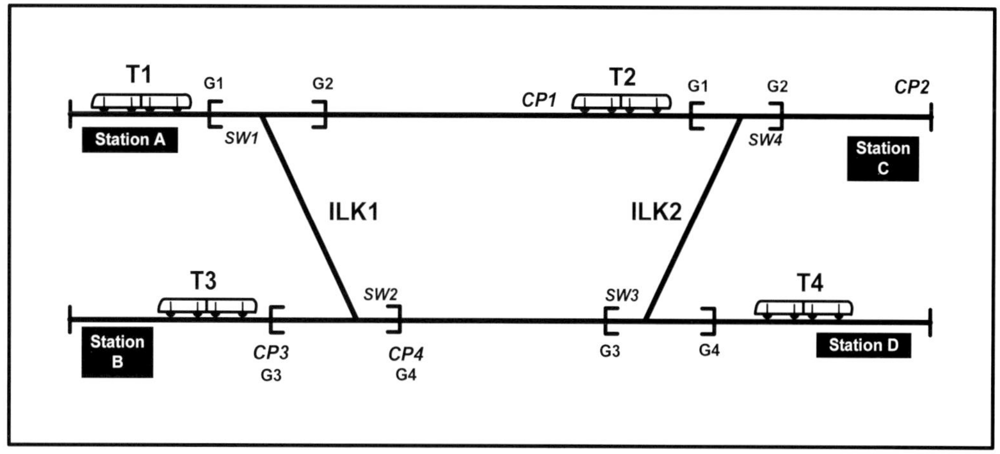

그림 7-17 : 충돌점의 활용

T1 및 T2 열차의 검토

T1은 T2를 따라가고 있으며 따라서 T1의 충돌점은 T2의 후미 위치일 것이다. T2가 C역으로 진입하고 T2의 계속된 여행은 결국 스크린에서 사라질 것이다. T1은 C역에서 정지하고 진로요청이나 다른 어떤 것이 멈추게 할 때까지 계속 진행하여 자신의 충돌점으로서 T2 열차의 후미를 만나게 된다.

Flexiblok™ 세계에서의 점유

전통적인 궤도회로 지향 열차 제어시스템에서 열차의 점유는 열차와 유도로에 장착되어 있는 궤도회로 간의 접촉에 의해 만들어 진다. 선로변 제어시스템은 그 열차 밑의 궤도회로가 절대 점유된 것으로 "본다."

이동폐색 시스템에서 열차의 점유는 열차에 의해 만들어지며 그 정보는 선로변 제어시스템으로 보내진다. 열차가 만든 이 점유는 그 열차의 최악의 제동에 바탕을 두고 있다. 전형적으로 최악의 제동 시나리오는 과도한 가속의 경우이다. 이것은 추진 시스템이 한정없이 가속하는 상태로 진입하는 경우에 발생하며 그래서 차량의 ATP 시스템으로 이를 차단한다. 다음 그림은 Flexiblok™ 세계에서 열차의 점유를 보여준다.

Flexiblok™ 점유는 차상에서 계산되는 다음의 각 요소로 만들어진다.

- **열차의 궤적** : 열차의 궤적은 열차의 길이와 앞에서 논의한 발생된 위치 오류로 만들어진다.
- **잠복 거리** : 열차가 통신주기 기간 내에서 주행한 거리.
- **초과 거리** : 열차가 과속 추진된 시간부터 VATP가 추진을 차단하는 시간 동안 주행한 거리.
- **활주 거리** : 비상 제동이 체결되는 동안 열차가 주행한 거리. VATP가 과속을 인식할 때 비상 제동이 체결된다. 제동이 체결되는 시간 동안에 무제동의 최악의 시나리오에 대한 계산을 한다.
- **비상제동 거리** : 비상제동 거리는 제동이 완전히 체결된 시간으로부터 제로 속도까지 주행한 거리.
- **요동 거리** : 제로 속도에서 동요, 활주 및 비상제동의 계산일 뿐이다. 요동 거리는 열차가 동요하거나 덜컹거리는 경우 정지할 때까지의 거리이다.

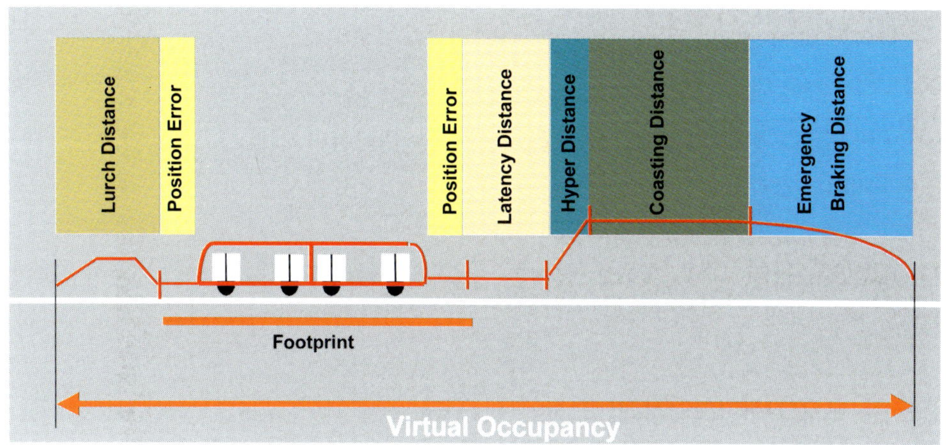

그림 7-18 : Flexiblok™ 세계에서의 점유

이들 거리 각각의 합은 열차의 "가상 점유"라 부른다. 점유를 "가상"으로 부르는 이유는 열차가 실제로 그 선제의 거리를 "점유"하고 있지는 않지만 잠재적인 제동 계획으로 유도로의 이 부분을 "사실상" 점유할 것이기 때문이다. 열차의 점유는 열차가 "충돌점"으로 주행하는 것을 방호하기 위해 사용된다. 열차의 가상 점유를 열차의 충돌점과 공동으로 사용함으로써 선로변장치의 방호와 협력하여 안전한 열차의 분리와 움직임이 달성된다.

7.3.10 Bombardier 대량 교통시스템의 안전성 및 표준

훼일 세이프 설계 원리

훼일 세이프 설계 원리는 시스템이 다음과 같은 상황에서 안전한 상태로 복귀한다는 의미이다.

- 구성품의 고장
- 절차상의 오류
- 고온 또는 저온과 같은 외부적인 영향
- 시스템의 적절한 운영에 영향을 주는 불리한 환경조건

훼일 세이프 설계를 위한 절차

모든 사양은 개발단계 기간 중 안전에 관한 특별한 자격을 가진 검사원에 의해 점검

되어야 한다. 사용될 바이털 계전기는 훼일 세이프 형태로 신뢰도를 근거로 채택되어야 한다.

계전기는 현장운영에서 실제로 충분하게 증명되어야 하며 신호시스템에만 사용되는 특별한 형태이어야 한다.

Ebilock과 Ebicab은 훼일 세이프 설계를 보증하기 위해 여러 가지 방법을 사용하여 개발되었다.

다양화된 프로그래밍(Ebicab과 Ebilock)

모든 안전 기능은 A 프로그램과 B 프로그램을 통하여 병렬로 수행된다. 이러한 프로그램들은 동일한 기능을 가지고 있지만 그 기능을 다르게 시행하기 위해 다른 프로그래밍 팀에 의해 설계된다. 두 프로그램의 최종결과는 항상 수행되어야 하는 명령에 응답해야 하므로 프로그램의 문제는 안전하게 관리된다.

시스템 그리고 임의의 구성부품 고장 회피로 운영기간 중 하드웨어의 연속적인 제어가 이루어지도록 만들어졌다.

이중계 채널 - 중복 검사시스템(Flexiblok)

현재 Flexiblok은 자체적으로 인증된 것이지만 Flexiblok 시스템의 설계는 TUV에 의해 인증된 설계에 근거한 것이다.

외부의 표준

다음 기관들의 규약과 표준이 개발기간 중 사용되었다.

- 국제 전자기술 위원회(IEC)
- 유럽 철도연구소(ERRI, 이전의 ORE)
- Comite European de Normalisation Electrotechnique(CENELEC)

7.4 Siemens Transportation System Rail Automation

7.4.1 주 위치

독일의 브라운스 바이그에 있는 Siemens Transportation System Rail Automation은 철도 자동화와 철도 통신시스템을 위한 세계 최대의 시설이다. Siemens Transportation System(TS)은 세계의 거의 모든 나라에도 지역 단위 조직을 갖고 있다.

7.4.2 주요 특징

- 대량 교통을 위한 신호시스템과 제어 시스템의 세계적 선도자
- 150년 이상의 철도 안전에 대한 경험
- 제어시스템, 연동장치, ATC 시스템, 통신시스템
- 무인 운전을 포함한 서비스의 자동화
- 기본적인 구성품의 전체적 포트폴리오
- SIMIS®원리(Siemens 안전성 마이크로컴퓨터 시스템)를 바탕으로 한 최대의 시스템 가용성
- 연동장치 및 자동 열차제어 시스템의 표준화된 모듈
- CENELEC 안전성 표준의 준수
- 이전 전략 및 기술
- 수년간 고객과의 파트너십
- 초기부터 신뢰도를 확인하는 광범한 시스템 시험센터
- 보수유지, 컨설팅, 훈련
- 전 세계의 운영시스템을 위한 진단, 문제의 해결, 텔레 서비스

다음과 같은 주요 도시철도에 Siemens TS가 설치되어 운영되거나 진행 중에 있다.

- 그리스 아테네의 ISAP S.A. Attiko 도시철도 A. E.
- 태국 방콕 도시철도
- 독일 베를린의 Berliner Verkehrsbetriebe
- 헝가리 부다페스트의 BKV
- 베네수엘라의 카라카스 도시철도
- 미국 시카고의 O'Hare 공항
- 중국 광저우 도시철도

· 독일 함부르크의 Hamburger Hochbahn AG
· 중국 홍콩의 Mass Transit Railway
· 한국 인천의 도시철도
· 대만 카오슝의 Rapid Transit
· 이탈리아 밀란의 Metropolitana Milanese
· 미국 뉴욕의 New York City Transit
· 프랑스 파리의 Orly 공항, RATP
· 체코 프라하의 Dopravni Podnik
· 브라질 리오의 Metro Rio
· 푸에르토리코 산후안의 Tren Urbano
· 중국 상해의 상해 도시철도 건설 공사
· 스웨덴 스톡홀름의 SL
· 대만 타이베이의 Taipei Rapid Transit
· 독일 뮌헨의 Stadtwerke M nchen mbH
· 오스트리아 비엔나의 Wiener Linien 외 다수

7.4.3 개요

Siemens Transportation System Rail Automation(Siemens TS RA)는 혁신, 경제적인 제품, 시스템, 서비스를 통하여 철도의 경쟁력을 확보한다. 혁신과 IT 역량을 바탕으로 효율적인 솔루션을 제공하여 현재 대량 고통을 위한 전자 연동장치와 자동 열차제어 및 감시 그리고 통신시스템의 공급자로서 세계에서 선도적인 위치에 있다. 더욱이 Siemens TS RA는 대량 교통 무인운전 시스템 분야에서 세계적 선도자이며 그것은 완전히 자동화된 도시철도 즉, 미래의 기대되는 시장에서의 선도자라는 의미이다. 자체적인 시험센터를 설립하여 사용시험이 된 장치와 소프트웨어를 공급하여 결과적으로 위임인도에 요구되는 시간을 상당히 절감하고 있다. Siemens는 유럽에서 가장 큰 시험선(Wegberg-Wildenrath)을 소유하고 있어 다른 공급자들이 공급한 차량장치도 시험할 수 있다.

7.4.4 시스템의 발전

Siemens TS RA는 150년 이상의 역사 위에서 돌아볼 수 있다. 1847년에 설립된 Siemens는 건널목을 위한 전자기 벨을 최초로 부설하였다. 그 후 Siemens는 기계식 연동장치에서부터 전자 시스템에 이르기까지 모든 세대의 연동장치를 공급하였다. 오늘날 제

품 포트폴리오의 범위는 제어시스템, 연동장치 설치, 자동열차 제어시스템에서 통신 그리고 그 구성부품에까지 이른다.

현행 시스템의 원리

도시철도 시스템은 도로 교통과 독립적으로 목적지까지 빠르게 그리고 신뢰성을 가지고 승객을 수송한다. 승강장에서의 정밀 정차는 승객이 좀 더 빠르게 승하차 할 수 있도록 한다. 뿐만 아니라 운영의 자동화로 고밀도 서비스와 짧은 운전시격이 이루어질 수 있다. 전자 연동장치와 컴퓨터 지원 운영 관제센터는 자동열차 제어시스템과 함께 오래전부터 시장의 표준이 된 솔루션이 되었다.

도시철도를 위한 Siemens의 주요 시스템은 다음과 같다.

· SICAS 연동장치
· VICOS 운영 제어시스템
· ZUB 200, LZB 700 및 SACEM 열차 제어시스템
· Météor
· CBTC (통신기반 열차제어)
· 신호기와 선로전환기와 같은 각종 구성품

7.4.5 SICAS 연동장치

모듈화 된 연동 시스템인 SICAS®(Simens Computer Aided Signaling)은 Siemens가 대량 교통시스템을 위해 제공하는 솔루션이다. 기본적인 SICAS 연동 시스템은 워크스테이션, 연동컴퓨터, 구성요소 인터페이스 모듈 그리고 실외장치와 연관된 궤도변 요소들로 구성되어 있다. 기본적인 버전에서 SICAS는 상업적으로 가능한 PC, 운영 및 화면표시기능의 사용자 인터페이스인 마우스와 윈도우 그리고 기록용 프린트로 구성된다. 옵션 사항인 표준 버스시스템은 자동 열차 제어시스템이나 열차 집중 제어시스템과 같은 다른 자동화 시스템과 통신할 수 있도록 한다.

SICAS 연동시스템은 사용시험을 하고 승인하는 일반적으로 수락된 SIMIS 원리에 바탕을 두고 있다. 이것은 안전성 레벨 4에 따르는 훼일 세이프 안전성을 보장한다. 오늘날까지 SIMIS원리를 바탕으로 한 100개 이상의 연동장치가 위임인도 되었거나 현재 주문 중에 있다.

그림 7-19 : SICAS 연동장치

SICAS의 분명히 정의된 하드웨어와 소프트웨어 인터페이스는 기술의 진보에 맞추어 시스템의 부분들을 재설계할 수 있도록 한다. 사용자 소프트웨어가 하드웨어와 독립적 이라는 사실 때문에 하드웨어 변경 시 용이하게 새로운 컴퓨터 시스템에 접합할 수 있다.

기본적인 SICAS 버전은 다음과 같은 기능을 수행한다.

· 포인트, 신호기 그리고 기타 실외 장치 요소들의 제어 및 감시
· 진로의 설정과 취소
· 불연속 및 연속적 차량 위치
· 안전관련 운영 및 운영의 취소
· 개별 요소들의 쇄정과 해정

이러한 기능의 범위는 자동 진로설정과 연동구역의 임시 로칼 제어 등을 포함하기 위해 확장이 가능하다.

7.4.6 VICOS® OC 운영 제어시스템

VICOS OC(Vehicle and Infrastructure Control and Operating System/Operation Management System Commuter/Subway) 계열은 Rapid Transit, 도시철도 그리고 산업 철도의 운영을 위해 특별히 개발되었다. 이것은 SICAS 연동시스템을 위한 운영제어 시스템으로 사용된다.

그림 7-20 : Gadermobanen 운영 관제센터

네트워크로 이루어진 컴퓨터와 자동화 기능을 사용하여 VICOS® OC는 대량 교통에서 효율적인 운영을 보장할 수 있다. 자동 열차추적을 통한 자동 감시와 연동장치의 제어로 자동 진로설정이 이루어진다. 시스템은 하나의 전자 연동장치에서부터 세계에서 가장 큰 운영 관제센터까지 개별적인 운영자 콘솔들로 구성할 수 있다. 뉴욕에서는 45개의 운영자 콘솔로 구성되어 있다.

표준 하드웨어와 소프트웨어를 기반으로 VICOS® OC는 미래 컴퓨터 세대에 대한 운영을 수용하도록 설계되었다.

VICOS® OC 운영 제어시스템의 성능과 기능은 확장이 가능하다. 그 범위는 현장의 단순한 연동장치 콘솔에서부터 작은 관제센터까지 이른다. 노선의 네트워크가 확장됨에 따라 추가의 콘솔이 용이하게 설치될 수 있다.

관제센터의 각 운영자 콘솔은 배속된 연동장치를 역동적으로 할당할 수 있다. 하나 이상의 연동장치가 단일 콘솔로부터 동시에 감시될 수 있다. 혼잡 시간에는 모든 콘솔에 사람이 배치될 수 있으며, 첨두 시간이 끝난 기간의 운영은 단지 몇 개의 콘솔로 모두 제어될 수 있다. 이것은 자원의 최적 사용과 함께 도시철도의 운영 특성에 맞게 직원을 배치할 수 있도록 한다.

계전 연동장치의 통합 프로세스를 위하여 VICOS OC 5 또는 VICOS OC 15 원격 제어 시스템이 잘 맞는다. VICOS OC 운영 제어시스템은 전자 연동장치 및 계전 연동장치와 통신이 가능하다.

오늘날 컴퓨터 지원 보수유지는 보다 높은 시스템 가용성 확보에 필수 불가결한 요소이다. 서비스와 진단을 위하여 전자 연동장치와 원격 제어시스템용 VICOS S&D 시스템이 있다. 서비스와 진단 컴퓨터는 전자 고장일지의 기능을 가지고 있다. 연동장치에서 발견한 고장은 언제든지 컴퓨터에 표시되고 저장된다. 이 정보는 고장의 제거와 사후 기록 보존을 위해 보수유지 팀에서 사용할 수 있다.

7.4.7 ZUB 200, LZB 700M 및 SACEM 자동열차 제어시스템

Siemens의 자동 열차 제어시스템은 철도 신호 및 안전을 위한 필수 구성요소이다. Siemens는 ZUB 200, LZB 700 및 SACEM 열차 제어시스템을 제공한다.

ZUB 200

ZUB 200은 기존 신호시스템에 통합될 수 있으며 또한 어느 노선에서도 적응할 수 있기 때문에 이것을 사용하는 철도 신호시스템에 대해 어떤 특별한 요건을 필요로 하지 않는다. ZUB 200 시스템은 각종 자동 기능으로 기관사를 지원한다. 예를 들면 시스템은 지속적으로 열차의 제동과 최고속도를 감시하며 또한 전방 선로 구간에 대한 정확한 속도 정보를 제공한다. ZUB 200 시스템은 또한 최적 제동곡선의 계산, 서비스 제동의 개시, 시각 및 청각 경보의 발령, 위험의 경우에는 비상제동을 체결한다.

열차는 ZUB 200 열차 제어시스템과 함께 궤도변 및 차상 전송장치의 도움으로 제어된다. 궤도변 시스템은 관련 위치에 설치되는데 예를 들면 신호기위치 또는 속도제한구역의 전방에 설치된다. 여기에 추가하여 궤도에 가설한 유도 루프는 연속적인 열차제어를 할 수 있도록 한다. 그러므로 다른 것들과 협력하여 신호기에 도달하면서 궤도코일에 결합되기 전에 “정지”에서 “진행”으로 신호 변화를 전송하는 것이 가능하다.

그림 7-21 : ZUB 200 차상 장치

수십 년 동안 Siemens의 자동열차 제어시스템은 유도결합 발진회로와 함께 작동되었다. 이 기술은 ZUB 100 자동열차 제어시스템에서 특히 신뢰성이 있다고 입증되었다. ZUB 200의 경우 데이터 또한 이 방법으로 전송되지만 가장 최신의 전자장치와 결합하여 작동한다. 이 방법으로 Siemens는 자동열차 제어시스템이 장착된 기존 궤도구간에서의 ZUB 200의 호환성을 보장한다. ZUB 200시스템은 별도의 동력 공급을 필요로 하지 않는다.

그러나 ZUB 200은 정보 전송기능도 수행할 수 있다. 운영요건에 따라 정보는 궤도로부터 차량으로 또한 그 반대로 전송될 수 있다.

1996년 이후 약 5,000개의 ZUB 차량 유니트와 16,000개의 발리스 또는 궤도결합코일이 제공되었다. 총 11,000km의 궤도(간선 및 대량 교통)에 이 시스템이 장착되었다.

LZB 700 M

ATP/ATO 기능을 가진 연속적인 열차 제어시스템 LZB 700 M은 고성능 자동열차 방호(ATP) 및 자동열차 운전(ATO)시스템으로 정시성과 운전시격 모두를 최적화 한다. 기관사는 이 시스템에 의해 일상 임무에서 해방되며 승객 안전과 관련된 문제에 좀 더 집중할 수 있게 된다. LZB 700 M 시스템은 현재의 운전 지시사항을 운전실 콘솔 화면에 연속적으로 표시하며 열차속도를 연속적으로 감시 한다. 그러므로 색등식 신호기는 더 이상 요구되지 않는다. LZB 700 M에서 "M"은 모듈화를 의미한다. 즉, 시스템이 요구사항에 적응할 수 있으며 확장이 가능하다는 것을 의미한다.

LZB 700 M 시스템은 ATP와 ATO 요소로 구성되어 있다

ATP 요소는 열차 운영의 신호 안전성을 보장하며 다음과 같은 훼일 세이프 기능이 제공된다.

- 속도의 감시
- 열차와 열차 간의 안전거리 유지
- 안전성 관련 제한 값을 위반하는 경우 비상제동 개시
- 진행 방향 및 역행 감시
- 역의 목적지 구역 내 열차정지 감시
- 역에서 정위치 도달 시 출입문 개방
- 임시 속도제한 구간의 진입, 감시, 소거
- 기관사 콘솔 화면표시용 기본 데이터 출력
- 무인운전 열차 역행 감시

ATO 자동열차 운전 요소는 열차의 운전을 제어하며 다음과 같은 기능을 제공한다.

- 역에서 역까지 이동의 자동 제어
- 역에서 차량 출입문의 개폐
- PTI(규정된 열차식별): 자동 열차감시 장치(ATS)로 열차 데이터의 전송
- ATS가 산출해서 설정한 동적 도착시간을 바탕으로 한 열차제어로 에너지 소모의 최적화
- 무인운전 열차 역행 제어
- 승객 정보시스템 입력정보의 제공(선택)

ATP 궤도변 장치는 연동장치와 그 궤도구간의 신호 장치로부터 수신한 데이터를 근거로 운전 명령을 연속적으로 만들어 내며 또한 이 설계 데이터를 이용하여 운전 명령을 차량에 전송한다. 궤도구간에서 열차로 연속적인 정보전송에 기존의 FTG S 궤도회로(Siemens의 무절연 원격 피드 가청주파수 궤도회로)가 채용되었다. 이들 운전명령은 목표속도, 목표 거리, 구간 최고 속도 및 그 구간의 구배로 구성된다. ATP 차상장치는 이 데이터로부터 열차의 현재 위치에서 허용되는 속도와 열차의 제동능력을 계산한다. 열차를 운전하기 위해 필요한 파라미터들이 운전실 콘솔에 기관사를 위해 표시된다.

열차의 실제속도와 주행한 거리는 위치 인코더의 도움을 받아 연속적으로 계산된다. 현재 위치에서 허용되는 최고속도를 초과하는 경우 ATP 장치는 청각 경보신호를 먼저 발령한 후에 비상 제동을 개시한다.

그림 7-22 : LZB 700 M 화면

ATO 장치의 기능적인 범위는 차량으로 전송되는 추가적인 데이터와 관련되어 확장될 수 있다. 버전에 따라 ATO 장치는 각종 기능을 수행할 수 있다. 기본적인 버전에서 ATP 데이터를 바탕으로 한 자동열차 운전은 출발, 주행기간 중의 속도제어, 다음 역에서의 목적지 제동 그리고 출입문의 자동 개방이 제어된다. ATP 장치는 FTG S 궤도회로를 통하여 궤도에서 열차로 필요한 ATO 데이터를 전송하는데 활용된다.

데이터를 열차에서 궤도변 장치로도 전송하는 경우에는 추가적인 ATO 장치의 설치가 필요하다.

300km 이상의 궤도와 850대 이상의 차량에 LZB 700 M이 장착되어 있다.

7.4.8 SACEM

SACEM 시스템은 경량철도와 도시철도 시스템을 위한 고성능의 연속적인 자동열차 제어시스템이다. SACEM은 하드웨어와 기능 두 가지 모두 모듈화 되어 있다. 이것은 기존 노선의 개량에서 사용하는 신호와 제어시스템의 형태에 관계없이 사용될 수 있으며 모든 새로운 노선에 설치될 수 있다. 레일을 통해 데이터 전송을 하는 궤도회로 또는 유도 루프가 통과하는 열차와 궤도변 장치 간의 정보 전달에 사용된다.

SACEM 시스템의 핵심 기능은 운전실 차상신호의 자동열차 방호(ATP) 기능이다. 선택 범위에서 SACEM 의 기능적 특징은 철도 운영자의 요구사항에 맞출 수 있다. 자동열차 운전(ATO)과 컴퓨터 지원 보수유지 그리고 신호의 감광이 선택 기능으로 가능하다. 90초를 훨씬 밑도는 열차의 운전시격이 SACEM으로 달성될 수 있다.

SACEM은 역 지역에서 세분된 고정 폐색 구간을 만들어 짧은 운전시격이 이루어지도록 해준다. 그래서 후속 열차는 선행 열차가 승강장 구역을 완전히 빠져 나가기 전에 진입할 수 있다.

궤도변 장치는 폐색구간의 점유와 모든 열차의 이동에 관한 데이터를 수집한다. 이 정보는 진로 프로파일에 관한 다른 데이터와 함께 차량에 전달된다(허용 최고속도, 선로 구배, 분기 위치, 정지 등).

이 정보는 차상 장치에 의해 수신되며 현재의 열차 운영모드에서 현재 허용될 수 있는 최고속도로 운전하기 위하여 열차 파라미터들(제동능력, 열차의 길이 등)과 비교한다. 열차의 속도는 언제나 SACEM 차상 장치에 의해 감시된다.

SACEM 시스템은 파리의 Metro, 멕시코시티의 STC, 홍콩의 Mass Transit, 푸에르토리코 산후안의 Tren Urbano 에 시행되었다.

7.4.9 Météor

Météor는 무인운전 중량 도시철도시스템(기관사나 승무원이 없는)으로 1998년 파리에서 성공적으로 서비스를 시작 하였으며 주요 특징은 다음과 같다.

- 전자동 운영(기관사, 승무원 없는)과 역 승강장 스크린 도어 설치
- 전자동 운전 열차와 수동 또는 반자동 운전 열차의 혼합운영 가능 : 자동운전을 위한 Météor의 단계적 개량.
- 모든 운영 활동에 대해 집중 운영 관제(자동 열차운전, 역행, 주박, 보수유지)
- 승강장 및 차량 내부의 비디오 감시
- 운영 관제센터와 승강장 및 차량 내의 승객 간 전이중 음성통신
- 85초의 짧은 운전시격(예상 승객부하에 적합한)과 40km/h의 상업 운전속도
- 광범위한 보수유지 보조기능
- 매우 높은 가용성
- CENELEC 표준에 따른 안전 사례

폐색시스템 기반의 전통적 궤도회로 상에 가상폐색 개념의 시행으로 Météor의 운전시격 성능과 혼합모드 운영능력이 이르게 되었다.

정규적인 방법의 사용, 숫자에 의한 안전성 기술 그리고 완전한 중복 장치가 매우 높은 수준의 안전성과 가용성을 선도하고 있다.

7.4.10 CBTC(통신기반 열차제어)

Siemens TS 는 뉴욕의 NYCT 지하철 카나르시 노선에 CBTC 시스템을 시행하고 있다. NYCT는 다른 노선들에 대해 여러 공급자로부터 CBTC 하부시스템을 분리하여 구매하는 것을 목표로 하고 있다.

카나르시 프로젝트의 일부로 작성된 Siemens 의 상호 운영성을 위한 인터페이스 사양은 뒤 따르는 모든 공급자들이 준수할 것이다. 따라서 Siemens는 NYCT CBTC 시스템

의 표준을 설계하고 있다.

CBTC는 Météor 시스템에 근거하고 있으며 Météor 시스템이 선택된 이유는 다음과 같다.

- 파리에서 입증된 시스템가동 성과
- 안전성 증명
- 가용성, 신뢰성, 보전성
- 혼합 열차운영의 전적인 지원

CBTC의 추가적인 특징은 다음과 같다.

- 완전한 양방향 운전, 어느 두 역간에서 왕복 운전할 수 있는 연동 논리의 강화
- 열차 운영자의 실재, ATO가 허락되지 않는 경우(작업지역과 같은) 구체적인 정보를 운영자에게 제공해야 함.
- 운영 중에 용이하게 가설되는 연속적인 무선 이중 전송시스템

Météor의 혼합 열차운영 원리와 이에 의한 CBTC는 기존의 전통적 폐색시스템에서 고성능 시스템으로 운영노선의 단계적 이행을 원활하게 해준다.

CBTC는 또한 궤도변 장치를 대담하게 감소시켜 줄 것이다(궤도회로의 수).

7.5 Westinghouse Rail systems

Westinghouse Rail System은 영국 최대의 철도신호, 제어 기업으로 Invensys Rail Systems를 모기업으로 하는 세계에서 가장 큰 신호시스템 공급자 중의 하나이다.

Invensys Rail Systems의 다른 자회사들은 다음과 같다.

- Dimetronic SA(스페인)
- Safetran Systems Corporation(미국)
- Invensys Rail Systems Australia Limited.

Invensys Rail Systems의 계열 기업들은 동일한 기술개발의 혜택을 받으며 도시철도와 간선 철도의 자동화를 위해 세계에서 일하고 있다.

Invensys Rail Systems는 최근 Foxboro Transportation과 합병하여 철도관리 센터에 운영, 보수유지 그리고 수익성을 최적화 하도록 설계된 신호제어를 통합할 수 있게 되었다.

Invensys Rail Systems는 철도 신호시스템과 제어시스템에 중점을 두고 있으며 철도차량 그룹에 의해 소유되거나 영향을 받지 않는 기업이다. 전 세계에서 다양한 차량과 인프라구조 시스템과의 통합 솔루션 사업을 하고 있다.

기업경영의 초점은 신뢰하는 파트너가 되는 것이며 고객의 사업 목표를 지원하는 적절하고 신뢰성 있는 경제적인 솔루션을 최종 사용자에게 적기 인도하는 것이다.

7.5.1 주요 사항

· 전 세계에서 참조되는 신호 및 제어시스템 전문 기업
· 도시철도 ATC 시스템 기술 선도자로서 35년 이상의 경험
· 미래 입증의 ATP, ATO, ATS, 연동시스템의 전 범위
· 높은 통합성, 강건성, 가용성 시스템에 역점
· CENELEC 안전 표준에 일치
· 고도의 구성이 가능한 ATC 플래트홈 TBS 100. 기존 신호시스템에 중첩 가능하며 성능 증가를 위한 업그레이드 가능
· 세계 최초의 도시철도 관리센터 인도(KCRC)
· 런던에 최신 "무선폐색" ATC 사양으로 장치하기 위한 10억불 이상의 주문

7.5.2 주요 설치 도시철도(포함)

· 런던 지하철
· 싱가포르 MRT
· 마드리드 도시철도
· 베이징 BMTRC
· 홍콩(KCRC, MTRC)
· 뉴욕

- SEPTA
- 보스턴 MBTA
- 오슬로의 Sporveier
- 마닐라 도시철도
- 부쿠레슈티

7.5.3 개요 - 철도의 실질 요구 충족

Westinghouse Rail Systems Ltd(WRSL)는 120년 이상 간단한 단선철도에서부터 중량수송 화물철도, 도시 간 철도, 교외철도 그리고 도시의 대량 교통시스템에 이르기까지 모든 종류의 철도 요구에 충족하는 광범한 범위의 장치, 시스템, 서비스를 제공하는 철도 신호시스템을 공급하였다.

이 책의 다른 곳에서도 본 바와 같이 Westinghouse는 세계의 도시철도 신호시스템을 위한 중요한 기술적 단계들 중 많은 부분을 담당하고 있으며 Westinghouse의 시스템은 아직도 세계에서 가장 발전된 현대의 시스템 중 하나이다. 그러나 최근 몇 해 동안 많은 철도들이 상업화 또는 민영화되어 시스템 고장에 대한 상당한 벌칙이 흔히 공급자들에게 흘러들어 갔다. 따라서 Westinghouse는 단지 좀 더 나은 이론적 여행시간(단순 직선궤도상에서 신호시스템이 어떻게 수행하는지가 아닌 흔히 철도지리를 따라 결정되는)의 제공에서 철도의 사업상 요구사항을 충족하는 총체적 대책을 제공하는 것으로 옮겼다.

현대 도시철도의 실질적인 요구사항은 무엇인가

이 책의 제 1장과 다른 장에서는 현대의 운영자나 당국의 실제 요구에 대한 통찰력을 준다. 이들은 다음과 같은 사항을 제공하는 것으로 요약될 수 있다.

- 최신의 모든 안전요건 준수
- 오늘날 그리고 가까운 장래에 실제 철도의 수송 요구사항 충족 그러나 수송능력의 증가가 필요할 때 업그레이드가 용이해야 한다.
- 높은 수준의 가용성 그러나 시스템 고장 시 즉각 합리적인 수준의 서비스로 대체
- 정상적 서비스에 대해 최소한의 지장으로 도입될 수 있어야 한다.
- 구식화 또는 미래의 구매 경향 모두에 관한 미래 입증
- 혼란을 관리하고 철도의 경제성에 기여하는 유용한 열차조정 특징을 가진 제어 시스템

· 포괄적 지원 즉, 보수유지 및 정밀검사 그리고 신호 및 제어시스템의 고장으로 인한 모든 성능체계의 위험을 다루는 고정된 주기적 평가

이러한 요구사항들은 오늘날 좀더 깊게 고려되고 있다.

최신의 모든 안전요건 준수

Westinghouse의 장치는 최신의 모든 CENELEC 요건을 준수한다.

오늘날 그리고 가까운 장래에 실제 철도의 교통 요구사항 충족

고객에 대하여 수송에 관한 요구사항의 적절한 수준은 어떤 것인지를 이해하는 것이 우선 중요하다. 포드사를 위한 요구사항에 롤스로이스의 운전시격을 제공할 이유가 없다. 마찬가지로 회차 운전에 의해 운전시격이 제한되고 있을 때 직선구간에서 노력하여 운전시격 성능을 제공하는 것은 별로 얻을 것이 없다. Westinghouse는 이러한 상황을 다음과 같이 해결하고 있다.

· 공급자와 협의하여 적절한 수준의 복잡성(그리고 비용)을 선택할 수 있는 경우 모듈화 된 ATC 시스템(TBS 100)을 제공
· 우수한 시뮬레이션으로 그 과정을 지원
· 사업기반의 관제센터로부터 열차 조정(아래 참조)

수송능력의 증가가 필요할 때 용이하게 업그레이드 할 수 있어야 한다.

TBS 100으로 모듈화 된 ATC는 중대한 혼란 없이 그리고 시스템 플래트홈 또는 하드웨어의 상당한 변경 없이 단계적으로 업그레이드 할 수 있도록 설계되어 있다.

높은 수준의 가용성

신호시스템의 가용성은 시스템의 가장 약한 요소만큼 약하지만 Westinghouse는 이러한 요구사항을 다음과 같이 해결한다.

· 중복 채널의 ATP(2 out of 3)
· 비상 대기 WESTRACE 연동장치
· 단순하고 강건한 장치(궤도회로, 광섬유, 누설 피더 등)
· 검증된 스타일60 장치에 근거한 높은 가용성의 새로운 SURELOCK 선로전환기

시스템의 고장 시 즉각 합리적인 수준의 서비스로 대체

Westinghouse의 새로운 무선 폐색 TBS100은 기존 시스템에 중첩될 수 있다. 기존 신호시스템은 통상 그대로 유지될 수 있어 새로운 시스템의 고장 발생 시 전과 같은 수송능력이 가능하다. 이것은 실제로 런던의 PPP 업그레이드의 한 부분으로 무선 폐색이 선택되었을 때 런던의 Circle, District, Metropolitan 그리고 Hammersmith & City 선에서 있었던 사실이었다.

정상적 서비스를 위해 지장이 최소화 되도록 시스템이 도입될 수 있어야 한다.

무선 폐색 TBS100의 중첩으로 새로운 신호시스템의 대부분이 기존 시스템을 건드리지 않고 설치될 수 있다. 이것은 만약 엔지니어링을 위한 시간이 3시간 중에서 1시간으로 예정되었다면 신호시스템 차단과 복구의 안전점검에 소요되는 시간을 잃어버릴 일이 없다는 의미이다.

구식화 또는 미래의 구매 경향 모두에 관한 미래 입증

이것은 항상 문제이며 특히 마이크로프로세서의 경우 더욱 그렇다. Westinghouse는 이러한 위험을 다음과 같이 완화시킨다.

- 대부분의 대안보다 더 새로운 플래트홈 제공(TBS 100, WESTRACE)
- 플래트홈에 대해 개방구조 원칙 사용
- 구조상 하부시스템 승인을 기초로 하여 추후 하드웨어나 소프트웨어 갱신이 좀더 용이하게 승인되도록 한다.
- ETCS에 집중할 수 있는 하부시스템 즉, UGTMS의 사용
- 구식화 예방 관리시스템의 마련

혼란을 관리하고 철도의 경제성에 기여하는 유용한 열차조정 특징을 가진 제어시스템

Westinghouse의 제어기술은 신호제어 계층과 관리 계층의 두 가지 수준으로 존재한다. 신호제어계층에서 시간표 운영과 사용자 친화적인 윈도우 기반의 스크린 상에서 혼란의 관리를 최적화하기 위해 런던 지하철과 싱가포르 MRT와 협력하여 열차조정 시스템을 개발하였다.

Foxboro Transportation(현재는 Westinghouse의 일부)은 철도 관리능력을 가진 SCADA를 개발했다. 홍콩 KCR 역의 포탄에서(그림7-28) 신호제어는 견인동력의 제어, 통신, 환경

제어 및 기타의 관리시스템과 통합되어 다른 어떤 철도보다 우수하게 통합된 철도제어를 제공한다. 이 접근방법은 견인동력을 시퀀스에 따라 가속 또는 에너지 소모를 개선하도록 열차에 직접 전달할 수 있고 예방보수 등 조정을 위해 상태 감시가 중앙관제로 보내지도록 하여 미래의 철도 관리센터를 더욱 발전할 수 있게 한다.

포괄적 지원 즉, 보수유지 및 정밀검사 그리고 신호 및 제어시스템의 고장으로 인한 모든 성능체계의 위험을 다루는 고정된 주기적 평가

인프라구조가 수행 사양에 대한 벌칙에 대비하여 고정비용으로 관리되는 추세와 함께 관리자들과 대여자들은 모든 벌칙을 장치에 책임을 지워 벌칙의 위험이 그 공급자에게 돌아가기를 원한다. 이러한 위험을 수락하기 위해서는 공급자들이 1선, 2선, 3선의 보수유지를 인계 받아야 하고 그들의 모든 장치가 높은 가용성을 갖도록 설계하여야 하며 새로운 계약을 체결할 수 있도록 준비해야 한다. Westinghouse는 시스템의 높은 가용성으로 도움이 되기를 바라며 이러한 경향을 모든 Invensys 기업들의 방침으로 받아들인다.

7.5.4 시스템의 발전

WRSL은 시스템 발전의 모든 단계에서 가능한 최신의 기술을 사용하였다. 세계 최초로 자동화된 철도인 런던 지하철의 빅토리아 선은 1968년에 개통되었다. 역 부근에서 짧은 궤도회로를 사용하여 40km/h의 오버랩 이동을 적용할 수 있도록 하였다. 이것은 80초 이내의 운전시격을 가능하게 했다. 열차에 장착된 ATO 장치는 1.2m의 코드화 루프로부터 ATO 프로파일을 읽어 열차가 네트워크에서 “자동운전” 되도록 하였다. 1970년대에 WRSL은 2개의 새로운 도시철도 시스템을 장치했는데 당시에 가능했던 향상된 기술을 사용하는 시스템으로는 새로운 세대의 첫 번째가 되었다. 이들은 1975년에 개통된 마드리드 도시철도 7호선 그리고 1978년 개통된 홍콩 Mass Transit의 주요 시행단계에서 사용되었다. 두 가지 경우 모두 50Hz의 절연 궤도회로가 열차의 검지를 위해 사용되었다. 가청 주파수 코드시스템은 당시에 임피던스 본드를 통하여 궤도회로에 주입되어 속도정보의 교환을 위해 열차와 궤도변 간의 유도결합을 하도록 하였다. 빅토리아 선의 아날로그 기술은 차상 장치에 최신의 디지털 기술로 교체되어 공간과 전력을 절감하고 신뢰성을 향상 시켜주었다.

프로세서 기술이 타행운전(에너지 절감을 위한) 그리고 다수의 정지위치 사용과 같은 추가적 기능성으로 열차 운전에 보다 신축성을 주도록 ATO 시스템에 활용 되었다. 과거에 열차로 정지 프로파일을 주었던 궤도변 루프는 디지털 위치정보를 주는 고정된 표지로 교체되었다. 두 가지 시스템 모두 계전 연동장치를 사용했으며 홍콩 MTRC는 WRSL이 공급한 정교한 자동열차 감시(ATS) 시스템을 가지고 있다. 이것은 열차 출발 표시기, 타행 집중제어, 승객정보 시스템의 입력과 같은 기능성을 제공하였다.

WRSL은 홍콩에서 Island 선(ATC) Tsuen Wan까지의 최근 연장에 따른 장치와 Eastern Harbour Crossing 에 이전의 계전 연동장치를 교체하는 전자 연동장치(SSI)를 제공하였다.

기술에 있어서 다음의 중요한 발전은 프로세서의 힘과 능력의 성장이었다. 이것은 WRSL이 프로세서 기반의 ATP 시스템을 처음으로 시행하게 했으며 이것은 싱가포르의 MRTC 1단계에서 사용되었다. 처음으로 WRSL은 궤도변(코드화 무절연 궤도회로 내)과 차상에 프로세서 기술의 ATP와 ATO 시스템에 모두 다중 프로세서를 사용하도록 허용됐다. 계전 연동장치가 기본적인 쇄정과 폐색기능에 사용되었지만 차상 장치로 코드화 궤도회로를 통해 전달되는 속도코드도 선택되었다. 이 코드들은 열차가 주어진 구간에서 주행할 수 있는 최고 안전속도(MSS)와 열차가 현재의 구간을 떠날 때 주행해야 할 목표속도(TS) 두 가지를 나타낸다. ATP 시스템은 열차의 속도를 연속적으로 감시하여 MSS(최고 안전속도)를 지키도록 한다. 열차의 속도가 주어진 수준을 초과하는 경우에는 경보가 울리고 적절한 조치가 취해지지 않으면 비상제동이 체결된다. TS 정보는 기관사 또는 ATO 시스템이 열차를 가장 효율적인 방법으로 운전하기 위해 사용한다. 각 역의 정지지점에서 ATO에 보낸 지리적 데이터는 열차에 장착된 프로세서 기반의 ATO에 궤도회로 위치, 역 위치, 구배, 속도제한 등에 관한 세부 정보를 준다. 그러면 이 정보는 ATO장치에 의해 긴박한 ATP의 개입을 피하기 위해 마지막까지 제동을 최적화하는데 사용된다. MRTC는 환기 비용을 절감하기 위하여 각 지하 역에 스크린 도어를 설치하는 방법을 선택했다. 이것은 열차의 출입문과 연동하는 것이 필요했고 이는 각 역의 정지지점에서 궤도로부터 열차로의 통신을 통하여 수행되었다. WRSL은 규정된 열차식별 설비를 포함하는 완전한 ATS 시스템도 제공하였다. 그 다음 단계는 Woodlands 연장을 포함하여 섬 북부의 간선 루프를 완성하고 창이 공항까지 연장하는 것이었다.

WRSL은 그 후 1990년대에 계약되어 싱가포르에 자동열차 감시시스템을 교체하였다. 이 시스템은 철도에 최신 기술을 적용하는 것이며 주요 성능 지표의 식별과 향상된 보수유지 그리고 자동 열차조정에 관한 매우 향상된 기능성을 제공하는 것이다.

그림 7-23 : 싱가포르 MRT

1995년에 WRSL은 베이징 도시철도 1호선의 신호시스템을 개량하였다. 싱가포르 프로젝트와 유사한 기술을 여기에 사용했으며 다시 무절연 코드화 궤도회로를 기반으로 한 것이었다. WRSL은 이 후 신호시스템을 확장하기 위한 여러 개의 계약을 체결했다. 이들 중에 가장 최근의 것으로 베이징 도시철도가 본국인 영국과 스페인 이외의 나라에서는 최초의 고객으로 새로운 TBS 100 ATC 기술의 혜택을 보았다.

런던 지하철의 Central선은 그 길이가 80km 이상이며 역은 50개 이상이다. 1998년에 교통량이 많은 이 노선의 신호시스템을 현대적인 표준으로 개량하는 작업이 WRSL에 의해 완성되었다. 싱가포르에서 검증된 기술이 이 프로젝트를 위해 런던 지하철의 구체적 요건을 충족하는데 적합한 여러 개의 핵심 모듈과 함께 벤치마크로 사용되었다. 다시 기술의 발전은 계전 연동장치에서 WESTRACE의 프로세서 기반 연동기술까지 프로젝트를 통해서 부분적인 변화와 함께 한 걸음 더 진전 하도록 하였다. Central선에 채용된 점으로 잘 입증되었다 하더라도 WESTRACE 내에서 코드를 생성하도록 하는 것은 이번이 처음이었다. 이것은 이전에 사용하던 코드 생성장치를 제거하고 연동장치가 직접 무절연 궤도회로장치 송신기에 연결되도록 하였다. 다시 WRSL은 신호시스템 개량 노선을 제어하기 위한 ATS 시스템을 제공하는 계약을 체결하였다. ATS 시스템은 전 선구를 제어하기 위해 적은 수의 워크스테이션을 사용하여 사고와 시간표 관리를 위하여 자동 열차조정 장치를 제공하였다. 추가로 오프라인으로 시스템을 사용하는 경험을 얻도록 하기 위해서 교육장이 제공되었다.

WRSL은 런던 지하철의 Jubilee선에서도 기본적인 연동기능성을 제공하기 위해 WESTRACE 장치를 사용하였다. 아래에 설명한 TBS 100 ATC 시스템도 이 노선에서 올바른 출입문 제어와 승강장 도어 연동을 위해 열차와 궤도변 시스템 간에 고도의 통합 연동장치를 제공하였다.

7.5.5 현행 시스템의 원리와 시행

WRSL은 도시철도 애플리케이션에 적합한 미래에도 잘 견디며 가용성이 높은 완전한 범위의 현대적인 제품을 갖고 있다. 이러한 제품들은 TBS100 자동열차 제어시스템, WESTRACE 연동장치, WESTCARD ATS와 ATR, Foxboro 철도관리 센터, SURELOCK 선로전환기 그리고 LED 신호기이다.

ATC 시스템 – TBS100

TBS 100 자동열차 제어시스템은 개방구조 원리로 설계된 새로운 플래트홈의 브랜드이다. 이것은 표준모듈 세트를 기반으로 하고 있어 교통 시스템의 사양에 맞도록 적절하게 구성할 수 있다. 이것은 마드리드 도시철도에서 거의 3년간 운영되고 있으며 더욱이 런던 Jubilee선에서 현재 운영되고 있다. 이 시스템은 새로운 베이징 도시철도 13호선 열차에 장착하는 ATP에 대한 경쟁에서도 채택되었다.

TBS 100은 속도신호 모드, distance-to-go 모드, 이동폐색 모드에서 작동하도록 구성될 수 있으며 런던 지하철의 PPP 향상을 위해 구체화된 방식의 연속적인 전송을 하는 무선폐색에 이용할 수 있다. 이것은 기존 신호시스템과 병렬로 설치될 수 있고 중첩할 수 있어 이전의 ATP 시스템은 드물게 발생하는 시스템 고장의 경우 대체 설비로 둘 수 있다. 어느 주어진 선구에서 수송능력의 증가가 요구되는 경우 TBS100 시스템은 플래트홈을 바꾸지 않고 좀더 상위 버전으로 업그레이드할 수 있다.

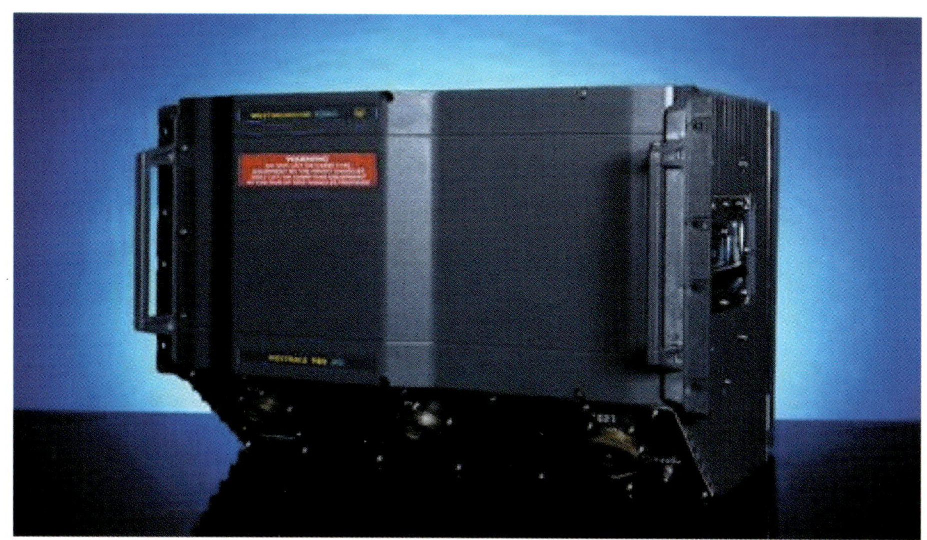

그림 7-24 : TBS100 의 내충격 봉입

TBS100 솔루션을 설계할 때 프로세서 모듈, 불연속 또는 직렬 입출력 모듈, 루프 모뎀 모듈 등이 가용 범위에서 선택된다. 이러한 것들은 모두 19" 장착 모듈로서 특정한 애플리케이션에 따라 단일, 이중, 3중 레인으로 구성되어 운영될 수 있다. 이 레인은 하부시스템 함체 내에 장착된 네트워크용 소프트웨어를 사용해서 통신하며 불연속 입출력은 관련된 모든 모듈로 보낸다. 외관장착 기술이 높은 봉합밀도와 신뢰도를 얻기 위하여 사용된다.

시스템 설계는 전자기적 적합성(EMC) 그리고 안전성과 관련한 CENELEC 표준에 따른다. 이것은 TBS100 프로젝트의 개발단계 전반에 걸친 설계 목표이었다. CENELEC 표준에 따른 소프트웨어와 하드웨어 수명주기는 프로세스 전반에 걸쳐 엄격하게 적용되고 문서화되었다.

전형적으로 새로 시작하는 철도의 운전시격 설계에서 기본적인 TBS 시스템은 궤도회로로부터 고정 폐색 속도신호 코드를 읽는 궤도코드 모듈을 사용한다.

운전시격이 큰 경우에는 distance-to-go 시스템 버전이 적절할 수 있다. 비이콘, 루프, 궤도회로 정보 또는 무선 시스템은 직렬 입출력 모듈을 통하여 ATP 시스템에 연결된다. 열차에 장착된 소프트웨어는 distance-to-go 운영으로 재구성하기 위해 갱신되지만 기타의 하드웨어 변경은 필요하지 않으며 애플리케이션에 맞는 위치결정이 준비된다. 무선을 사용하는 것은 무선폐색으로 알려져 있다. 런던 지하철의 PPP 프로젝트를 위해 선택된 이 시스템으로 완전한 이동폐색에 가까운 운전시격이 달성될 수 있으며 시스템은 기존 신호시스템에 중첩될 수 있다.

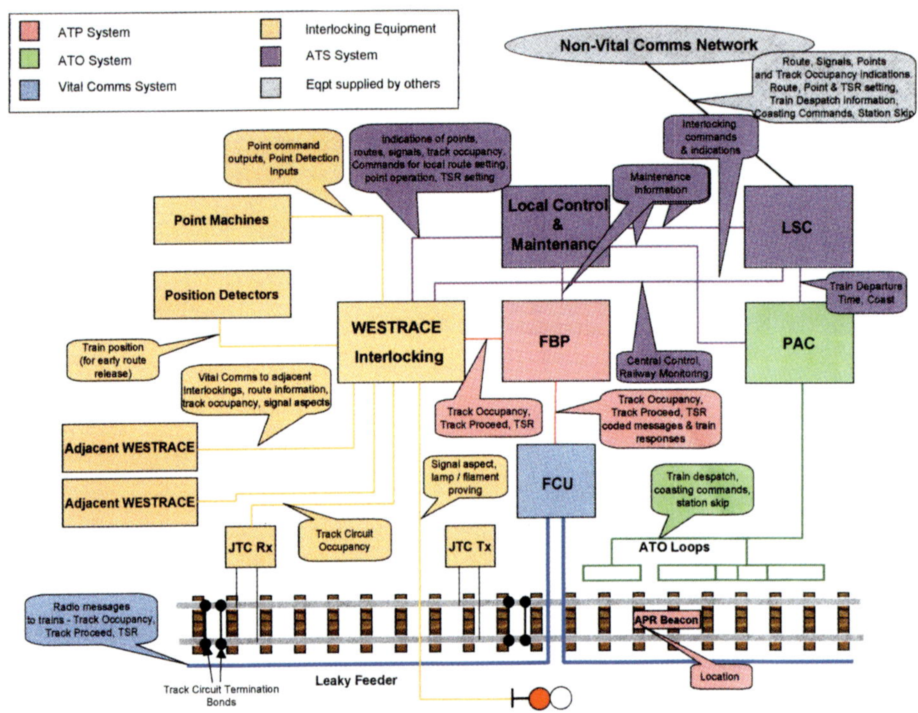

그림 7-25 : 전형적인 무선기반 열차제어 시스템의 블록도

완전한 이동폐색 구성에서 ATP 또는 ATO 하부시스템과 통일한 표준 모듈로 이루어진 이동폐색 프로세서(MBP)는 계전기실에 설치되며 연동장치에 연결된다. 그러면 여러 개의 적합한 무선 시스템 중 어느 것으로도 디지털로 연결되면 열차에 있는 이동 유니트로 링크된다. 다시 소프트웨어의 재구성은 다른 구성들 중 하나가 이미 설치되어 있다면 이행을 완료하도록 요구되는 것이 전부이다.

Invensys Rail System 모기업을 통해 WRSL은 유럽철도 교통관리 시스템(ERTMS)의 개발에 깊이 관련되어 있다. TBS100 장치는 ERTMS와 호환성이 있는 시스템으로 실행되게 구성될 수 있어 미래의 UGTMS 시스템 기준으로 적합할 수 있다.

WRSL의 TBS100 시스템의 핵심은 그 적용에 있어서 전적으로 신축성이 있다는 것이다. 어떤 수준의 ATP 시스템도 그 장치를 사용하여 적용할 수 있으며 적절한 경우 상이한 수준의 성능 간에 이행이 가능해서 자본 비용과 설치 일정을 최소화할 수 있다.

WESTRACE 연동장치

WRSL의 전자 연동장치인 WESTRACE는 도시철도 신호시스템의 필요성을 상당히 염두에 두고 개발하였다.

WESTRACE는 PC 기반의 데이터 작성 및 '계전기와 같은' 래더 논리를 사용하는 매우 신축성 있는 안전성 프로세서이다. 이것은 신호 엔지니어가 단순하게 상호 대화형식의 방법으로 특정 애플리케이션의 구체적인 논리 요건을 입력하도록 해준다.

그림 7-26 : WESTRACE 연동장치

여러 개의 모듈이 특정한 애플리케이션의 구성에 사용될 수 있다. 이것은 WRSL의 무절연 궤도회로 계열에 직접 투입하기에 적합한 궤도코드 생성을 위해 특정하게 설계된 모듈을 포함하고 있다.

WESTRACE는 안전성 레벨 4(SIL 4) 시스템이다. 안전성은 중복성보다 차라리 다양성의 원리를 사용하여 달성된다. 단순한 훼일 세이프 방법을 사용하는 그런 지역은 제외로 하고 두 개 이상의 분명히 알아 볼 수 있는 그리고 구분되는 경로로 시스템을 통과하는 방법으로 설계된다. 시스템의 높은 가용성은 대기 채널을 통해서 제공된다.

WESTRACE는 현재 런던 지하철의 Central선, Jubilee선, 오슬로 도시철도 그리고 마드리드 도시철도를 포함한 도시철도 시스템에서 사용된다.

WESTCAD 제어 및 관제

WRSL은 시작에서부터 관제센터의 설계, 제조, 설치, 시험 및 위임인도와 관련을 가져 왔다.

싱가포르와 런던 지하철 Central선과 같은 도시철도 시스템에 컴퓨터 장치의 최신 세대의 기술이 사용되었다.

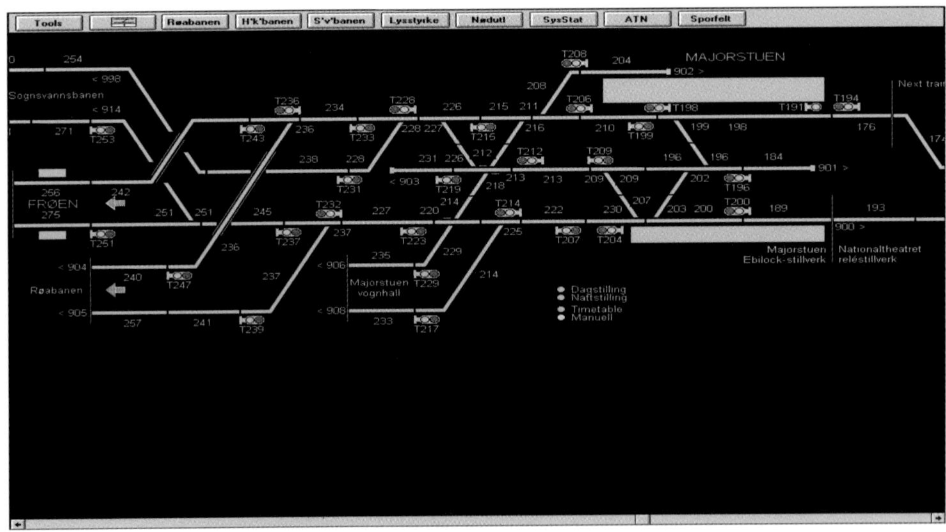

그림 7-27 : 전형적인 WESTCAD 스크린

PC기반 기술의 최근 발전은 WRSL로 하여금 재산권이 있는 하드웨어에 덜 의존하는 보다 신축성 있는 시스템을 개발하도록 하였다. - WESTCAD(WESTinghouse Control

And Display).

WESTCAD는 소프트웨어 패키지가 있는 통합 관제실로 구성되는 VDU 기반의 제어 시스템이다. 이것은 광범위한 연동장치와 함께 작동하는 신축성을 가지고 있으며 능력과 가용성 그리고 모든 고객에 의해 명시된 사용자 인터페이스를 제공하도록 구성되어 있다.

최신 WESTCAD 시스템은 마이크로소프트 NT 운영체제를 사용하는 산업용 내구성 PC 상에서 개발되었다. 윈도우 NT 시스템의 사용은 높은 비용-효율의 관제센터 시행을 가능하게 하며 충분한 신뢰도와 보안을 제공하고 동시에 대형 시스템의 네트워크 솔루션을 위한 기회도 제공한다.

Foxboro 도시철도 관리센터

Foxboro Transportation이 Invensys Rail Systems과 합류함으로써 철도관리 기술, 부분적 또는 전체적으로 통합된 도시철도 관리센터에 있어서 더욱 의미 있는 진보가 Westinghouse에 의해 제공될 수 있게 되었다.

전통적인 도시철도 관리시스템은 넓게 분산되어 독립된 기능의 제어시스템(신호 및 열차제어 시스템, 견인동력 제어, 승객정보 및 방송, 전화 및 무선 통신, 환경제어, 역관리, 폐쇄회로 텔레비전, 승객 지원, 요금 정산, 보안 및 화재관리 시스템)으로 구성되어 있다.

Foxboro와 Westinghouse는 현재 통합된 관리센터를 제공하여 도시철도 운영자들을 지원할 수 있는 시스템을 통하여 매일 도달하고 있는지 맞추어 보고자 하는 주요 성능지표의 성장 리스트(안전성, 신뢰성, 정시성, 개선된 사안, 보수유지 및 자산관리, 이용율 및 환경관리)를 제공하고 있다.

Foxboro/Westinghouse 통합 관리센터(Foxboro의 iSCADA 플래트홈을 기반으로 하는)는 모든 기초적인 도시철도의 기능적 제어시스템을 위한 전반적인 공통 사용자 인터페이스와 워크스테이션을 제공한다. 이들 기능적인 제어시스템들은 상당한 정도의 데이터 인터페이스와 데이터 이동을 하는 분산방식의 독립적이고 공통적인 플래트홈의 조합일 수 있으며 이 모든 것은 운영자에게 좀 더 높은 안전성, 운영의 정시성 및 효율, 에너지 및 환경 관리를 달성하도록 보조하는 것을 목표로 하고 있다.

그림 7-28 : 홍콩 KCR포탄 관리센터

도시철도 관리센터의 작업환경을 단순화하면 다음과 같다.

· 공통적이고 일관성 있는 사용자 인터페이스로 효율과 생산성의 증가
· 관리센터 직원의 복수 임무 수행가능(특히 피크시간이 아닌 동안)
· 증가된 시스템 복잡성 속에서 신뢰성 및 보수유지의 개선
· 모든 도시철도의 기능시스템으로부터 사고 정보 취합의 결과로 사고관리의 개선
· 자산관리, 예정 그리고 예정되지 않은 보수유지활동의 개선
· 도시철도 네트워크의 미래 확장성 허용

Foxboro는 완전히 통합된 관리센터를 홍콩 KCRC에 공급하였고 통합된 전력 원격제어 및 환경제어시스템을 홍콩 MTRC에 공급하였다.

SURELOCK 선로전환기

SURELOCK 선로전환기는 도시철도 구성에서 처음 사용되는 새로운 기계로서 성공적인 63스타일 설계에 바탕을 두고 있다. 이것은 도시철도 운영자나 인프라구조의 소유자에게 편익을 주는 다음과 같은 독특한 특징을 가지고 있다.

· 낮은 높이와 노반작업 용이

- 정밀 분해검사 간에 1백만 회 동작, 간단한 모듈화 보수
- 저 전압과 기계적 순응
- 검지 가능한 관통 방호
- 모터 브러쉬 마모 감시
- 내 홍수
- 선형 back-drive 선택
- Westwatch 조건 감시 선택

기타 장치

WRSL은 철도환경에서 사용하는 광범위한 전자, 전자기계 및 전기 유압부품도 제조한다. 여기에는 무절연 궤도회로, 신호기구, 열차정지장치를 포함한다.

7.5.6 요약 및 결론

1960년대로 돌아가 자동화된 도시철도 신호시스템 분야에서의 경험을 가지고 WRSL은 모든 철도당국에 신호 및 열차제어 솔루션을 제공하기 위한 좋은 입지에 있다. 다른 Invensys Rail Systems기업들과 함께 전 세계에 진출해서 자동화와 제어에서 세계적인 선도자들인 Invensys의 자원을 이용할 수 있다.

Westinghouse가 제공하는 특징은 매우 현대적이고 통합성이 높고, 미래 입증의 제품 범위로 ATC, ATS, 연동장치를 포함한다. 그러나 다음 사항도 동등하게 중요성을 갖는다.

- 오늘날 철도의 경제 및 운영상 요건에 대한 초점 - 높은 가용성, 하향된 모드, 지장을 주지 않는 중첩, 용량과 높은 시뮬레이션 능력을 요구하는 경우 높은 수준으로 즉시 이행할 수 있는 능력
- 통합된 철도 제어능력, 신호제어와 함께 동력제어, 유지보수의 통합, 오늘날 철도에서 요구하는 경제적, 상업적 관리에 대한 통합
- 총체적 보수유지와 정밀검사 서비스를 고정된 기간적 비용으로 제공하는 경우, 장치의 고장과 관련된 벌칙체계의 지불 위험에 대한 적절한 이전의 경우를 포함한 총체적 지원 능력

8. 사례 연구

전 세계 도시철도의 신속한 교통을 지원하기 위해 오늘날 존재하는 기술은 서로 다른 형태임에도 불구하고 이들 네트워크와 솔루션을 건설하고 운영하는데 당면하는 문제들은 흔히 그 성격이 유사하다.

다음의 네 가지는 설계내용의 검토와 시스템의 위임 인도와 운영에 있어서 채택된 솔루션을 살펴보는 사례 연구이다. 이것이 모든 것을 나타내는 것은 아니지만 이러한 사례 검토는 현재의 가능한 기술과 서비스에 투입하기 위해 사용된 기술에 대한 개략적인 통찰력을 제공한다.

8.1 사례 연구 1 - 도클랜드 경량철도

도클랜드 경량철도는 1987년 개통되었으며 기본적으로 런던 시 동부의 낙후된 도클랜드 지역의 재건을 지원하기 위해 설계되었다. 처음에는 상대적으로 낮은 수송능력의 철도 시스템으로 설계되었지만 DLR은 이 지역에서 경공업의 성장을 자극하기 위한 목표를 갖고 있었다. 그렇게 처음의 시스템 사양은 서쪽의 런던 타워, 북쪽의 스트랫포드 그리고 남쪽의 아일오브독스가 중앙의 포플라에서 합류하는 3개의 노선으로 상대적으로 규모가 작은 것이었다.

DLR은 줄곧 자동시스템이었는데 GEC Alstom에서 설계한 고정 폐색 ATC 시스템을 활용하기 시작하는데 비교적 어려움을 거친 후에 1990년대 중반 Alcatel의 이동폐색 통신 기반의 제어시스템으로 시스템을 다시 갖추게 되었다.

거기서부터 철도는 힘차게 벡톤과 루이스햄까지 연장되었고 현재는 더욱 연장되어 런던 시 공항과 테임즈를 가로질러 울위츠까지 건설되었다.

8.1.1 시스템의 설명

초기 시스템의 통계는 다음과 같았다.

길이	12.1km
역	16역
차량 편성	11량의 관절형 차량 Linke Hofmann Busch 설계
견인 동력	제3레일, 포플라에 위치한 변전소에서 750V 직류 공급
제어 시스템	포플라에서 제어하는 GEC Alstom의 완전자동 고정 폐색 시스템
차량 기지	포플라에 있는 관제센터에 위치
운전 시격	6분

표 8-1 : DLR의 세부사항

철도의 주요 부분은 부두를 폐쇄 매립하여 도상을 만들고 궤도가 건설되었다. 나머지(약 30%)는 철근 콘크리트 구조로 남쪽 노선이 건설되었다.

위임인도 이후 업그레이드와 확장계획이 거의 계속 되었다. 3개의 차량 편성, 2개의 주요 시스템 업그레이드 그리고 3개의 확장이 지난 10년간 이루어졌다. 이러한 개발 움직임은 몇 개 노선의 연장과 함께 계속 이어지고 있다.

첫 번째의 주요 개발 계획은 도클랜드 지역을 주요 상업 중심지로 바꾸는 것을 목표로 제안된 카나리 부두 개발 발표 후에 곧 시작되었다. 이것은 차량편성을 두 배로 늘리고, 역 승강장의 길이 확장, 철도 제어시스템의 변경, 철근 콘크리트 구조강화, 카나리 부두에 새로운 역 건설 그리고 뱅크 역까지 연장을 포함하는 주목할 만한 확장계획을 수행하게 되었다.

뱅크까지의 연장선은 2개의 단일 터널로 각 터널은 직경이 4.9m, 2개의 새로운 승강장을 만들었다. 이 연장은 카나리 부두와 도시 간에 직행노선을 제공하도록 설계되었으며 또한 수도의 지하철 네트워크와 직접 환승 하도록 설계되었다. 노선은 뱅크 역을 지나 단일 터널 내에서 선두를 전환하도록 하면서 종단된다. 터널은 비상시에 열차로부터 대피할 수 있도록 전체 길이에 걸쳐 승강장 높이로 폭 1m의 보도를 설치하기에 충분한 크기로 건설되었다. 연장선은 터널의 입구에 접근할 때 여러 개의 심한 구배(6%)를 포함하게 되었다. 여기에는 몇 가지 독특한 기술적 그리고 운영상의 도전이 필요했다.

그림 8-1 : 뱅크 역

서비스에 포함되도록 하는 두 번째 연장은 벡톤까지로, 카나리 부두 동쪽까지 약 8km의 거리였다. 이 연장은 포플러에 있는 중앙 교차점에서 철도와 합류하는 동부노선으로 알려지게 되었다. 이 노선의 건설은 런던 부두에서 버려진 로얄 부두 개발을 조성하도록 설계되었다. 중복된 인프라구조를 거의 사용하지 않도록 이 연장은 경사면에서 약 60%가 건설되었고 40%는 콘크리트로 강화된 고가교로 건설되었다. 8km의 연장에는 추가로 11개의 역과 새로운 차량기지가 벡톤에 건설되었다. 이 구간에서 캐나다의 Alcatel이 생산한 SELTRAC 통신기반 열차제어 시스템 1단계 도입과 Bombardier가 제작한 70량의 차량으로 운영되는 새로운 차량편성의 교체가 동시에 수행되는 위임 인도가 이루어졌다.

이 SELTRAC 시스템이 영국에서 처음 서비스가 시작된 자동 이동폐색 열차제어 시스템의 예이다. 이 시스템은 포플라에 있는 철도 중앙 관제실에서 바이털 프로그램으로 된 집중제어장치(차량제어 컴퓨터 VCC로 알려진)를 활용하여 안전한 차량의 분리와 교차구간의 제어를 책임지도록 설계되었다. 역시 포플라에 위치한 논 바이털 SELNET 관리센터(SMC)는 전체 네트워크 제어와 운영자 인터페이스를 제공하도록 설계되었다. 포인트와 차축 카운터를 포함한 궤도장치는 철도 근처에 위치한 역 제어시스템(SCS)에 의해 제어시스템과 인터페이스 된다. 차량 차상제어기(VOBC)는 자동 차량 제어기능을 제공하기 위해 설계되어 모든 차량에 설치되었다. 텔레메트리 시스템은 코드화된 전보형태로 중앙 관제실과 차량 그리고 기타 하부시스템 간에 시스템 각 요소와 교환하는 데이터 및 명령을 연속적으로 통신하도록 한다.

그림 8-2 : 뱅크 터널

이 시스템은 전적으로 모든 안전관련 중요기능을 실현하기 위해 소프트웨어에만 의존한다. 상대적으로 간단하지만 높은 통합성을 가진 소프트웨어 기반의 기능성을 개발하고 증명하는 것은 매우 어렵고 많은 시간이 소요되는 것으로 확인되었다.

안전관련 중요기능과 관계없는 소프트웨어는 약 20대까지 네트워크 된 각각의 PC로 구성되어 SMC를 구성하게 된다. 이 시스템은 모든 스케줄과 조정기능을 제공하며 일차적인 운영자 인터페이스로 작동한다. 안전관련 중요기능과 관계없지만 이 소프트웨어 역시 개발과 증명이 어려운 여러 가지 복잡한 기능을 수행한다.

SELTRAC 시스템이 텔레메트리 시스템을 통하여 열차 위치를 감시한다 하더라도 차축 카운터는 하부시스템 고장의 경우 궤도점유 데이터를 제공하기 위하여 설치된다. 클램프 쇄정 포인트가 전적으로 노스가동 크로싱을 사용하는 곳에서 분기부의 하드웨어 장치로 사용된다.

마지막 DLR 의 연장은 테임스 강 남쪽의 루이스햄까지 연결되어 1999년 11월에 서비스에 들어갔다. 이것은 25년간의 영업권을 받아 몰렘스와 하이더를 포함한 콘소시엄인 시티 그리니치 루이스햄 철도가 설계, 건설, 소유, 보수유지 하는 공적, 사적 파트너십(PPP)의 공동경영으로 이루어졌다.

이 노선은 아일랜드 가든, 커티샥, 그리니치, 뎁트포드 그리고 루이스햄의 역과 테임스 강 밑으로 대피용 보도를 갖춘 직경 5.2m의 터널을 포함하고 있다. 궤도의 형상은 자갈도상 궤도와 강화 콘크리트 고가교 상에 콘크리트 슬라브 궤도가 모두 포함된다. 연장선의 운영은 철도의 한 부분으로 함께 완전히 통합되어 포플라에 있는 관제센터의 통제를 받는다.

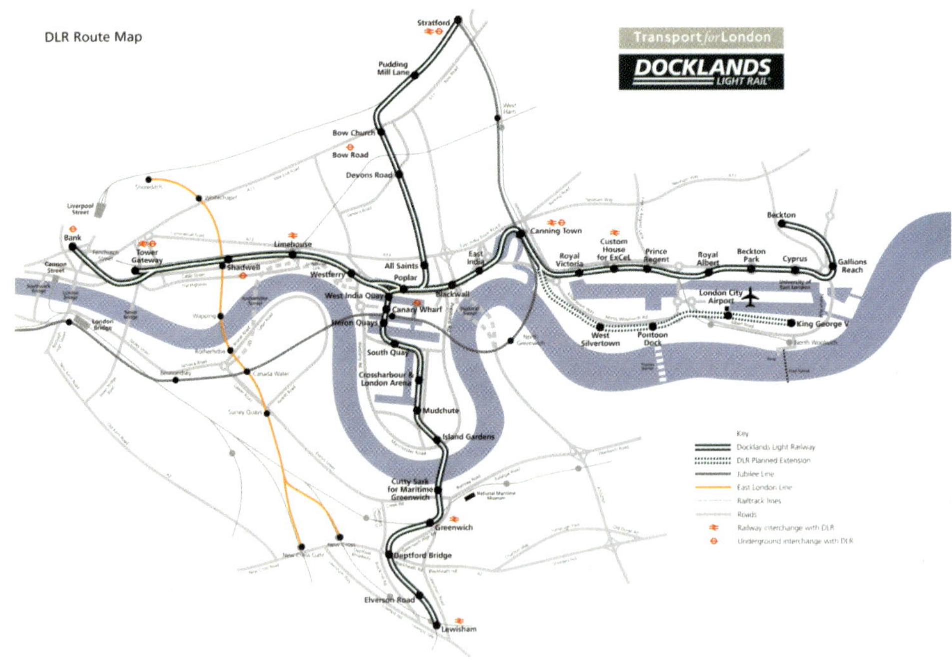

그림 8-3 : 도클랜드 지도

현재의 시스템에 대한 통계는 다음과 같다.

길이	30km
역	34역
차량 편성	70량의 관절형 차량(현재 94량으로 증가), Bombardier 설계 공급
견인 동력	제3레일, 7개소의 변전소로부터 750V 직류 공급
제어 시스템	SELTRAC 완전자동 전송기반 이동폐색시스템, 캐나다 Alcatel 공급
차량 기지	포플라와 벡톤에 위치
승객	15만 명/1일
운전 시격	90초 이내

표 8-2 : 연장 통계

궤도는 36kg 레일로, 서부 노선은 50kg 레일로 만들어졌다. 설계는 합리적으로 콘크리트 궤도 슬라브 구간에서는 패드상에 에폭시 경화 레일 체결구를 올리는 팬드롤 고정방법을 활용하고 자갈도상 구간에 F24 형 콘크리트 침목을 활용하도록 설계되었다. 철도 전반에 걸쳐 상당수에 이르는 70m 이내의 모든 곡선구간에 UIC 33 체크 레일이 광범하게 사용되었다. 궤도에 윤활유를 공급하기 위하여 각 상업운전 차량에 오일을 적재하여 플랜지 윤활제로 사용하였다. 망간 크로싱이 광범하게 사용되어 철도에서 특히 가장 많이 사용되는 크로싱의 마모를 감소하도록 하였다.

철도가 주거지역을 여러 곳 지나고 있어 그 결과 소음과 진동의 최소화가 중요한 사안이었다. 이 문제를 해결하기 위하여 레일 체결구 밑에 놓이는 탄성 고무 "딤플 패드"의 사용 그리고 카나리 부두지역에서 "쾰른 에그" 레일 체결구 사용에서부터 "플로팅 미니 슬라브"의 설치까지 많은 대책들이 적용되었다. GERB Schwingungsisolierungen이 공급한 진동 방지 베아링 위에 올리는 플로팅 궤도 슬라브는 진동을 최소화하기 위해 설계된 루이스햄 테임즈 터널 내에 설치되어 있다. 추가로 망간 주물 "노스 가동" 크로싱이 철도에서 좀더 소음에 민감한 여러 곳에 설치되었다. 이러한 소음 감소 조치들은 여러 곳에서 전체 높이 그리고 절반 형태의 각종 소음차단 벽으로 보강되었다.

철도를 운영하고 보수 유지하는 계약은 1998년 경쟁 입찰을 통해 Serco Docklands와 이루어졌다. 이 계약은 현재 런던 교통(TfL)의 일부가 된 공기업 도클랜드 경량철도 주식회사가 관리하고 자산을 소유하며 철도를 운영하고 유지(루이스햄 연장선의 보수유지 제외)하는 7년간의 독점운영권의 근거가 되었다. 독점운영권은 수직적으로 통합된 구조에서 DLR의 운영과 보수유지의 전 범위에 대해 책임을 지는 것이며 차량, 궤도, 제어시스템을 포함하는 철도 전체의 성능에 대해 책임을 지는 것이었다. 보수유지 체계는 차량편성의 보수유지와 관련된 모든 문제에 대해 책임을 지는 차량정비 부서 그리고 궤도, 구조, 역, 제어시스템의 보수유지에 책임을 지는 궤도보수유지 부서로 조직되었다. 가능한 한 보수유지 노력은 철도의 모든 자산에 적절한 체계가 적용된다는 것을 확실히 하기 위해 자산 상태와 사용에 연결되어 있다.

캐닝타운 역과 런던 시티 공항 간 그리고 북부 울위츠의 철도 추가 연장은 현재 계획 단계에 있다. 이 연장은 실버톤에 있는 성장 주거지역에 대한 서비스를 포함하여 런던 시와 카나리 부두 양 도시로부터 지속적으로 성장하는 도심공항 사용 교통수준을 충족하도록 직접 연결하도록 하는 것이다.

8.1.2 SELTRAC 시스템의 운영

SELTRAC 시스템은 DLR 상에서 분명히 구분되는 네 단계로 서비스를 시작하였다. 앞에서 언급한 바와 같이 첫 단계는 당시에 새로이 건설된 벡톤까지의 연장을 위해 시스템을 도입하는 것이었다. 이를 위해서 새로운 연장선은 철도의 균형이 물리적으로 분리되어 원래의 고정 폐색 제어 시스템의 제어 하에서 각각 자체적인 관제실과 차량기지로 양쪽 모두 독립적으로 운영되었다. 연장 초기에는 이용자 수가 적어서 이 첫 단계는 불가피하게 신뢰성의 부족을 허용할 수 있어 시스템이 상대적으로 낮은 위험의 운영환경에 노출되는 것으로 나타났다. 다음 단계에서는 이러한 이점을 누릴 수 없었다.

1990년대 후반 DRL의 이용자 수는 거의 그 수송능력에 가깝게 도달했다. Jubilee선 프로젝트의 지연으로 SELTRAC 시스템이 철도의 균형을 맞추도록 도입되어야 했으며 이것은 당시 카나리 부두 개발지역까지 연결하는 유일하고 주된 교통수단이었다. 이것은 중요한 문제를 제기했다.

SELTRAC 시스템은 기존 제어시스템 위에 중첩되도록 설계되었다. 그럼에도 불구하고 원 설계와 같이 철도의 모든 요소는 어느 한 시점에 어느 한 시스템의 제어 하에 있을 수밖에 없었다.

지금까지의 경험으로 개발의 현재 단계에서 SELTRAC 시스템에 대한 어떤 변경도 주요 성능의 축소를 동반할 것이며 신뢰성은 더욱 떨어질 것으로 나타났다. 따라서 뱅크에서 카나리 부두까지 주 노선에 시스템을 연장하는 것은 문제의 밖이었다. 이것으로 스트랫포드에서 카나리 부두까지의 노선이 시스템에서 확장할 수 있는 유일한 노선으로 남게 되었다. 그러나 이 계획에 더욱 복잡한 문제가 발생했다.

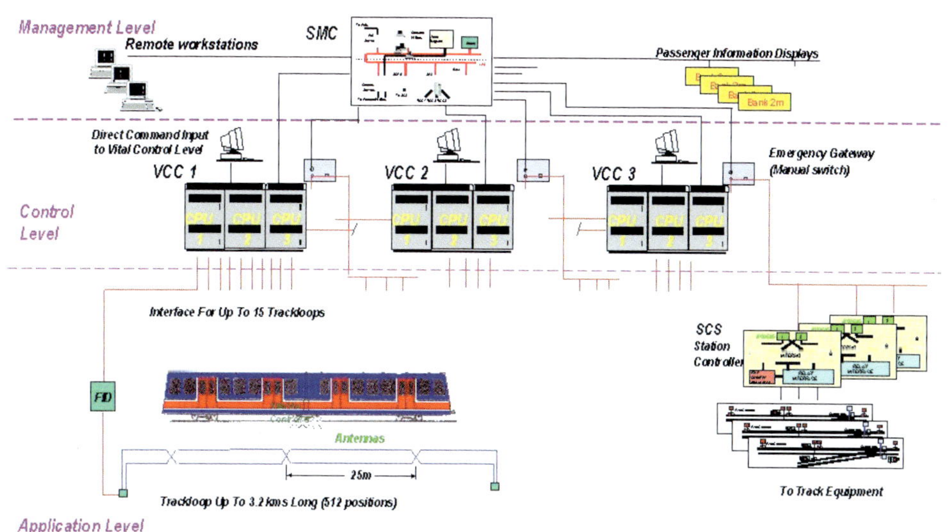

그림 8-4 : SELTRAC 시스템

철도 노선도를 살펴보면 포플라에 있는 차량기지가 유일하게 뱅크에서 카나리 부두까지의 노선에 차량을 공급할 수 있다는 점을 알 것이다. 어쨌든 스트랫포드 노선을 SELTRAC 시스템 운영으로 전환하는 것이 이 연결을 효과적으로 만들 것이다. 철도당국은 이 문제에 대해 공유되는 인프라구조 지역에서 두 시스템 간의 효과적인 인터페이스로 대응하였다. 이것은 포플라 기지로부터 뱅크에서 카나리 부두까지 서비스되는 차량 제공을 계속하도록 허용하는 동안 심하게 사용되지 않는 스트랫포드 노선으로 시스템을 확장할 수 있도록 하였다.

SELTRAC 시스템 개발에서 세 번째 단계는 신뢰성이 적절하게 나타나도록 철도의 나머지 부분에 시스템을 도입하는 것이다. 신뢰성에 대한 위험을 최소화하기 위해 철도는 다음과 같은 세 개의 물리적으로 분리된 "독립적인" 노선으로 관리하였다.

· 벡톤에서 포플라까지
· 스트랫포드에서 카나리 부두까지

· 뱅크에서 루이스햄까지

네 번째 단계는 그 후 12개월간에 걸쳐 시스템이 강건하게 개선된 것을 보여주고 점진적으로 서비스들을 통합해 나가는 것이었다.

루이스햄 노선 연장의 위임인도는 이것이 철도의 나머지 구간과 통합되기 전에 “입증된” 연장과 비슷한 과정을 밟았다.

자신의 능력에서 운영되고 있는 철도에 SELTRAC 시스템의 이러한 힘든 단계별 도입 과정이 철도를 운영하는데 위험을 내포하지만 그러한 중요 변경이 도입될 수 있다는 것을 발견하게 되었다. 경험을 통하여 제어시스템이 지리적 틀의 변화와 초기 성능을 축소하는데 받는 스트레스 수준에 대해 어떻게 반응할 것인가를 예측하는 것이 어려웠다는 것을 알려주었다. 따라서 단계적이고 측정된 접근방법은 시스템이 기대한 대로 반응하지 않는 경우 각 단계에서 가능한 복귀 경로가 함께 채택되었다. 이 접근방법은 카나리 부두 개발에 중요한 교통수단 연결을 유지하는 동안 새로운 제어시스템을 인도하도록 하였다.

8.2 사례 연구 2 - 런던 지하철

여행승객	953백만
승객 km	7,451
열차 km	65.4백만
노선 km	415
역	272
차량 수	3,892

8.2.1 서론

도시철도 신호시스템의 검토는 흔히 모든 철도 운영회사가 당면하고 있는 다음과 같은 세 가지 주된 문제를 다루는 것이 필요하다.

1. 현대의 신호시스템은 왜 그렇게 복잡해야 하는가
2. 이들 시스템의 초기 신뢰도를 향상시키기 위해 필요한 것은 무엇인가
3. 시스템의 인도를 개선하기 위해 필요한 것은 무엇인가

도시철도는 오래된 시스템과 새로운 시스템으로 구분할 수 있다. 오래된 시스템은 서비스가 악화 되도록까지 시스템이 노후 될 때 자원을 많이 투입하고 모든 것이 좋게 보일 때는 새로운 자원을 거의 할당하지 않는 시간의 경과에 따라 자원의 할당이 불규칙한 경향이 있다.

그 대신 새로운 도시철도는 통상적으로 기본적인 인프라구조를 준비하기 위하여 충분한 자금을 가지고 시작하며 당연히 최신 기술을 사용하는 경향이 있다. 많은 새로운 도시철도는 현재 새로운 기술로 첫 번째 중요한 업그레이드를 할 시점에 도래하고 있거나 아니면 이미 완료하였다.

8.2.2 네트워크

런던 지하철은 '구형 도시철도'라고 간주될 수 있는 많은 예를 갖고 있다. 많은 노선들이 현재 40년 이상 된 신호시스템을 갖고 있으며 어떤 것은 거의 50년이나 되었다. 인프라구조가 다른 시대에 설계되었으므로 승강장에 장치를 수용하는데 흔히 제한이 되고, 궤도 배선을 가장 잘 사용하기 위해 요구되는 현대의 장치를 장착할 공간과 또한 모든 시간에서 높은 이용률과 계속 늘어나는 이용자를 받아들이기 위해 요구되는 교통 수준을 수용할 수 있는 효율적인 연결 운영을 제공할 여유 공간이 거의 없었다.

이 때문에 신호시스템에 대한 요구는 높고 원활하고 신뢰성 있는 운영에 대한 필요가 가장 중요한 문제가 되었다. 이러한 배경에 반해 단편적인 관찰자는 그러한 결론에 도달하지 못하겠지만 실제의 신호시스템은 그 성능이 상당히 좋아졌다. 시스템에 대한 높은 요구는 모든 작은 지연에서 회복하기 어려워지게 되고 고장 시 장치에 접근하는 것은 흔히 추가적인 지연을 초래하여 조밀한 서비스로 인해 회복을 어렵게 만든다. 그 결과 수천 가지의 신호시스템 부품 중에서 하나만 고장이 난다 하더라도 그것은 "신호 고장으로 인해 약간 지연 되겠습니다"라는 익숙한 메시지를 듣게 될 것이다.

그림 8-5 : 네트워크 도표

그럼에도 불구하고 장치의 고장율은 낮아서 전형적으로 장치 당 100년에 1회의 고장 이하이다(1만개의 장치로 한 노선에서 1주에 2회의 고장을 초래하는 수준). 노후된 신호 시스템을 유지하는 비용은 교체비용과 발생되는 장애와 비교할 때 높지 않다. 개선의 대안으로 바로 접하는 분명한 혜택은, 예를 들면 새로운 차량의 구매는 흔히 재정적으로 압력을 받는 경영관리보다 훨씬 큰 유혹이다.

그리하여 구형 신호시스템을 계속 사용하려는 유혹은 그 초기 비용을 합리화하기 위해서 신호시스템의 개편에 압도적인 이점이 있어야 한다는 그런 것이다.

빅토리아 선

1960년대 후반에 서비스를 시작한 빅토리아 선은 영국 내에서 도입된 자동화된 철도의 첫 번째 예로서 유럽 최초중의 하나이다. 그때까지 신호시스템의 일반적인 설계는 열차정지에 의한 ATP와 함께 색등식 신호를 활용하는 것으로 런던 지하철 전체에 걸쳐 설치되었다. 빅토리아 선은 코드화된 궤도회로 그리고 유스톤에 위치한 중앙 관제실에서 감시하는 런던 지하철에서 개발한 자동진로 설정 및 제어시스템으로 진로설정과 스케줄 조정을 하는 연속적인 ATP와 ATO를 도입하였다.

빅토리아 선은 새로운 도시철도를 건설할 때(그 오래된 시대에도 불구하고) 적용되는 별난 원리의 전형이다. 1960년대에도 오로지 전통적인 선로변 신호에 의해 자동제어를 구성하는 신호시스템으로도 상당한 혜택을 얻을 수 있었다는 것은 분명했다.

진로 설정과 열차 운영의 자동화로 훨씬 더 일관성 있고 신뢰성 있는 열차 운영이 가능했다. 좀 더 복잡하지만 따라서 좀 더 기술적인 문제를 일으키기 쉽지만 수동 운영으로부터 초래되는 사소한 지연과 변동을 제거하는 이익은 오직 전반적인 노선의 성능을 비교할 때만이 명백해진다. 빅토리아 선이 규칙 바르게 서비스되는 성능은 다른 모든 노선을 능가한다.

그림 8-6 : 빅토리아 선 열차

새로운 노선에서 자동 시스템을 설치하는 비용은 기존시스템에 드는 비용보다 조금 더 들며 초기 비용을 토목 공사 및 차량 비용과 비교해 볼 때 자동화의 경우가 쉽게 이루어진다.

그래서 1970년대 이후의 모든 새로운 도시철도가 왜 사실상 자동 운영을 위한 장치를 갖추었는지를 알 수 있다.

센트럴 선

구형 도시철도가 당면한 다음 문제의 예로서, 센트럴 선은 신뢰성이 완전하지만 지금은 사용하지 않는 신호시스템(50년 이상 된 시스템)을 갖추고 있었다. 1990년대에 시스템의 고장률이 그렇게 높게 증가하지 않고 아직 쓸 만한 수준이었지만 시설은 악화되어 통합적인 안전이 장기적으로 보장될 수 없는 수준에 이르고 있었다. 그리하여 신호 시스템을 교체하기로 결정하였다.

이것은 빅토리아 선과는 전혀 다른 제안이었다. 센트럴 선은 극히 교통량이 많은 노선이었으며 수요가 계속 증가하여 흔히 하루 중 많은 시간을 센트럴 구간에서 최대수송 능력으로 운영하고 있었다.

여기에 더하여 차량은 오래되었고 교체가 필요했다. 따라서 현대의 자동으로 운영되는 차량으로 열차를 교체하고 신호 시스템을 교체하는 결정이 하나의 중요한 프로젝트로 되었다. 이 결정은 올바른 결정으로 판명되었으나 극복해야 할 문제는 서비스에 영향을 주지 않고 해결될 수는 없었다.

그림 8-7 : 센트럴선 열차

새로운 열차는 현대적인 견인시스템을 채택했는데 이 견인시스템의 과도전류는 구형 신호시스템과 간섭이 일어날 수 있었다. 이것은 지연을 초래할 수 있을 뿐만 아니라 잘못된 측으로 고장을 발생시키는 원인이 될 수 있었다. 따라서 새로운 열차를 운행하기 전에 이러한 영향을 받지 않도록 면역된 신호 장치가 설치되어야 했다.

이 열차들은 주행에 의해 현재의 신뢰도 수준에 도달할 수 있을 때까지 서비스 초기의 높은 고장률 기간 이전에 이들 열차자체가 시험되고 안정되어야 했다.

현재 운영되고 있는 교통량이 많은 철도에서 새로운 신호시스템을 설치하는 계획은 여러 가지 도전을 안겨 주었다. 코드화 궤도 시스템의 신호시스템 교체는 모든 궤도회로의 교체와 새로운 선로변 신호기 설치 그리고 모든 궤도에 대한 속도 코드를 준비하여야 했다. 동시에 새로운 연동장치가 제공되어야 했으며 또한 새로운 제어시스템이 도입되어야 했다. 정상적으로 이 모든 것은 시스템이 차단되는 야간에 작업이 가능한 단 몇 시간 안에 이루어져야 했다.

이러한 문제를 쉽게 하기 위해서 노신의 여러 큰 구간을 계획적으로 폐쇄하여 주 연동장치가 좀 더 용이하게 변경되어 도입될 수 있도록 했다. 이것은 종사자의 혼란과 신뢰도에 대한 위험이 있는 많은 수의 단계작업을 확장시켜 변경과정의 필요를 감소시켰다.

달성되어야 하는 일의 규모는 평가하기가 어렵다. 각 현장이 변경되면서 새로운 신호시스템의 안전한 운영을 서비스가 이루어지기 전에 시연하여야 했다. 관련된 변경의 수는 수백 개에 달했지만 여행을 하는 대중에게는 중요한 이 작업이 주는 가장 명백한 효과는 모두 부정적이었다. 새로운 장치가 정규 서비스에 끼어들어 신호와 차량고장으로 지장을 주었기 때문이다. 주말여행 역시 새로운 신호시스템과 기타 시스템 도입에 필요한 노선의 폐쇄로 영향을 받았다. 이러한 작업이 얼마나 협조가 되고 계획되었는가에 상관없이 고객들에게는 항상 불필요한 부담이었다.

시스템은 2000년 중에 완전히 도입되어 서비스를 시작하였으며 현재는 좀 더 예측할 수 있는 서비스로 더 큰 수송능력을 제공하고 있다. 그러나 이러한 프로젝트에 나서는 것은 극복되어야 하는 도전에 대한 이해가 없는 여행 대중으로부터 그칠 새 없는 비난에 직면하는 것 외에 다른 대안이 없는 철도 운영회사에게는 용기를 필요로 하는 일이다.

쥬빌리 선

그림 8-8 : 쥬빌리 선의 승강장 도어

쥬빌리 선은 세 번째 종류의 도전을 안겨주었다. 그것은 기존 노선을 연장하고 업그레이드하는 작업이었다. 계획은 열차를 자동으로 운전하여 수송능력을 이론적인 최대 수송능력까지 증가시킬 수 있는 시스템을 제공하고 지장을 최소로 하면서 기존노선을 업그레이드 하는 것이었다. 이러한 문제에 대한 대답은 물론 기존 신호시스템 위에 단순히 중첩하는 새로운 신호시스템을 설치하는 것이었다.

전송기반 신호시스템은 이동폐색 도입으로 최적에 가까운 열차 간격을 얻을 수 있다는 추가적인 이점과 함께 이러한 솔루션으로 그 가능성을 가지고 있다. 초기에는 이동폐색 시스템이 새로운 신호시스템을 위해서 선택되었지만 이러한 시스템은 프로젝트 기간 중에 아직 개발과정에 있었다. 개발에서 기술적 지연이 프로젝트 완공일자를 위협할 때는 전통적인 신호시스템 접근으로 바꿀 것인지에 대해 결정을 내려야 했다.

일단 결정으로 움직일 수 없는 마감일에 따라 위임인도 일자가 정해졌고(새천년에 맞추어 밀레니엄 돔이 개관) 모든 남아 있는 기술적 위험은 프로젝트로부터 제거되어야 했으며 규모를 약간 축소하는 것이 필요하게 되었다.

최초의 이동폐색 시스템을 개발하는데 있어 지연이 유일한 이유는 아니지만 오늘날의 안전기준에 따라 안전성 입증을 준비하는 복잡성은 관련된 주된 부분의 작업이었으며 불가피하게 개발 과정에서 지연을 초래했다.

8.2.3 제어 시스템

도시철도를 위해서 신호시스템은 전체 철도 제어시스템의 중요한 부분이다. 초기부터 신호수는 열차 서비스 정보를 역 직원과 노선 관리자에게 전달하는 책임이 있었다.

빅토리아 선이 서비스를 시작할 때쯤 선구에 대한 모든 신호제어 기능은 중앙의 한 곳에서 '열차 조정사' 그리고 '선구 관제사'와 직접 통신을 통해서 이루어졌다.

얼마 지나지 않아 '정보 보조사'가 팀에 합류하여 승객에게 열차 서비스에 관한 정보를 방송과 승강장의 승객정보 표시를 통해 제공했다. 정보 보조사는 교통량이 폭주할 때에 관제실의 업무량이 과부하가 걸리고 정보의 적시 흐름에 지장을 주는 경우 서비스의 세부내용을 전달하는데 특히 중요한 역할을 하는 것으로 알려졌다.

더구나 장애가 있는 동안 관제실에서 필요로 하는 승무원 정보를 신속하게 열차 주행 정보에 추가하여 철도제어의 요구에 맞추고 있다.

Central 선에서의 사고와 장치의 고장에 대응하는 정보를 제공하여 협조를 제공하고 보수유지 기능 역시 관제실에 도입되어 엔지니어 데스크를 경유하여 신호고장 감시시스템에 연결된다. 쥬빌리 선의 모든 선구 시스템은 중앙 관제실에서 감시된다.

역의 제어에 있어서도 유사한 발전이 역 제어시스템에서 이루어져 역에서 모든 시스템에 연결되는 역 운영실을 설립하였다. 이것은 역 감독자에게 서비스의 상태를 알리고, 자동 검표 게이트의 운영을 관리하고, 방송을 하며 역 장치의 상태를 감시한다.

8.2.4 관리 시스템

철도의 관리에 있어서 많은 변화가 있었다. 회사 레벨에서는 사기업에서부터 가까운 장래에 부분적으로 민영화되는 런던지역 교통당국까지 현장 레벨에서는 엔지니어링 분야로 조직된 개별노선의 열차운영에서부터 엔지니어링과 운영을 결합한 노선사업 단위, 그리고 민영화된 엔지니어링 제공회사를 가진 공공운영자까지 많은 변화가 있었다.

현대의 관리시스템은 민영화된 철도산업 분야에서 철도 신호시스템에 직접 인터페이스함으로써 관심이 증가된 철도의 성능을 직접 측정하는 가능성을 제공한다. 더구나 이러한 시스템은 인프라 구조로부터 최대의 성능을 얻을 수 있도록 '실시간'으로 교통을 최적화하는데 사용될 수 있다.

마지막으로 이러한 관리시스템은 자산관리를 감시할 수 있으며 고장이 나기 전에 관련되는 지역을 들어내 조명한다. 이것은 운영자와 유지보수 담당자 간에 보다 나은 통합에 대한 약속을 담고 있다.

8.3 사례 연구 3 - 파리

파리의 도시철도 시스템은 1970년대와 1980년대에 막대한 자금 투입의 혜택을 받았으며 그로 인해 대단히 현대화 되었다.

미래의 자금과 안정적 조직에 대한 분명한 약속의 강점이 일관성 있는 신호시스템을 도입할 수 있도록 하였다. 폭 넓은 규모의 자동 열차운전과 집중제어의 도입으로 그 정점에 이르렀다.

보전성과 안정적 관리구조에 대한 분명한 초점은 그 시스템으로부터 높은 수준의 신뢰성을 얻을 수 있도록 했다. Météor 노선에 무인운전시스템이 통합된 제어체계와 함께 도입되었다. 그래도 나머지 시스템을 갱신해야 할 시기가 다가오고 있으며 새로운 기술을 받아들이는 기회를 만들어 주고 있다.

그림 8-9 : 파리의 도시철도

8.3.1 파리 도시철도 신호시스템의 개요

파리의 도시 대량교통 시스템은 '메트로'로 알려져 있다. 이것은 인구밀도가 높은 파리 지역과 파리 교외의 1차 환상 위성지역을 운행한다.

파리의 도시철도 시스템은 16개 노선으로 총 연장 211.3km의 복선궤도이다. 노선의 평균 길이는 13.2km이며, 최단 노선은 1.3km에 4개 역, 최장 노선은 22.4km에 38개 역이 있다.

1998년 말에 새롭게 완전히 자동화된 노선이 서비스를 개시했는데 이 노선을 'Météo'선 또는 14호선이라고 부른다. 총 380개의 역이 있고 역과 역 간의 평균 거리는 600m이며 21km/h에서 27km/h까지 다양한 상업운전 속도로 운행하고 있다.

피크 시간에 운전시격의 범위는 4호선의 95초부터 7호선의 4분 10초까지다. 운영하는 열차 수는 각기 다른데 3호선은 4개 열차, 7호선은 64개 열차이며 열차 당 차량 수는 3량에서 6량까지 고정적으로 연결되어 운영된다. 14호선에서 역과 역 간의 평균거리는

1.1km이고 상업운전속도는 40km/h에 이른다. 5개 노선에서(14호선 포함) 차량은 고무 타이어를 장착하고 있다. 총 차량대수는 3,569량이다.

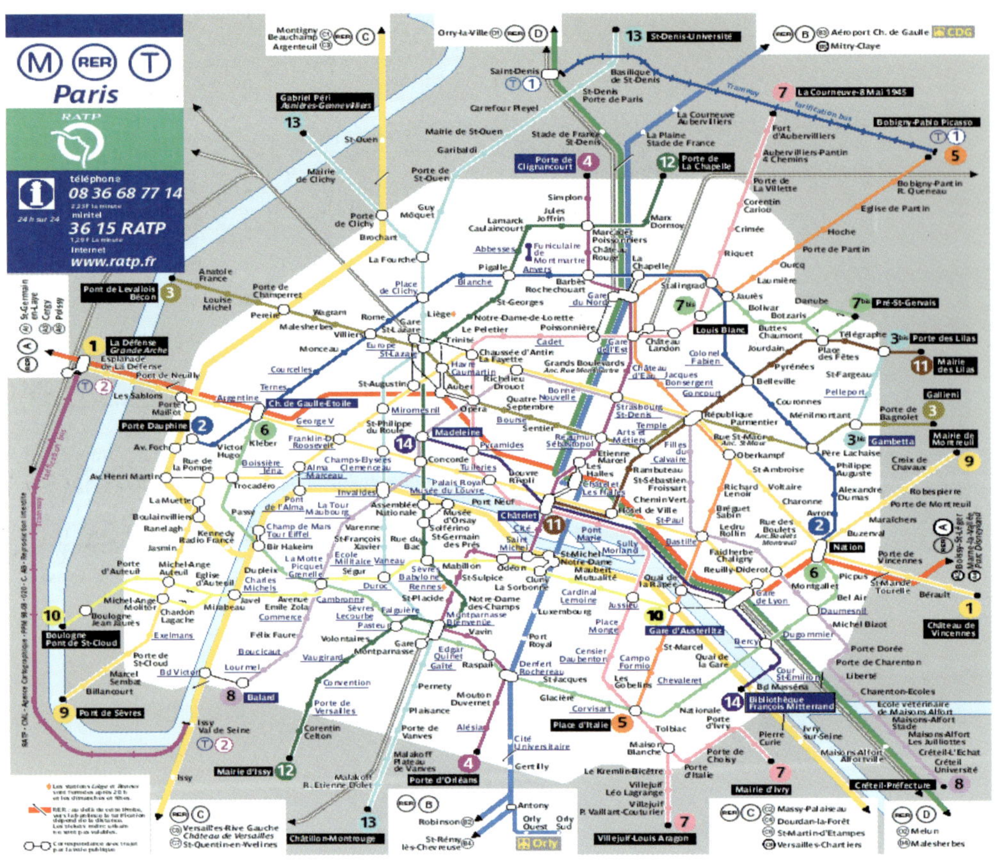

그림 8-10 : 파리 도시철도 노선도

도시철도 시스템의 주요 특성은 다음과 같다.

- 첫 열차는 오전 5:30에 출발하고 마지막 열차는 오전 1:15에 도착한다.
- 모든 노선은 운영직원, 열차 및 차량정비, 고정 장치의 소규모 보수유지에서 각각 독립적으로 운영된다.
- 다른 노선 간에 공통구간을 공유하는 경우가 없다.
- 단지 2개 노선이 종단에서 분기되는 노선이 있다.
- 모든 열차는 각 역에 하루 중 언제나 정차한다. 열차의 전도를 위한 중간 터미널이 거의 없다.

· 궤도의 일부를 사용할 수 없게 되는 경우 사고 위치에 따라 노선의 중간 터미널까지 단거리 서비스로 임시운영 되도록 설정할 수 있다.
· 새롭게 완전 자동화된 14호선을 제외하고 모든 도시철도 노선은 ATP, ATO, ATS시스템이 장치되어 있으며 ATP, ATO 두 모드로 운행할 수 있는 기관사가 탑승하고 있다.
· ATP 모드는 정지 신호를 통과하는 경우 궤도변 비이콘을 통해서 자동 열차정지를 작동한다.
· ATO 모드는 궤도에 설치된 프로그램 케이블을 통해서 작동된다.

전체 시스템의 관제센터는 2개의 인접한 방에서 열차의 감시와 조정을 하며 시스템의 모든 노선의 견인동력도 제어한다.

새롭게 완전 자동화된 'Météo'선은 별도의 관제센터를 갖고 있으며 승강장에는 스크린 도어를 설치했다. 다음해에 RATP는 도시철도 4호선에 대한 새로운 중앙제어 서비스를 할 것이다. 이것은 도시철도에서 최초의 분산제어 센터일 것이며 터미널과 선로변 장치의 제어와 감시를 포함하여 전 노선의 운영을 통합할 것이다.

8.3.2 파리 도시철도의 기존 신호시스템

파리 도시철도에는 2가지 형태의 신호시스템이 있다. 폐색신호시스템과 입환 신호시스템이 그것이다.

폐색 신호시스템

목표 : 주행허가와 충돌 회피. 신호는 2 또는 3 현시이다.

한 역에서 출발은 '출구' 신호를 사용한다. 다음 역으로의 접근은 '입구' 신호를 사용한다. 출구와 입구신호 사이에 5개까지 중간 신호가 있다. 중간 신호의 수는 요구되는 궤도 프로파일과 운전시격에 따른다. 폐색신호 시스템은 '버퍼구간' 오버랩 형태이다. 두 열차 사이에 최소한 하나의 궤도회로가 항상 개통되어 있다.

궤도회로는 열차의 존재여부를 감지하기 위하여 사용된다. 궤도회로 형태는 50Hz 가청 주파수 또는 고전압 임펄스 타입이다. 최근의 궤도회로들은 '무절연' 형태이다. 정보는 통상적으로 안전성 계전기로 처리된다. 어떤 노선에서는 전자 안전 로직(SIL 4)이 사용된다. 장치는 흔히 역 기계실에 놓인다.

각 신호는 비이콘이 장치되어 있어 위험 신호를 지나친 경우에 열차를 정지시킨다. 이 시스템은 '간선의 자동경보시스템(AWS)'과 동등한 것이며 'RPS(Répétition Ponctuelle des Signaux)'라고 부른다. 금지 장치가 모든 역에 설치되어 승객이 비상 핸들을 당기는 경우 역과 역 사이에서 열차의 정지를 방지한다.

최신 열차(MP 89)의 도입으로, 'SEQ-Sélection d'Entrée à Quai(승강장 진입구 선택)'이라 부르는 장치가 모든 역에 설치되어 있다. 열차의 올바른 측 출입문이 열차가 승강장에 정지하자마자 자동으로 열린다.

입환 신호시스템

연동장치는 다음의 진로를 관리한다.

- 터미널 운영
- 단기 서비스
- 정규, 비정규 열차, 측선 및 차량기지 운영
- 다른 노선 간의 연결

연동은 '엄정한 통로'이다. 모든 포인트는 열차에 의해 개통될 때 동시에 해정된다. 계전 연동장치는 모든 곳에서 사용된다. 대부분의 계전기는 NS1표준 계전기이다. 신호에는 2, 3 또는 4개의 표시가 있다. 각 터미널은 로칼 관제실에서 관리되며 데스크와 표시 패널을 갖추고 있다. 연동장치는 RPS를 포함하고 있으며 필요한 경우 SEQ를 포함한다.

8.3.3 궤도회로 및 선로전환기

궤도회로는 고전압 임펄스 또는 50Hz를 사용한다.
대부분의 선로전환기는 전기로 작동되며 어떤 것은 유압식이다.

8.3.4 관제 센터

주요 기능은 다음과 같다.

- 열차 서비스 조정은 이론적 운전시격을 준수하는 중요한 목표를 가지고 있으며 이것은 규칙적인 교통의 흐름을 위해 절대적으로 필요하다. 가능한 경우(혼란이 적은 경

우) 시간표의 회복을 시도한다.
- 기관사에 대한 보조, 주로 차량과 관련된 고장의 수리
- 포인트의 작동(주로 단기 서비스를 위해)
- 전력공급 중앙관제실과 계속적인 통신으로 견인동력 제어

1977년 이래 정보 담당 사무실은 유용한 정보의 수집과 수집된 정보를 적시에 역에 전송하고 특히 교통에 혼란이 있는 경우 승객에게 알리는 일을 담당하여 왔다. 각 '열차 관제사'의 워크스테이션은 표시패널과 제어데스크를 갖추고 있다.

각 노선의 표시패널은 두 개의 화면을 중첩하여 표시할 수 있다. 하나는 열차 운영을 위한 것이고 다른 하나는 750V DC(제3 레일) 견인동력 공급과 관계된 것이다.

제어 데스크는 다음과 같은 기능을 수행한다.

- 노선의 전략적 위치 그리고 입환 신호 위치와 직접 전화 연결
- 각 열차의 기관사와 안전을 위한 바이털 전화 연결, 고주파 전화(견인전력 공급 레일로)
- 원활한 운전시격을 위하여 역에서 열차를 대기하도록 하는 '명령에 따른 출발' 제어 사인
- 전 노선에 견인동력 공급을 차단하는 '일반적 해지' 제어

8.4 사례 연구 4 - 홍콩

1970년대에 자동 철도(ATO와 자동 진로설정 기능을 가진)로 건설된 홍콩은 신뢰성 있는 신호 운영을 벤치 마크하여 빠르게 그 자신을 정립했다. 일관된 높은 수준의 보수유지와 운영으로 그 명성을 유지할 수 있었지만 1990년대 중반에 들어 신호시스템은 갱신을 할 때가 되었다.

1998년에 SACEM이 다음과 같은 목표로 홍콩 대량교통 철도(MTR)에 도입되었다.

- 서비스 운전시격을 120초에서 105초로 단축
- 안전성 수준의 강화

· 신뢰도와 회복 기준의 개선
· 열차조정 능력의 개선

가장 최근에 어쩌면 홍콩에서 수행된 가장 성공적인 프로젝트는 홍콩공항 네트워크의 연장이었다.

그림 8-11 : 홍콩 공항 급행노선 차량

8.4.1 홍콩공항 철도연결

무역과 비즈니스 센터로서 중요성을 갖은 홍콩이 급성장하는 데는 이 섬의 기존 인프라 구조에서 많은 문제를 야기했다. 이것은 홍콩이 세계무역의 무대에서 그 역할에 맞게 이 지역을 개발해야 할 시점에서 잠재적인 성장률을 둔화시켰다.

따라서 이 지역에 현대적인 교통시설을 갖추는 것과 이러한 개발의 중심인 첵랍콕 신 국제공항이 없어서는 안 될 중대한 것이 되었다.

8.4.2 프로젝트

34km의 새로운 공항철도는 1998년 7월에 개통되었고 두 가지의 차별화된 서비스를 제공했다. 공항 급행 선은 첵랍콕과 홍콩 도심 간에 승객을 빠르게 연결해 주었다. 여행은 23분이 소요되었고 중간에 카울룽과 칭이에서 정차를 하며 7량 편성의 열차로 모두 좌석

을 갖춘 비즈니스 급 형태의 서비스를 제공했다.

란타우 선은 란타우, 카울룽 서부 그리고 홍콩 도심을 연결하는 좀 더 고속 수송을 지향하는 서비스를 제공했다. 이 선은 6개의 역 홍콩, 카울룽, 타이콕, 추이, 라이킹, 칭이 그리고 퉁충에서 정차하였고 라이킹에서 MTR로 환승이 가능했다. 이 서비스의 도입으로 이 지역에 두 가지 주요 혜택을 가져다주었다. 교통이 복잡한 MTR의 네이탄로드 전용도로에서 교통이 수월해지고 라이킹과 홍콩 도심 간의 여행시간이 23분에서 8분 30초로 대폭 줄었다.

8.4.3 인프라 구조

홍콩은 가장 많이 사용하는 MTR 네트워크, 교통량이 많은 교외 카울룽 캔톤 철도, 현대적인 경량철도(LRT), 전통적인 노면전차 및 강삭철도의 5가지 상이한 철도 시스템을 가지고 있다.

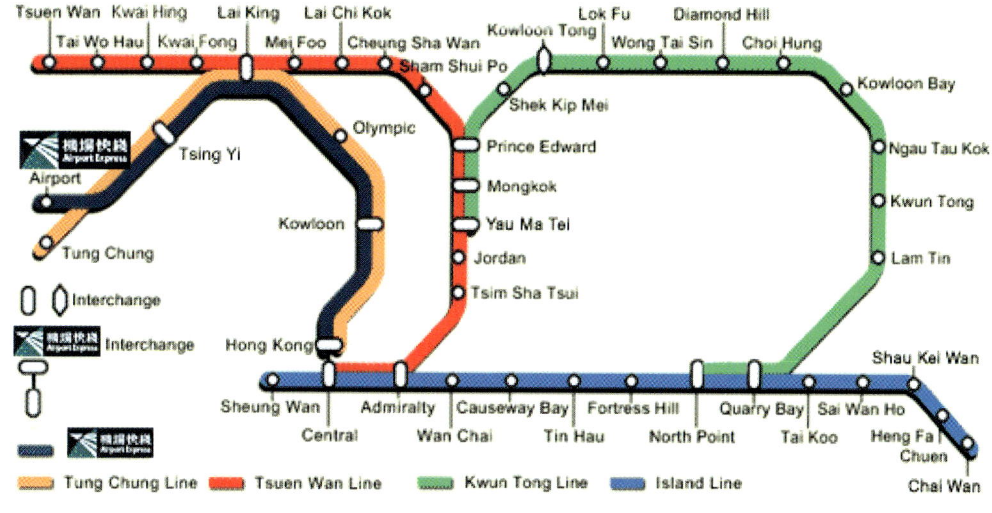

그림 8-12 : 홍콩 네트워크의 일부

각각의 철도 시스템은 독립적으로 운영되지만 이들 간에는 환승역들이 상당히 있다. 표준 궤간의 노선들이 DC 1.5kV 가공으로 전철화 되어 있으며 MTR시스템과 전체적인 호환성을 가지고 있다. 열차의 속도는 최고 135km/h로 MTR의 정규 속도 80km/h보다 상당히 빠르다.

2개의 노선에 5개의 중간 역들이 있는데 그 중 몇 개는 공항 급행열차와 란타우 선 서비스를 위해 별도로 분리된 승강장들을 가지고 있다. 새로운 노선의 8km는 터널로 빅토리아 항 밑을 지나는 방수 튜브를 포함하고 있으며 총 6km는 고가 구간을 달리고 있다. 이것은 볼만한 칭마 현스교를 포함하고 있는데 칭마 현수교는 최근 몇 년간 있었던 이 지역 최대의 엔지니어링 프로젝트 중의 하나이다. 세계에서 가장 긴 현수교 중 하나인 이 다리의 중앙 스팬은 1,377m로 세계에서 제일 긴 단일 스팬 중의 하나이다. 계약자인 영국의 코스테인 엔지니어링 건설과 일본의 미쯔이 상사가 포함되어 트라팔가 하우스가 이끄는 콘소시엄인 앵글로-일본건설이 세웠다.

노선의 많은 부분이 매립지 위에 건설되었으므로 필요한 경우 추가의 재료로 표준 자갈궤도에 버팀목을 댈 수 있다. 그러나 터널, 교량, 고가 구간은 콘크리트 기반의 자갈이 없는 궤도로 소음 공해에 민감한 지역에서는 부상 슬라브 궤도를 사용하여 소음과 진동을 차단하였다.

8.4.4 차량

서비스에 운영될 새로운 열차에 대한 계약은 각각의 서비스를 위해 두 가지로 분명하게 차별되는 형태를 규정하였다. 그러나 열차는 공통적으로 알루미늄 차체 설계로 되었다. 열차들은 공동제작 파트너인 Adtranz-CAF에 의해 제작되어 Adtranz가 견인 및 제어 장비와 훈련 목적의 운전실 시뮬레이터를 공급하였고 CAF는 차체와 대차 그리고 내장 부품, 공조 및 보조 장치를 공급하였다. 열차들은 스페인에서 조립되어 그곳에서 정적 실험도 수행되었고 최종 수락은 홍콩에서 이루어졌다.

공항 급행선은 7량 편성의 11개 열차가 운행되었으며 홍콩 센트럴 또는 카울룽 역에서 체크인한 수화물을 수송하는 수화물차량 1량을 포함하고 있다. 열차는 각 차량에 덮개를 댄 2인용 의자 2개를 마주한 64인석 의자와 카펫, 휴대 수화물용 선반도 갖추고 있다. 의자 뒷면에는 텔레비전 화면이 있어 비행 일정에 대한 최신 정보와 MTR 서비스와 여행자 정보가 제공된다.

란타우 선의 열차는 12개 열차로 구성되어 각 열차 역시 7량 편성으로 총 336명의 승객을 위한 좌석이 있으며 각 차량에 264명의 입석 승객을 위한 공간이 있다. - 이용자가 늘어나는 경우 문제가 될 수 있어 중요하다.

8.4.5 신호 시스템 및 통신

신호 시스템은 3개의 완전하게 통합된 시스템 패키지로 구성되어 있다. 열차들은 주 관제센터에서 자동으로 감시되며 열차들의 이동은 전송기반 자동열차 제어시스템과 컴퓨터에 의해 제어되는 연동장치에 의해 제어되고 항상 감시된다.

역들은 최신의 통신 및 감시시스템을 갖추고 있으며 이 시스템에는 통합된 여객정보표시(공항 급행열차와 연결된)를 포함하고 있어 매 분마다 갱신되는 여행정보가 제공되어 상세한 모든 서비스 장애 정보가 표시된다. 열차 기관사들은 비상시에 주 관제센터와 양방향 통신이 가능하다.

사용하기 쉬운 승차권 자동요금 정산장치 역시 영국으로부터 공급되었다. 승객들은 컬러 화면상의 터치스크린을 사용하여 승차권을 선택하고 지폐, 동전 그리고 신용카드로 지불할 수 있다.

이 장치는 이더넷을 통하여 주요 역의 회계시스템과 연결되고 각 역은 다운로드 받은 소프트웨어에 의해 자신의 배치가 구성된다. 그래서 예를 들면, 첵랍콕 공항 역의 장치는 모든 공항급행 선의 역으로 여행하는 것만을 허용하는 한편 다른 역의 장치들은 목적지를 공항으로 가정하도록 구성되어 있다.

8.4.6 미래

새로운 열차에 의해 예상대로 활기차게 전면적으로 운영되는 경우 공항급행 연결과 란타우 선은 하루에 약 25만 명의 승객을 수송할 것으로 예상된다.

이렇게 예상되는 성장에 부응하기 위하여 열차편성을 7량에서 10량으로 늘려 약 50%의 수송능력을 증가시킬 것이다. 신호시스템은 초기 8분 간격보다 좀 더 짧은 간격의 서비스를 처리할 수 있다. 결국 매 4분 30초마다 1개 열차가 운행되도록 운행 횟수가 증가될 것이다.

9. 세계의 도시철도 시스템

“모든 도시철도가 일반적으로 동일하다”고 생각할 수 있지만 사용된 기술, 승객의 수, 그들의 도시 구성(그리고 교외) 간에 약간의 차이로 각각의 개별성이 나타난다.

이 책의 마지막 장은 다음의 전형적인 6개 도시철도 시스템에 대한 세부사항을 살펴본다.

· 카라카스
· 홍콩
· 런던
· 마드리드
· 뉴욕
· 파리

위 도시철도에 대한 주요 요점을 열거하고 기본적 기술 시스템의 설명과 포괄적인 네트워크 도를 제공하였다. 그러나 본 장은 세계의 도시철도 시스템 중에서 몇 개에 대한 개략적인 예에 불과하다.

카라카스(베네수엘라) CAMC "Compania Anonima Metro de Caracas"			
km	45	연간 승객 수(10억 명)	0.285
노선 수	3	일일 승객 수(백만 명)	0.3916(월-토)
역	39	차량 수	463
원 개통일자	1983	열차의 길이(표준)	7량 (1호선) 6량 (2,3호선)

주요 요점

- 남아메리카에서 두 번째로 큰 규모의 도시철도
- 프랑스의 기술 및 원리
- 현재 파리에서 서비스 중인 형태에 기반을 둔 ATP 및 ATO
- 중앙 관제실에서 네트워크 운영의 제어와 감시

네트워크 개요

카라카스 도시철도 네트워크는 남아메리카에서 가장 오래된 도시철도 중의 하나이며 공공 수송 시스템으로서 이 중요한 도시의 생활과 많은 인구에 필수적인 시설이다.

2000년에 3개 노선이 운영 중에 있고 4호선의 초기 단계 작업을 마무리 중에 있으며

2003년 중에 완공을 예정하고 있다.

이 프로젝트는 프랑스 콘소시엄인 FRAMECA("France Metro Caracas"의 약자)가 책임을 맡고 있으며 콘소시엄에는 앵글로 프렌치 그룹인 Alstom, 파리 지하철 당국인(RATP) 그리고 그 국제사업 관련단체인 SYSTRA(초기엔 SOFRETU라 함)가 참여했다.

카라카스 시스템은 파리의 RATP 도시철도 시스템과 설계에 있어 매우 유사하며 프랑스 자본 시스템의 경험과 현대화 프로그램으로부터 도움을 얻고 있다.

네트워크 도

폐색 신호시스템

CAMC 도시철도 시스템은 거의 모든 곳에서 사용되는 2현시(녹색 및 적색) 선로변 신호 시스템의 표준 형태로 운영된다. 전반적인 방호를 위해 정상적인 운영에서 모든 열차에 하나의 개통된 폐색이 완충으로 사용된다.

열차 검지

열차의 방호를 위하여 카라카스에 있는 모든 노선은(차량기지와 입환 구역 포함) HVITC (고전압 임펄스궤도 회로)를 장치하고 있다.

연동장치

CAMC 네트워크(4호선 포함)는 현재 모두 PRS(자동진로 해정)의 계전 연동장치 형태이며 이것은 일반적으로 파리의 RATP와 프랑스 국철 SNCF에서 사용하는 것과 유사하다.

ATP와 ATO

ATP와 ATO는 파리 PA13(PA는 Pilotage Automatique , 프랑스 ATO를 의미)에서 유래된 것으로 '매트'나 '카펫'(때로는 "B2" 설비라는 별명으로 불림)으로 불리는 'tapis'를 사용하며 노선 전체에 걸쳐 달성될 수 있는 선로 최고속도에 상응하는 간격으로 한 쌍의 케이블을 꼬아서 만든 것이다. ATP의 고장 시 안전 측 동작은 마찬가지로 전 노선에 걸친 'tapis'의 정확한 시간간격에 의존한다. ATO는 가속율과 출입문 개방 측 등과 같은 명령을 'tapis'를 통해서 전송한다. 이것의 방호를 위해 열차에서 열차로 전송이 방해 받지 않도록 그리고 첫 번째 차량 보기 전방 차대 밑에 안정시킨 픽업 코일에 의해 속도코드를 판독할 수 있도록 'tapis'를 그 밑이나 안쪽에 위치하도록 하고 있다.

선로전환 장치

선로전환 장치는 쇄정과 첨단 제어장치로부터 작동장치를 분리하는 파리의 RATP "MJ" 시스템과 유사하다.

관제센터

대부분 현대의 다른 도시철도 네트워크와 같이 관제센터(중앙 관제실로 부르는)는 3개 노선 전부와 이들의 운영 상황을 집중하여 감시한다. 대형 TCO(Tableaux de Contrôle Optique) 표시 패널이 그 상황과 교통 상태, 에너지 및 동력공급 장치의 상태를 나타내 준다. VDU장치가 경보와 네트워크에서 발생하는 모든 장애의 효율적인 관리를 위해 전형적으로 사용된다.

홍콩 MTRC 네트워크 Mass Transit Railways Corporation			
Km	82.4	연간 승객 수(10억 명)	0.758
노선 수	5	일일 승객 수(백만 명)	2.2
역	44	차량 수	923
원 개통일자	1975	열차의 길이(표준)	182m

주요 요점

- 다른 노선 간의 상호 운영성
- 네트워크의 일부에 이미 컴퓨터기반 연동장치 설치
- SACEM 고정 폐색 신호시스템
- TKE에 FTG S타입 궤도회로, 기존 선에 CVCM, HVI 사용
- 통합운영 관제 센터

네트워크 개요

1975년에 개통된 홍콩 대량교통 철도 MTR은 많은 사람들이 현재 전 세계에서 가장 효율적인 네트워크라고 생각한다.

처음 3개 노선의 건설에 이어 1998년에 네트워크가 확장되어 홍콩 신공항까지 연결되

었다. 이 노선은 두 가지 형태의 서비스를 하도록 설계되었다. 하나는 공항까지 전용급행 서비스로 승객에 높은 수준의 편의성(각 승객을 위한 비디오 화면 및 장거리열차 좌석 등)을 제공하고 다른 하나는 "새로운 노선/새로운 도시"의 개념을 도입하는 표준 대량교통 서비스이다.

이 개념은 또한 쳉관오 연장선의 개발에 적용하여 열차들이 기존 네트워크의 열차들과 호환성이 있도록 하여 운영자가 새로운 노선에서 기존 열차를 사용하고 그 반대로 가능하도록 한다.

네트워크 도

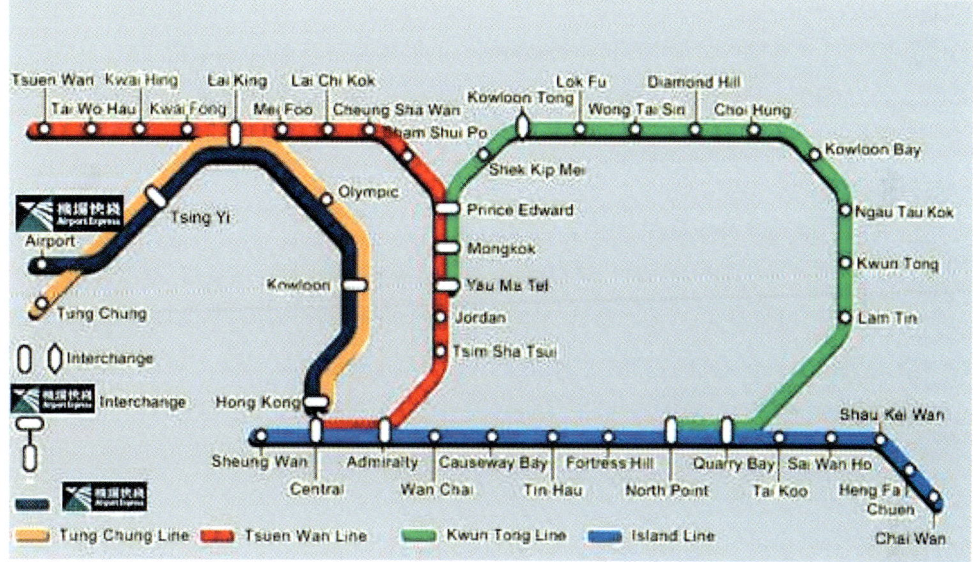

SACEM 신호시스템 네트워크

SACEM은 고정 폐색 시스템으로 역 지역에서 폐색을 세분하여 열차들 이동간의 시간 간격을 최적화하도록 한다. 이것은 기관사 보조의 열차제어, 운영 및 보수유지 시스템으로 약 10여 년 전에 파리 도시철도를 위해 마트라 트랜스포트에 의해 개발되었다. 1981년 작업이 시작되었을 때 RER Rapid transit 시스템의 'A'선은 거의 포화상태에 이르고 있었으며 시스템의 초기 목표는 안전성을 축소하지 않고 25%의 수송능력을 증가시키는 것이었다.

SACEM 시스템은 궤도회로 기반의 모든 기존 신호시스템과 완전히 호환할 수 있다. 이것은 모든 차량이나 일부 차량에 설치될 수 있으며 노선의 일부에 또는 전 노선에 설치될 수 있다. RER A 선의 경우 중앙 구간에 SACEM 시스템의 한정적 설치가 가능했는데 그것은 교통흐름의 증가와 위태로운 병목지역에서의 혼잡을 완화하는 최소한의 필요로 한정하는 것이었다.

TKE 프로젝트에서 SACEM 시스템은 차상 및 궤도변 장치를 위한 기존 ATP/ATO 시스템과 인터페이스 할 것이다. 레일 양쪽에 설치되는 케이블은 전송 루프의 역할을 할 것이고 열차검지는 궤도회로에 의해 이루어지며 차축 카운터는 백업 수단으로 사용될 것이다. TKE SACEM 과 기존 선은 다른 두 계약자에 의해 제공된다.

궤도 회로

FTG S 궤도회로는 개별 궤도, 포인트 또는 크로싱 구간의 점유 여부를 연동장치에 공급한다. 궤도는 전기적으로 분리되는 이음매에 의해 궤도구간으로 나뉘며 코드화된 가청주파수(AF) 교류가 궤도구간의 송전단에서 입력된다.

선로전환장치

S 700 KM 모듈화 선로전환 장치는 외부 쇄정(그리고 분기 자신의 쇄정장치가 없는 경우)과 함께 분기의 운영, 첨단의 종단위치 유지, 종단위치에서 첨단의 쇄정 그리고 분기의 첨단위치를 전기적으로 검증한다. S700에 추가하여, 다음과 같은 다른 형태가 사용된다. BR Clamp Lock (KTL/TWL), MJ890 VCC Clamp Lock (ISL/CWD), MJ80 VCC Clamp Lock (ISL/CWD), MJL11 VCC Clamp Lock (AEL/TCL), MATR68 (SHD).

신호

MTRC 요건에 따라 모듈화 형식으로 결합된 S140 터널신호는 시각적 신호현시에 사용된다.

TKE 프로젝트를 위하여 SACEM/SICAS 시스템(ATC와 신호시스템 통합의 새로운 개념)은 운영, 성능, 안전성을 저하시키지 않고 기존 시스템과 인터페이스 될 것이다.

관제센터

운영관제센터(OCC)는 카울룽 만 차량기지에 위치해 있었으나 2000년에 칭이로 이전하였으며 이곳에는 이미 란타우 공항선과 퉁청선의 관제센터가 있었다. ATSS와 Scada 시스템은 모든 승객의 움직임과 함께 열차의 위치, 진로설정, 열차 운행과 같은 기능을 감시한다.

런던(영국) LUL London Underground			
Km	415	연간 승객 수(10억 명)	1
노선 수	12	일일 승객 수(백만 명)	208
역	272	차량 수	3892
원 개통일자	1863	열차의 길이(표준)	6량 및 8량 90-135m

주요 요점

- 세계 최초의 지하철
- 12개 노선운영, 415km의 노선
- 모든 노선의 견인전력 공급은 630V DC 4레일 구조
- 세계 최초의 자동열차 운전시스템
- 센트럴 지역 피크서비스 운전시격 약 2분
- 세계에서 가장 교통밀도가 높은 지역의 하나. 연간 약 10억 명의 승객.

네트워크 개요

세계 최초의 지하철도 6km의 길이로 1863년 1월 10일 메트로폴리탄 철도회사에 의해 개통되었다.

세계 최초의 '튜브' 철도로 시티 및 남부 런던 노선은 1890년 11월 4일에 개통되었다.

시스템은 양 세계대전 사이에 급속하게 확장되었으나 1939년부터 1945년까지 전쟁으로 지하철의 확장을 임시 중단하였다.

많은 역들이 피난처로 사용되었으며 센트럴 선의 완성되지 않은 연장구간에 있던 5마일의 터널은 지하 항공기 부품 공장이 되었다. 전쟁 후에 시스템이 계속 확장되어 오늘날 415km의 길이로 연장되었다.

방사선 형태의 노선과 함께 센트럴 런던을 중심으로 하는 순환노선이 있어 대부분의 간선 역을 연결한다.

열차는 "지표" 및 "튜브"로 분명하게 다른 두 가지 형태가 있다. 지표 열차는 지하철 시스템의 가장 오래된 부분에서 운행되며 지표면 바로 밑에 있는 이중 터널을 통해서 운행되고 열차의 크기는 튜브 열차보다 더 크다.

빅토리아 선과 워털루 및 시티 선을 제외하고 모든 노선은 약간의 지표면 운행을 하고 있다.

네트워크도

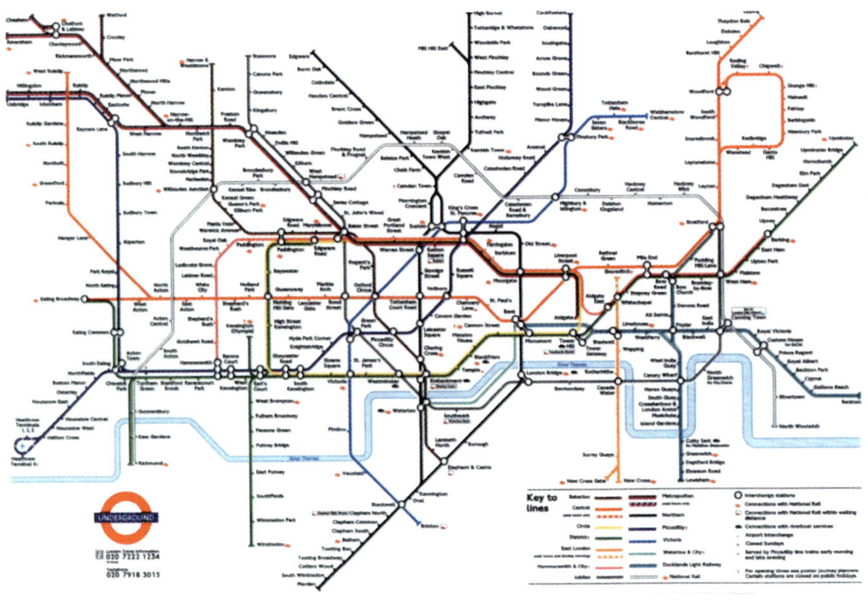

2/4 현시 신호

전통적으로 신호는 2현시이다(적색 및 녹색). 지상 선구에서는 3현시와 4현시의 신호도 약간 있다. 국철과 공유하는 궤도에서 4현시 신호도 있다. 지상 노선에서 “fog repeater”인 2현시 신호는 필요한 경우 전통적인 런던의 안개에 대응하기 위해 주 신호기에서 1,300m 전방에서 제공된다.

열차 검지

열차 검지는 다양한 AC 궤도회로에 의해 이루어진다. 원래는 33 1/3Hz의 계전기로 운영되었다. 현재는 대부분 정류기와 DC 계전기를 사용하는 125Hz 궤도회로로 교체 되었다. 빅토리아 선은 코드화 궤도회로를 사용하며 센트럴 선과 쥬빌리 선은 웨스팅하우스 시리즈 2000 무절연 궤도회로를 갖추고 있다.

열차 분리

오래된 노선에서 열차방호는 열차정지를 위해 계산된 오버랩의 “절대 폐색”에 의해 이루어진다. 신호에서 정지가 걸린 후 적절한 정지거리를 주기 위해 오버랩이 계산된다. 정지가 걸린 열차는 일반적으로 3분 동안 최고 16km/h의 속도로 억세된다.

열차 제어

센트럴 선, 빅토리아 선, 워털루 및 시티 선에서 코드화 궤도회로가 ATP를 제공한다. 이것은 제동곡선을 조절하기 위하여 운전실에 표시되는 안전속도에 대응한다. 비상제동은 속도를 초과한 경우에 발생한다. 빅토리아 선의 역에서 정지는 미리 결정된 정지장소를 지키기 위해 일련의 짧은 코드화 루프에 의해 제어된다. 센트럴 선에서 차상 ATO는 전역에서 신호시스템 폐색 “맵”과 지리적 데이터를 제공한다. 열차는 신호시스템에 의해 자동적으로 제어된다. 기관사는 출입문의 개폐와 출발 명령을 제어한다.

연동장치

오래된 노선에서는 로칼 전기기계 연동장치가 사용된다. 전자 연동장치는 새로운 시스템으로 쇄신된 센트럴 선과 쥬빌리 선의 연장에서 사용되었다. 어떤 연동장치에서는 “Remote Secure” 사인을 신호기에 표시하여 기관사에게 진로가 설정되고 확보되었다는 것을 제공하여 성능이 저하된 운영에서 이를 사용한다. 어떤 노선에서는 열차의 진로가 시간표를 저장하고 있는 로칼 연동장치에서 프로그램에 의해 제어된다. 필요한 경우 이것은 관제실로부터 무시될 수 있다.

승강장 차단시설과 방송시스템

쥬빌리 연장 노선에서 승강장 차단시설이 웨스트민스터와 북부 그리니치 간의 터널 역들에 설치되었으며 방송시스템이 역과 열차에 설치되어 있다. 열차의 이동에 의해 제어된 정보 표시는 열차의 목적지와 도착시간을 알려준다.

마드리드 Metro de Madrid S.A.			
Km	171	연간 승객 수(10억 명)	0.53
노선 수	11+Remal (지선)	일일 승객 수(백만 명)	2.1
역	201	차량 수	1322
원 개통일자	1919	열차의 길이(표준)	90-110m(6량)

주요 요점

- 광궤와 협궤차량 혼합
- 신호시스템은 변형하여 1개와 2개의 적색신호 폐색 혼합사용
- ATO는 2개의 적색신호 폐색 이외의 모든 노선에서 운영
- ATO 장치 열차는 통합 열차조정 시스템(SIRAT)으로 조정
- 열차집중 관제센터에서 모든 노선 제어
- 도시철도 201개역 중 197개는 마드리드에 위치

네트워크 개요

마드리드 도시철도 네트워크는 1919년에 Sol-Cuatro Caminos 구간이 위임 인도되면서 개통되었다. 현재는 171km의 궤도에 11개 노선과 Remal 지선으로 나뉜다.

앞으로 몇 년간 마드리드 도시철도는 마드리드 지방정부의 후원으로 이전의 계획보다 훨씬 더 높은 목표로 1999년부터 2003년까지의 노선 연장 계획을 시행 중에 있다.

이것은 55km의 터널과 35개역을 건설하는 다음과 같은 3개의 주요 프로젝트를 포함하고 있다. MetroSur, 8호선 연장(Mar de Cristal에서 Nuevos Ministerios 역까지), 10호선의 MetroSur 순환선까지 연장이 그것이다. 기존선 10호선과 2호선에서 보완작업이 수행되고 있다. 새로운 연장에서 관련 기술의 변경이 설비에 도입되고 새로운 노선에 새로운 열차가 운행된다.

TETRA 디지털 시스템이 동일한 통신 채널을 통하여 데이터와 음성을 전송하는 시스템으로 도입되고 있다. 그리하여 이동폐색 시스템의 시행 전에 궤도설비와 열차 간의 디지털 데이터 통신을 가능하게 할 것이다.

네트워크 도

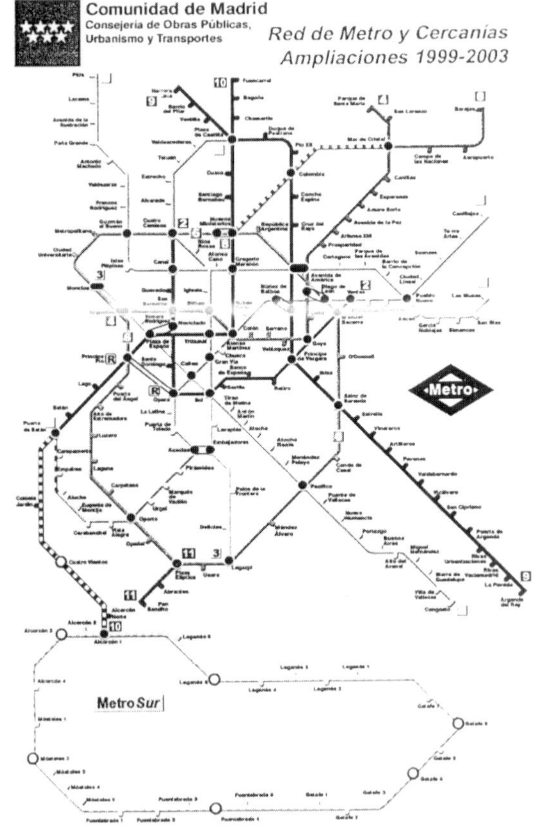

신호 시스템

기존의 신호시스템은 Dimetronic-Adtranz(64.3%), Westrace-Dimetronic(23.8%), Adtranz-Ebilock 950(11.9%) 3개의 시스템으로 구성되어 있다.

자동 운영

현재의 신호시스템은 열차를 돌리기 위해 "자동 회차"에 의한 자동입환 운영을 허용한다. 특별한 소프트웨어 도구는 열차의 위치에 따라 출발과 대기, 선구의 어느 한 지점에서 열차의 수와 빈도를 변경하는 등 다른 입환 운영을 할 수 있는 좀 더 복잡한 일을 수행한다.

ATP

두 개의 적색신호+하나의 반송파 ATP 그리고 일 적색신호+두 가지의 반송파 ATP의 두 가지 형태의 ATP가 사용된다. 두 개의 적색 신호시스템으로 열차는 항상 방호 된다(열차가 주행하도록 허용되는 폐색이나 구간은 신호 사이에 존재한다). 단일 적색 신호 시스템에서 ATP 코드는 "최고 안전 속도"와 "목표속도"를 표시하며 열차가 이 궤도회로에 더 빠른 속도로 도달하면 비상 제동이 체결되어 열차가 완전히 정지할 때까지 적용된다.

통합 열차조정 시스템 : SIRAT

SIRAT는 ATO와 온라인으로 완전 통합된다. 이 시스템은 첨두 시간이 아닐 때 운전시격과 시간표에 따라 열차를 조정한다. 또한 점진적으로 열차가 도착하고 선구에서 벗어나도록 조정하며 운전시격에서부터 시간표 운영까지 원활하게 열차의 이동을 자동으로 조정한다. 이 시스템은 규칙성, 품질비율, 도표와 같은 실시간 보고서를 출력한다.

열차조정 신호

SIRAT의 보완으로 새로운 신호시스템이 현재 연구 중에 있는데 이것은 승강장의 출구신호를 따라 나란히 특별 신호기를 놓는 것이다. 이들은 우선 교통 요건에 따라 적색 신호가 켜지면 출발신호까지 남은 시간을 표시하며, 두 번째로 역 간의 주행을 위해 열차에 전송되어야 할 주행전략을 표시한다.

코드화 궤도회로

모든 궤도회로는 ATP 시스템을 통해 할당된 궤도 프로파일(건넘 선의 통과, 곡선반경, 구배 등)에 따라 고정된 최고 안전속도를 가지고 있다. 이 할당된 속도를 초과하거나 적색 신호를 지나치는 경우에는 비상 제동이 체결되어 완전 정지까지 작동된다.

뉴욕(미국) NYCT "New York City Transit"			
Km	1100	연간 승객 수(10억명)	1.3
노선 수	25	일일 승객 수(백만 명)	4.6
역	468	차량 수	6000
원 개통일자	1904	열차의 길이(표준)	8-10량

주요 요점

- 미국 최대의 대중교통 시스템
- 뉴욕 시 5개 독립 구의 승객을 위한 운행
- 첨두 운전시격 : 90초, 비 첨두시간 : 20분
- 최고 속도 : 90km/h
- 600V DC 3 궤조 추진시스템
- 자동요금 정산시스템
- 주요 현대화 프로그램 진행

네트워크 개요

NYCT는 세계에서 가장 길고 복잡한 대중교통 시스템 중의 하나로 하루 24시간 1년

365일 운영하고 있다.

지하철 시스템은 공식적으로 1904년 10월 27일 시청에서 145번가와 맨하탄의 브로드웨이까지 14.4km, 28개 역으로 개통했다. 오늘날 시스템은 1,100km 길이의 궤도에 468개 역으로 주중 평균 5백만 명의 승객에게 서비스를 제공하고 있다.

25개의 상호 연결된 지하철노선은 급행열차와 지방열차로 승강장에서의 환승과 "스킵-스톱" 서비스 의 특성을 갖고 있다.

1982년 이래 NYCT는 철도차량, 궤도, 인프라구조를 양호한 상태로 유지하여 승객에게 개선된 서비스를 제공하고 운영 및 보수유지 비용을 절감하기 위하여 자본관리 프로그램을 수행하여 왔다.

최근의 프로젝트는 4,195량의 새로운 지하철 차량의 구매, 208개 지하철역의 쇄신, 시스템 전반에 걸친 자동 요금정산 장치의 설치를 포함하고 있다.

이러한 프로젝트의 일부로서 "선도적인" 공급자는 "표준" 시스템에 대한 상호 운영능력이 있는 세부적인 인터페이스 사양을 제공할 것이다.

네트워크 도

신호 시스템

기존의 NYCT 신호시스템(거의 반이 75년 이상 되었음)은 선로변 신호기, 계전 연동장치 그리고 자동열차정지 장치에 기반을 둔 시스템이다. 신호시스템은 11,236기의 선로변 신호기, 9,517개의 열차정지 장치, 11,947개의 궤도회로 그리고 125,000개 이상의 계전기를 포함하고 있다.

통신기반 열차제어

현대화 프로그램의 일부로서 NYCT는 신호시스템을 고정 폐색, 선로변 신호기/열차정지 기술에서 최신의 통신기반 열차제어(CBTC) 기술로 업그레이드 하는 계획을 가지고 있다.

카날시 선

카날시 선은 NYCT 에서 CBTC 기술이 장치되는 최초의 노선이 될 것이다. 이 선구는 기본적으로 복선궤도 노선으로 길이 18km, 24개 역, 7개 연동장치를 가지고 있다. 약 3분의 2가 지하로 되어 있으며 CBTC 시스템은 높은 신뢰성(중복)의 차상장치를 사용하여 지능화 된 열차들 간의 양방향 디지털 RF 통신과 그리고 계전기실에 설치되는 높은 신뢰성(중복)의 지역 분산 바이털 제어기 네트워크를 계속 갖출 것이다. 장치의 결함허용 설계로 어떤 단순 고장이 존재하여도 시스템의 계속 운영을 보장할 것이다.

상호 운영성

NYCT 선로는 높은 상호 운영능력을 가진 노선들의 복잡한 철도 네트워크이다. 이 상호운영성은 높은 운영상의 신축성과 시스템 전반에 걸친 결합을 허용하는 것이다. 결과적으로 정상적으로 한 노선에서 운행되는 CBTC 장착 열차는 현대화 되고 있는 CBTC 장착 다른 노선에서도 역시 운영될 수 있어야 하고 차량에 장착되는 기간에도 모두 운영될 수 있어야 한다. 그러므로 NYCT의 CBTC 시행 전략의 핵심 요소는 지상과 차상 CBTC 장치의 독립된 구매를 허용하는 상호운영성의 인터페이스 표준을 수립하는 것이다.

자동 열차감시

NYTC의 새로운 철도 관제센터(RCC)에 있는 CBTC 장치는 카날시 선을 위한 자동 열차감시(ATS) 기능을 제공하게 된다. 별도의 프로젝트에서 모든 IRT 노선들에 ATS 기능을 제공하기 위하여 RCC에 중앙 장치를 설치하고 있다.

자동 열차방호

CBTC 지역 제어장치와 관련 CBTC 차상장치는 열차의 안전 분리보장 그리고 과속 방호와 관련된 자동열차방호(ATP) 기능을 제공할 것이다. 별도의 CBTC 지역 제어장치와 연동장치가 각각의 연동 제어장치 세트에 대해 전형적으로 하나의 중복성 지역 제어기로서 제공될 것이다.

자동 열차운전

카나시 선의 상업운전 열차편성은 R143 차량으로 구성될 것이다. R143 차량은 AC 추진을 포함하여 그 제어에 있어 상당한 수준의 새로운 기술을 채택하고 있다. 최대 운영은 2개 유니트 형태의 8량으로 구성 될 것이다. CBTC 장착 열차는 한 사람이나 두 사람의 열차 승무원을 사용하여 자동 열차운전이 가능할 것이다.

파리(프랑스) RATP "Regie Autonome des Transports Parisiens" (Independent Parisian Transport Authority) 그림은 메트로만 표시됨, RER의 RATP부분 불포함			
km	211.3	연간 승객 수(10억명)	1.15
노선 수	16	일일 승객 수(백만 명)	4.4
역	380	차량 수	3,569
원 개통일자	1900	열차의 길이(표준)	3에서 6량

주요 요점

- 길이, 역수, 승객 수에 있어서 최대의 도시철도 중 하나
- 파리 내부에 매우 밀집되어 있음(인접 역간 거리가 600m 이내)
- 많은 노선들이 교외로 연장 운행함
- 열차 감시는 모든 노선으로 확장됨
- ATP/ATO는 점진적으로 모든 노선에 확장되고 있음(10호선 제외)
- 14호선(Meteor)은 1998년부터 완전무인 가상폐색 운영
- 통합 관제센터

네트워크 개요

파리 도시 대량교통 시스템("Métro"로 알려진)은 인구가 밀집한 파리지역과 파리교외 1차 환상 위성지역을 운행한다.

노선은 총 길이 211.3km의 복선 궤도, 16개 노선으로 되어 있으며 노선의 평균 길이는 13.2km이다(가장 짧은 노선은 길이가 1.3km, 4개 역, 가장 긴 노선은 22.4km, 38개 역). 1998년 새롭게 완전히 자동화된 노선(14호선 또는 Météor선)이 서비스를 시작하였다.

총 380개의 역이 평균 역간 거리 600m로 되어 있어 상업운전 속도는 21에서 27km/h로 제한된다. 14호선은 역간 평균 거리가 1.1km이며 상업운전속도가 40km/h에 이른다.

첨두 시간의 운전시격은 4호선의 95초에서 특히 7호선의 4분 10초까지이다. 운영되고 있는 열차의 수는 3호선의 4개 열차에서 7호선의 64개 열차까지이고 열차 당 차량의 수는 3량에서 6량이다.

네트워크 도

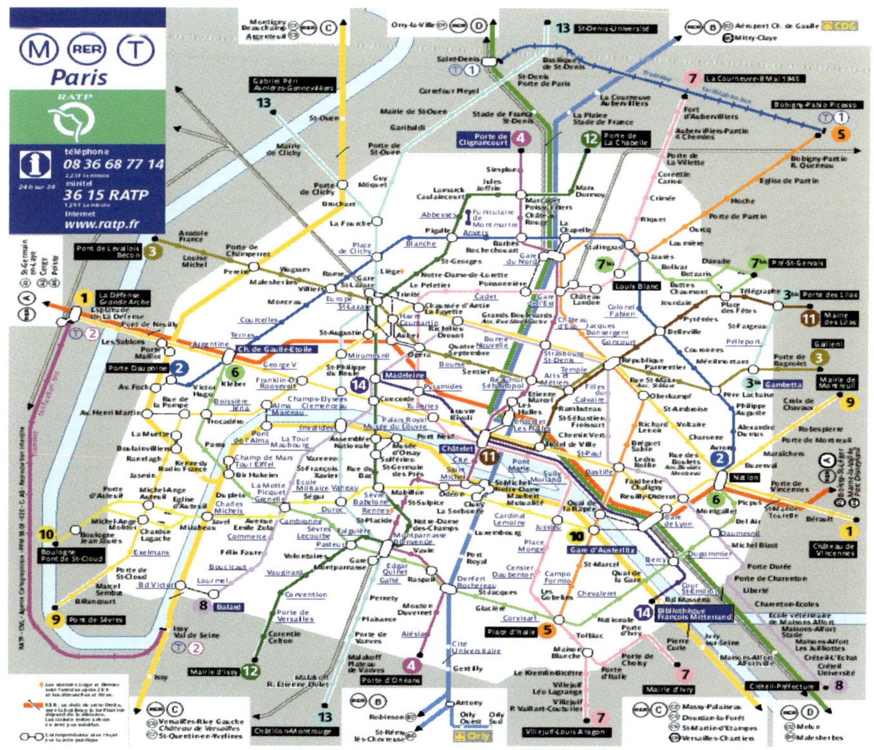

주요특성

각 노선은 그 운영 직원, 열차 및 차량의 정비, 고정 장치의 소규모 보수유지에서 독립적이다.

- 다른 노선 간에 공통구간이 없다.
- 단지 2개의 노선이 종단에서 지선이 있다.
- 모든 열차는 모든 역에서 하루 중 언제나 정차한다. 열차의 전도를 위한 중간 터미널이 거의 없다.

폐색 신호시스템

- 신호는 2현시 또는 3현시가 있다.
- 역으로부터의 출발은 "출구" 신호로 한다. 다음 역으로 접근은 "진입" 신호에 의한다.
- 폐색신호는 두 열차 간 최소한 하나의 궤도회로가 개통되는 "버퍼 구간" 오버랩 형태이다.

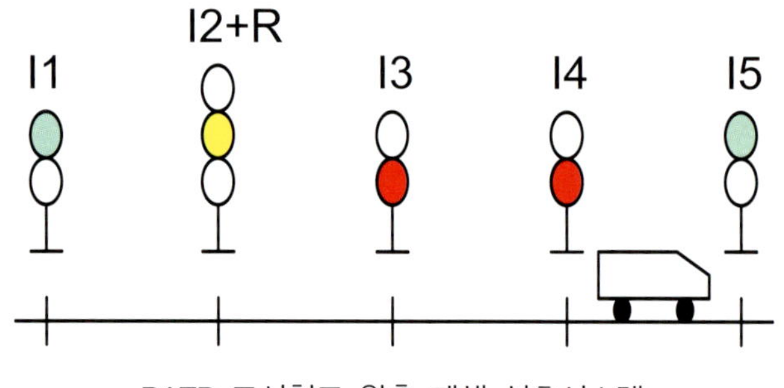

RATP 도시철도 완충 폐색 신호시스템

- 궤도회로(50Hz, 가청 주파수 또는 고전압 임펄스)는 열차를 검지한다.
- 각 신호는 비이콘(AWS시스템과 동일)을 장치하고 있으며 위험 신호를 지나친 경우 열차를 정지시킨다.
- 금지장치가 모든 역에 설치되어 승객이 비상 핸들을 당기는 경우 역과 역 사이에서 열차가 정지하는 것을 방지한다.
- 열차의 출입문들은 열차가 승강장에 정지하자마자 승강장 측이 자동으로 열린다.

입환 신호

- 연동은 "엄정한 통로의 계전 연동장치"로 열차가 진로를 벗어나 개통될 때 모든 포

인트는 동시에 해정된다.

- 신호는 2개, 3개 또는 4개의 표시가 있으며 각 터미널은 데스크와 표시 패널이 있는 로칼 관제실로부터 관리된다.

궤도회로 및 선로전환 장치

궤도회로는 고전압 임펄스(HVITC) 또는 50Hz이다. 대부분의 선로전환 장치는 전기식이다(일부 유압식).

관제센터

각 "열차 관제사" 워크스테이션은 제어 데스크와 표시패널을 가지고 있다(2개의 도표를 겹치는). 하나는 열차 운영을 위한 것이고 다른 하나는 750V DC(제 3 레일) 견인동력의 공급과 관련된다.

10. 끝맺음

신호 시스템은 전체 철도의 운영에 있어 철도제어 구조로부터 분리할 수가 없다. 이것은 주요사고에서 배운 교훈에 의해 변하고 조직변경에 의해 만들어진 구체화된 규정집에 있는 사용해보고 신뢰받는 운영기술에 흔히 기초하고 있다. 신호 시스템의 성공은 시스템 자체의 프로젝트 인도에 의존하는 것만큼 운영자와 보수담당자의 훈련과 기술에 많이 의존한다.

신호 시스템 개편의 주된 힘은 자동열차운전의 도입에서부터 명령과 제어구조의 통일까지 철도운영 프로세스의 개선을 제공하는 기회이다. 전체적으로 철도에서 흔히 변경에 필요한 기간은 상당히 짧은 일정으로 설정되며 특히 7년 또는 그 이상의 신호 프로젝트에 대한 준비기간과 비교할 때는 더욱 그렇다.

신호 프로젝트는 그 시스템의 인도로 끝나지 않는다. 그것은 운영자와 보수담당자가 새로운 특징을 배워야만 하고 소프트웨어와 장치의 결함을 제거할 때까지 초기 단계부터 계속해서 관리하는 것을 포함하여야 한다.

신호는 안전성이 중요하다. 안전성이 일차적인 기능으로 남아있다. 안전은 설계에서부터 설치와 보수유지 그리고 운영에 이르기까지 모든 과정을 통해 엄격한 통제를 요구한다. 이 강요되는 제약은 최소한의 문서화로 신속하게 변경하는데 익숙해 있는 프로젝트 책임자에게는 매우 난감한 일일 수 있다. 이것은 명백한 변경을 흔히 수개월씩 소요되는 엄격한 안전성을 입증할 때까지 시행할 수 없다는 것을 의미한다. 설계는 독립된 기관과 거부권을 행사할 수 있는 안전 승인당국에 의한 심사를 요구한다. 프로세스에서 지름길로 가는 것은 더욱 큰 지연을 초래하게 될 수 있어 상당한 재설계가 필요하게 되고 심지어는 관리의 완전한 변경을 초래할 수 있다. 신호 시스템 역시 이러한 시스템이 사용되는 방법을 받아 들여야 하며 특히 운영절차와 신호장치 사이의 균형에서 그렇다. 이것은 운영자의 역량과 훈련 그리고 정상 및 고장조건 하에서의 운영에 대한 준비를 포함해야 한다.

10.1 교훈

가장 성공적인 프로젝트는 모든 것이 통합되어 전체의 시스템으로 설계되는 다음의 경우 중 하나이다.

- 설계를 수행하는 팀이 당해 철도의 일부이기 때문에 철도운영과 관리 관행에 있어(전통적 철도구조의) 변화 속도에 따라 현대화 속도를 맞추기에 충분한 경우, 또는
- 현대화 과정이 적절하게 요구되고 안정된 조직 내에서 폭넓은 설계연구에 따라 체계적인 방법으로 수행된 경우

10.1.1 시스템 엔지니어링

신호 시스템의 미래를 위해 가장 중요한 발전은 시스템 엔지니어링 이론과 실제의 사용이 증가된 것이다. 시스템 엔지니어링이 분명한 성명서처럼 흔히 보이지만, 그럼에도 불구하고 우주항공 산업에서 일차적으로 배운 교훈을 적용한 결과 신뢰성 있는 소프트웨어 기반 시스템을 개발할 수 있는 도구와 절차를 개발하도록 하였다.

10.1.2 요구사항의 파악

철도가 채택하는데 느렸던 것들 중에서 가장 중요한 것은 새로운 시스템의 정확한 요구사항을 적절히 파악하여 확보하는 필요성이다. 이 프로세스는 해결보다는 목표를 갖고 시작해야 한다. 이것은 고객의 요구에서부터 직원들의 요구까지 모든 요구사항을 포함해야 하며 최종 시스템을 판단하는데 불가결한 성공 요인을 파악해야 한다. 공급자에게 이것은 자신의 핵심 제품에 대해 모든 미래고객의 요구를 수립하는 것을 포함한다.

10.1.3 변경에 대한 통제

그러나 철도의 발전이 정지 상태에 있는 것은 아니다. 이 사실은 시작부터 시스템의 설계에 고려되어야 한다. 변경사항에 대한 통제의 엄격한 방법을 도입하고 변경의 모든 영향을 파악하여 관리를 확실히 해야 한다.

이것은 장치 공급자에 대해서보다는 좀 더 철도 운영자에게 강요하는 것이며 실로 모든 변경사항의 귀결에 문제를 부추기는 엔지니어, 운영자, 기획자, 안전승인 당국이든 또는 정부에 알려야 한다.

변경사항의 관리는 신호 시스템의 수명 전반에 걸쳐 필수적이며 조직, 사람, 열차시간

표 그리고 외부적인 변화의 영향에서도 변경이 요구된다. 이들 모든 것이 발생하겠지만 필수적으로 요구되는 것은 변경의 영향을 예측하는 것이고 모든 불안전한 조건의 발생을 방지하는 수단을 강구하는 것이다.

10.1.4 인적 요소

최근에 부각된 다른 주요 분야는 인적 요소의 우산 아래에 있는 각종 "소프트 엔지니어링" 분야를 함께 가져가는 것이었다.

사실 신호 엔지니어는 철도 운영자와 매우 긴밀하게 일하며 사람과 기계의 인터페이스에서부터 운영자와 보수담당자들의 채용과 훈련의 필요성, 그들 작업에서의 명령과 통제 과정 그리고 그들의 작업 문화 환경까지 모든 시스템의 인적 측면이 고려되도록 항상 기본적으로 주의하여 왔다.

안전이 관련된 경우에 이것은 주요 요구사항이다. 비교적 경미한 변경이 맡은 일을 잘 해내야 하는 사람들의 능력에 상당한 영향을 미칠 수 있다. 특히 업무는 일상 운영과 비상 상황을 안전하고 효과적으로 관리하도록 하는 두 가지 모두가 설계되어야 한다.

자신의 환경에서 사람들이 상호작용을 하는 과정에서 좀 더 많은 지식과 전문성이 쌓여 가면 신호 시스템의 설계에 있어 인간요소 전문가의 역할은 틀림없이 늘어난다. 특히 운영상의 역할 설계와 이러한 역할에 맞는 장치, 지원 시스템의 필요성 파악은 사람에 적응해야 된다는 필요성에서 장치에 맞도록 해야 한다고 다른 방법으로 돌려서 그 강조를 바꿀 것이다.

고객은 소프트웨어와 통신 산업에서 시스템과 장치의 빠른 발전에 익숙해져 있어 신호 시스템에서도 이 같은 모양을 보기를 기대한다. 그러나 이들 산업은 대량의 제품을 제조하는데 이것은 판매 장치 당 개발비용이 비교적 낮은 경우이다. 일반적으로 제품이 되기 전에 많은 시제품이 시도될 수 있다. 신호 시스템은 기껏해야 수백 개 정도 생산하지만 그리고 매번 처음으로 제대로 작동해야 한다. 만약 "버그"가 남아 있다면 신호 시스템이 안전 측으로 반드시 오류가 생길 것이므로 불가피하게 서비스의 장애를 일으킬 것이다. 흔히 복잡한 시스템을 설치하고 위임인도하기 위해 가능한 시간은 야간의 짧은 시간으로 제한되며 모든 예기치 못한 문제의 발생은 서비스 개시의 지연을 초래하게 된다.

동시에 통신 산업의 급속한 발전이 너무 많은 것을 달성할 수 있게 하여 직원들과 여행하는 대중의 기대 역시 증가하고 있다. 특히 어디에 있든지 직원들과 일반 대중의 실시간 정보에 대한 수요는 증가하고 있으며 그들의 필요성을 직접 맞추어야 하는 경향이 있다. 신호 시스템은 이 정보를 즉시 사용할 수 있도록 그리고 현지에서 손쉽게 흡수할 수 있는 형식으로 전환시켜 고정 화면이나 공중방송 또는 휴대통신을 통해 이러한 요구가 제공되도록 준비해야만 한다.

10.1.5 모두가 시제품

철도의 요구에 맞추어 주문에 따라 신호 시스템이 설계되기를 바라는 것은 각각의 새로운 시스템이 효과적인 시제품이 되도록 만들었고 인프라구조의 제한에 따라 특별한 솔루션을 요구하는 도시철도의 경우 더욱 그렇다. 이것이 구매 시스템에 덧붙여질 때 각 프로젝트의 경쟁 입찰자에게 요구되고 자금체계는 오직 한 노선에서 한 번 만에 신호 시스템의 개편을 허용하여 각 프로젝트에서 각 시스템의 결함을 제거해야 하는 것이 불가피하게 되었다.

10.2 미래

도시철도들은 한 개의 노선과 단지 몇 개의 열차만 있는 작은 도시의 도시철도에서부터 여러 개의 노선과 수백 개의 열차가 있는 대도시의 도시철도까지 그 범위가 크다. 이들의 필요성은 다양하므로 최적의 솔루션도 역시 각각 다르다. 그러나 기본적인 요구사항은 별로 다르지 않으며 열차의 안전한 분리를 제공하고, 열차의 활용을 극대화하며 가능한 한 열차 서비스의 지연을 적게 초래하기 위한 필요성으로 요약할 수 있다.

이런 관점에서 도시철도는 지연의 심리적인 효과가 매우 크며 고장 난 장치 주위에서 열차를 돌릴 수 있는 궤도의 다양성이 거의 없는 터널에서 흔히 운영되므로 시스템의 신뢰성은 매우 중요하다. 당면한 문제에도 불구하고 도시철도에 대한 신호 시스템의 미래는 더욱 표준화가 필요하며 아마도 전송기반 신호 시스템의 이용과 소프트웨어 기반 시스템에 보다 더 크게 의존하는 것과 연결되어있다는 것에 의심할 여지가 없다. 궤도변 보수의 의존은 적어지고 더 큰 신축성의 철도 운영을 할 수 있는 뛰어난 제어는 그러한 시스템을 더욱 매력적으로 만든다.

이런 점에서 짧은 간격으로 많은 수의 열차를 제어해야 할 필요성이 전송 시스템상의 어려움을 만들기는 하지만 도시철도의 필요성은 국유철도의 필요성과 유사하다. 높은 수준의 가용성에 대한 필요성은 전체적으로 시스템이 더욱 다양한 구조를 가지도록 요구하며 특히 1차적인 궤도변 제어 시스템이 고장 나는 경우 이동하는 열차에 수단을 제공하는 백업 시스템을 반드시 고려하도록 해야 한다.

10.2.1 철도의 제어

규칙적이고 일관성 있는 형태의 도시철도 열차 서비스는 초기 단계부터 자동 진로설정을 도입하도록 이끌었다. 그래서 철도의 모든 수동제어는 예외적 바탕에 의한 것이다. 이것은 열차 서비스, 승무원 그리고 역 운영 간 균형 유지의 필요와 함께 신호 시스템에 연결되는 관리 관제센터의 발전을 가져왔고 관련된 모든 직원들의 활동 협조와 운영 그리고 기획 및 시간표 작성을 위한 관리정보의 제공으로 이어졌다. 부분 민영화로의 움직임으로 이 정보의 중요성은 흔히 인프라 구조 제공자나 열차 운영자의 실행 지급금에 대한 기초가 되었다.

10.3 UGTMS

국유철도에서 ERTMS의 도입은 사고(thinking)에 있어서 혁명으로 이끌었으며 그 중에서도 구매 정책에 대해 혁명적인 변화로 이끌었다. 다수의 공급자와 함께 공통적인기준을 가짐으로써 비용은 절감되어야 하며 각 애플리케이션에 대한 개발 기간이 단축되어야 한다. 모든 새로운 시스템에서 불가피한 것으로 보는 초기의 낮은 신뢰도를 경험할 필요가 산개됨으로써 기술적 위험 역시 감소되어야 한다. 요구사항의 복잡성과 시스템 솔루션의 유일한 조건은 철도의 요구사항을 충족시키면서 수용될 수 있다.

도시철도들은 이러한 발전을 이용하는 입장이며 그것들을 결코 무시할 수 없다. 그러나 도시철도에 맞추기 위해서 간선철도 운영에 맞추어진 솔루션을 기대하는 것은 너무 큰 주문이다. 도시철도의 요구사항을 추가하는 것으로 그 시스템에 적합 시키려 노력하는 것은 전체적인 요구사항을 증가시켜 너무 복잡하고 비현실적인 솔루션을 만들어 낼 것이다. 좀더 좋은 접근 방법은 도시철도를 위한 장래의 신호 시스템에 대한 필요성을 정의하는 것으로부터 시작하고 나서 ERTMS 설계에서 있다면 어떤 부분이 적합한가를 결정하는 것이다. 그 결과 유럽의 주요 도시철도(파리, 마드리드, 베를린, 런던)와 공급자들이 주도하는 UGTMS(ERTMS의 도시철도 버전)개발이 현재 진행 중에 있다. 흥미 있는 사실은 또 다른 주요 전통적 도시철도인 뉴욕 역시 노후한 신호시스템의 교체 과정에 있으며 전송기반 신호시스템에 대한 복수 원천의 기준을 설정하려고 계획하고 있다.

이러한 시스템들은 완전 자동 열차운전에 대한 기초를 제공해야 할 것이며 터널 환경에서 조밀한 간격으로 열차를 운영할 수 있어야 할 것이다. 이들은 높은 수준의 안전성과 신뢰도를 달성하기 위해 작업을 해야 한다. 또한 정확하고 즉각적인 실시간 정보가 표준으로 고려되는 경우 최소한 미래의 관리 및 정보 시스템과 통신 환경 내에서 연결되고 작업이 이루어지는 고리를 제공해야 한다. 성공적인 경우에 이들은 실제적인 방법으로 요구사항을 파악할 수 있는 그리고 시스템이 승객 서비스에 도입되기 전에 직원들이 충분히 훈련되도록 필요한 지원 도구, 시뮬레이터, 훈련 보조교재, 진단 도구 등의 개발이 가능하게 될 것이다.

UGTMS는 또한 차량 공급자들로 하여금 요구되는 표준 인터페이스를 개발하도록 하고 신호 시스템에 대한 기존 인터페이스의 중복성에 대해 흔히 경험하는 문제들을 극복하도록 촉진해야 한다.

10.4 최종 고찰

신호 시스템은 철도가 요구하는 시스템을 제공하는데 성공적이어야 한다. 신호 산업은 새로운 기술이 가능하게 되면서 증가하는 고객의 기대에 부응해야 한다.

전통적인 신호 시스템은 극도로 신뢰도가 높다. 현대의 시스템은 신축성이 매우 크며 개별적 고객의 요구사항에 맞추어 설계된다. 신호 산업은 새로운 기술에 대한 잠재력을 포함하고 있으며 그 기술은 크게 소프트웨어를 기반으로 하고 최신의 통신기술을 이용한다. 신호 시스템은 정교한 승객 정보 시스템에 대한 기반이 된다. 이것은 경영과 계약상의 목적으로 열차 서비스에 관한 정보를 수집하기 위하여 사용된다.

이러한 모든 점에서 도시철도의 신호 시스템은 최전방에 있으며 그 큰 이유는 이것이 자기 충족적이고 고객이 설계한 것으로 덜 전통적인 접근방법을 가지고 있어 특히 새로운 도시철도에 대해서 강점을 갖고 있기 때문이다. 그래서 도시철도에는 폭 넓은 ATP 애플리케이션과 자동 진로설정이 있다. 실로 이동폐색, 자동열차운전, 무인열차운영 그리고 통합관리 관제센터들이 모두 상당한 기간 동안 각종 도시철도에서 운영되어 왔다.

아래쪽의 이것들은 모두 단편적으로 개발되었고 각 시스템은 시작품이 됨으로써 그 어려움을 겪었다. 오히려 시스템은 아직 발전하고 있으며 이를 익히는 곡선이 하강하는 징조는 보이지 않는다. 그래서 신뢰성에 대해 경험했던 어려움과 하드웨어나 소프트웨어 문제로 인해 일시적인 중요 사용정지는 나타나지 않고 있다.

힘을 합해서 현 시스템의 한계를 극복하고 효율적이고 안전하고 신뢰성 있는 신호 시스템이 되도록 고객의 요구를 충족 가능해야 한다. 어쨌든 신호 엔지니어들은 개발과 필요 간에 보조를 맞추도록 균형을 유지해야 하는 한편 새로운 시스템이 여행하는 대중에게 영향을 주지 않는 환경에서 결함을 제거하는 충분한 기회를 가지고 있다는 것을 보장해야 한다. 신호 엔지니어링은 도전과 성취가 있는 전문 직업이다. 기술과 운영 역량을 함께 갖춘 필수적인 좋은 신호 엔지니어의 지속적인 개발과 충분한 인력을 그 수요에 충족하도록 전문직으로 유치하는 것이 미래를 위하여 반드시 필요하다.

IRSE는 철도 신호가 오늘날 당면하고 있는 도전의 일반적인 배경과 확립된 몇 가지 솔루션을 독자에게 제공하기 위해서 이 교과서를 출판하였다. 이것은 산업 그리고 세계 전반에 걸친 기술과 조직의 변화 시기에 출판되었다. 본 기관은 이 책이 독자들을 자극하여 철도 신호 시스템을 더욱 연구하고 신호 엔지니어들이 발견한 문제들에 대한 이해와 이 흥미롭고 성취감 있는 철도 엔지니어링의 부문에서 전문직을 추구하는 이에게도 도움이 되기를 희망한다.

A. 제 1 장 부록 A

A.1 도표의 이해

신호기를 설치해야 할 곳과 어떤 열차 서비스를 제공할 것인가를 결정할 때는 역에서 역으로 주행하는 열차의 움직임을 그리는 것이 관례이다. 완전한 설계에서는 이러한 곡선이 시뮬레이터로부터 나오며 구배, 선로 속도제한 그리고 열차 특성의 영향을 고려한다. 나중에 시뮬레이터가 예측한 곡선과 실제성능이 비교되고 이것이 기초가 되어 시스템 설계를 검증하는데 사용된다.

A.1.1 속도 거리 곡선

첫 번째 도표는 A역에서 B역으로 진행하는 열차의 속도를 그린다. 실제의 적용에서 이것은 속도제한이 부과되는 것을 모두 포함하며 신호 배치의 영향을 그래픽으로 볼 수 있도록 해준다.

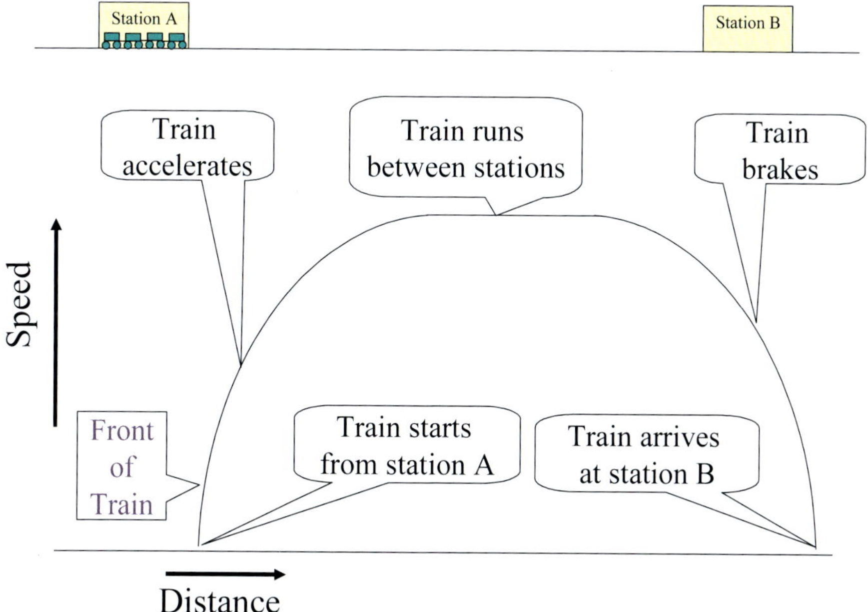

그림 A-1 : 속도 거리 곡선

A.1.2. 속도 거리 곡선

두 번째 도표는(시간에 대한 열차의 진행을 그린다) 이것을 보여주는 또 다른 방법으로 신호 엔지니어가 신호 시스템을 설계하는데 아주 많이 사용하는 것이다. 이것은 열차의 앞부분과 뒷부분을 나누어 각각 그리는 것이다. 이것은 획득할 수 있는 운전시격과 열차가 A역에서 B역으로 가는데 필요한 시간을 계산하는데 사용된다.

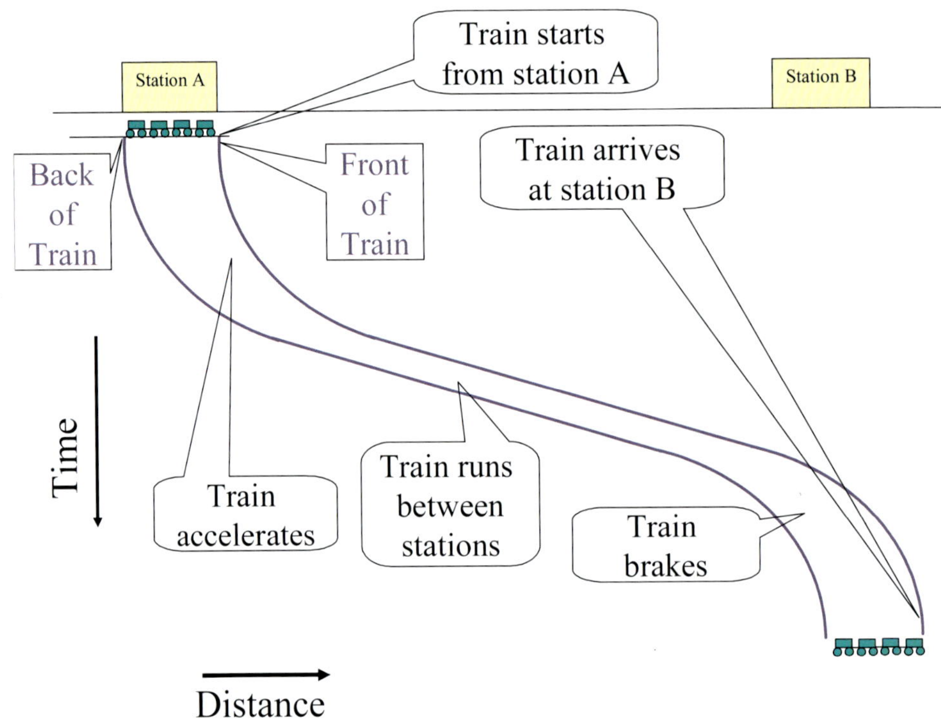

그림 A-2 : 시간 거리 곡선

시간 거리 그래프는 열차 서비스의 수행 방법, 열차 조정의 영향, 역과 분기점에서 일어날 열차 후방의 방해 정도를 알아보는데 특히 유용하다.

주 ▶ 도표의 위쪽으로 시간의 증가를 그리는 것이 보통이지만 이 책에서는 이해를 돕기 위해 다른 방향으로 나타내었다.

B. 제 1 장 부록 B

B. 1 품질관리 시스템의 접근

도시철도의 고객들은 지속적으로 자신들의 필요와 기대를 충족하는 서비스를 요구한다. 수익성을 위해 도시철도는 지속적으로 고객들을 만족시키고 요구사항을 충족시킬 수 있어야 한다. 품질관리 시스템(QMS)은 고객만족을 위한 틀의 제공뿐만 아니라 그 조직이 일관성을 가지고 고객의 요구사항을 만족시키는 제품과 서비스를 제공할 수 있다는 신뢰를 제공한다.

이것은 다음에 의해 성취될 수 있다.

- 고객의 필요와 기대의 결정
- 조직의 품질 정책과 품질 목표의 설정
- 품질 목표에 도달하는데 필요한 과정과 책임의 결정
- 품질 목표에 도달하기 위한 각 과정의 유효성 정도의 설정
- 각 과정의 현재 유효성을 결정하기 위한 정도의 적용
- 불일치 방지와 그 원인의 제거수단 결정
- 과정의 효과 및 효율성 개선 기회의 파악
- 최적의 결과를 제공할 수 있는 이들 개선사항의 결정과 우선순위
- 파악된 개선사항을 인도하기 위한 전략, 과정 및 자원의 계획
- 계획의 시행
- 개선사항의 효과 감시
- 기대된 성과에 대한 결과의 평가
- 적절한 사후관리 조치를 결정하기 위한 개선사항 활동의 검토

주 ▶ 위의 접근방법을 채택하는 모든 조직들은 자신의 프로세스 능력과 서비스 신뢰성에 있어서 확신을 가지게 될 것이다. 이것은 또한 지속적인 개선에 대한 기반을 제공할 것이며 증가된 고객만족을 이끌 수 있다.

B.1.1 품질관리 시스템

어느 조직에서 QMS로부터의 실질적인 혜택을 도출하기 위해서는 조직의 모든 사람들은 다음 사항에 유의하여야 한다.

- 품질보장이 그들의 미래에 절대적으로 필요하다는 것을 충분히 이해하여야 한다.
- 품질을 달성하는데 있어서 어떻게 보조할 수 있는지 알아야 한다.
- 이를 이행하기 위해 자극을 받고 격려되어야 한다.

부가하여 이들 조직의 QMS는 완전히 문서화되어야 하며 서비스 또는 제품의 품질에 영향을 주는 모든 내부 및 외부 활동에 대해 적절하고 중단되지 않는 통제를 제공할 수 있어야 한다. QMS는 반복해서 일어나는 문제를 피하기 위해 요구되는 모든 예방 활동을 중요시해야 하며 작업시스템이 개발되어 시행되고 유지되어야 한다.

이들 규정과 요구사항은 조직의 품질 매뉴얼에서 통상적으로 발견되어야 한다.

B.1.2 품질관리 시스템 구조

어느 조직의 QMS는 그 조직 내에서의 품질 관리에 대한 정책, 조직 그리고 책임을 정의 한다. 이것은 모든 활동이 규칙, 규정 그리고 지침을 적용하고 최종 서비스(인도 가능한)는 고객의 요구사항과 일치 한다는 것을 보증한다.

그림 B-1 : ISO 9001 : 2000 품질 모델

QMS는 완전히 문서화되고 모든 직원이 이해하고 준수하는 경우에만 효력을 발휘할 수 있다. ISO 9001:2000 품질모델 에서는 문서화의 4 레벨이 있으며 그 구조는 표 B-1과 같다.

레벨 1	품질 매뉴얼	QMS를 수립하고 이것이 어떻게 ISO 9001 : 2000 요구사항을 충족하는지 기록된 주요 정책문서
레벨 2	프로세스	QMS를 시행하고 품질 매뉴얼에서 정한 정책 요구사항을 충족시키는데 필요한 활동을 설명하는 핵심사업 및 지원 프로세스
레벨 3	품질 절차	어떤 품질 시스템 활동에 의해 관리되는지 그 방법의 설명
레벨 4	업무 지침	구체적인 임무 수행방법의 설명

표 B-1 : QMS 문서화

B.1.3 품질 매뉴얼

이것은 QMS를 수립하고 ISO 9001:2000의 요구사항을 충족하는 방법을 설정하는 주요 정책에 관한 문서이다. 이 문서는 시스템의 일반적인 정보를 제공한다(목적, 목표, 역할, 조직 및 책임).

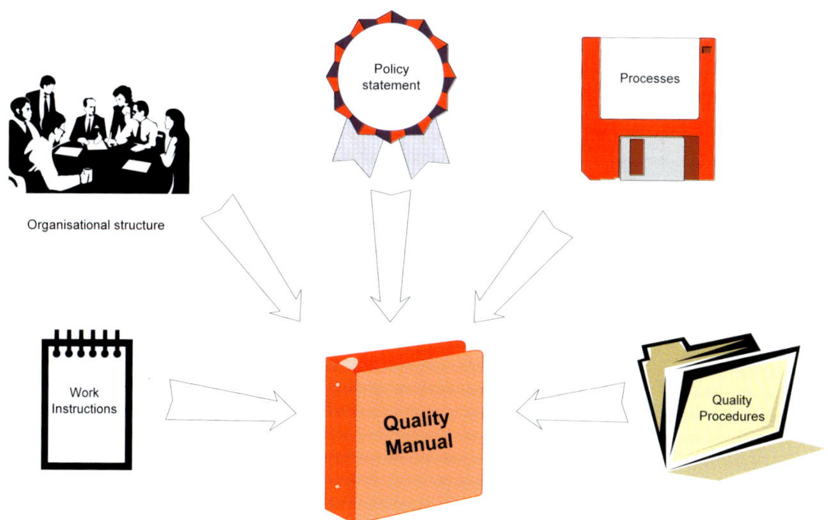

그림 B-2 : 품질 매뉴얼

어느 조직의 품질 매뉴얼은 그 기업의 QMS 공식 기록이다. 품질 매뉴얼은,

- 한 조직이 기능을 하기 위해 근거해야 하는 규칙에 관한 책이다.
- 고객이 신뢰를 하게 되는 정보의 원천이다.
- 내부적으로나 외부적으로 그 조직의 QMS에 관해 일관성 있는 정보를 제공 한다
- 조직의 모든 구성원의 책임과 상호 연관된 활동을 정의하는 수단이다.
- 조직의 QMS에 대한 감사, 검토 그리고 평가의 수단이다.

효율성을 위하여,

- 품질 매뉴얼은 그 조직의 품질관리 정책에 대한 확고한 기술이 포함되어야 한다.
- 조직의 품질보장 부분에 구조 및 조직 그리고 그 책임에 대한 설명을 담고 있어야 한다.
- 품질보증 훈련 프로그램 등을 표시해야 한다.
- 조직이 어떻게 품질을 감시하는가에 대해 설명한다.

주 ▶ 복잡한 서비스가 요구되거나 시행될 때에는 별도의 지침이 품질매뉴얼에 포함되어 계약의 개별적인 부분을 관장하도록 해야 한다. 이러한 형태의 지침을 품질계획이라 부른다.

품질 매뉴얼은 또한 조직의 주요 사업 프로세스와 그와 연관된 품질절차 (QP) 그리고 업무지침(WI)을 확인해야 한다. 품질매뉴얼은 조직에서 사용하는 각종 양식과 문서의 예를 제공한다.

주 ▶ 품질매뉴얼의 작성방법에 관한 완전한 설명과 지침에 대해서는 ISO 10013을 참조하기 바란다.

B.1.4 프로세스

프로세스는 QMS를 시행하고 품질 매뉴얼에서 만들어진 정책 요구사항을 충족하기 위해 요구되는 활동을 설명 한다. 핵심 사업 프로세스는 프로젝트 관리에 관련된 처음부터 끝까지의 활동을 설명하고 많은 지원 프로세스들에 의해 보완된다.

B.1.5 품질절차

QP는 핵심사업과 지원 프로세스를 관리하는 방법을 설명하는 공식 문서이다.

품질절차는 어떻게 품질매뉴얼의 정책 목표가 실제에 맞추어 질 수 있는지 그리고 이러한 절차들이 어떻게 통제되는지를 설명한다. 품질절차는 품질에 영향을 주는 모든 활동 계획과 통제를 위해 사용되는 기본문서를 포함한다.

B.1.6 업무 지침

업무지침은 개별적인 임무와 활동이 수행되는 구체적인 방법을 기술한다. 즉, 누구에 의해서 언제 완료되는지 수행되어야 하는 사항을 기술한다.

B.1.7 품질 계획

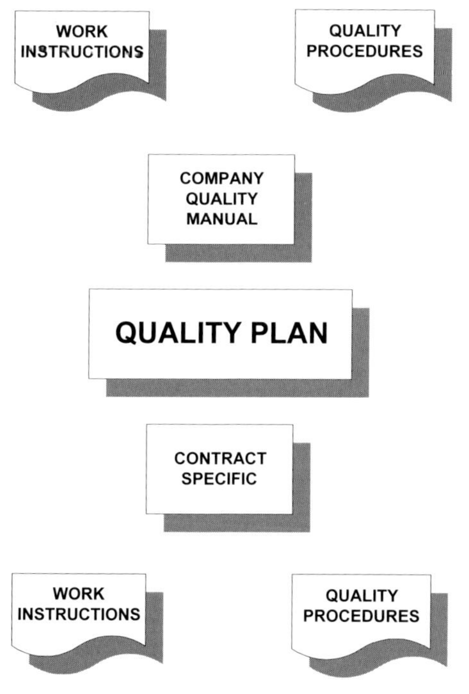

그림 B-3 : 품질 계획

수락되는 품질계획의 정의(ISO 9000:2000에서와 같은)는 '구체적인 사례에서 적용되어야 하는 QMS 요소와 자원을 명시하는 문서'이다. 그러므로 구체적 품질 실행, 특정 제품이나 프로젝트 또는 계약과 관련된 자원과 순차적 활동을 설정하는 데 있어서 품질계획은 품질에 대한 구체적인 요구사항이 적절하게 계획되고 착수된다는 것을 보증한다. 품질계획은 그 목적, 품질목표가 적용되는 사항들(측정 가능한 용어로), 구체적인 제외사항 그리고 물론 유효기간을 기술해야 한다.

품질계획들은 QMS가 구체적인 서비스나 계약에 어떻게 적용되는가에 대해 기술한다. 품질계획들은 특정한 서비스와 계약의 품질요구사항이 어떻게 충족될 것인가를 보여주고 이러한 요구사항의 준수를 감시하고 평가하기 위해 사용될 수 있다. 품질계획은 통상적으로 품질 매뉴얼의 적절한 부분을 참조하면서 QMS와 연계해서 아니면 독립적인 문서로 사용될 수 있다.

주 ▶ 품질계획은 구체적 활동 요구사항에 맞춘 요약을 제공한다. 품질계획은 조직의 QMS보다는 적은 정보를 포함하지만 그러나 세부사항을 모두 모으면 성능에 대한 요구사항을 용이하게 파악할 수 있어야 하며 불일치의 위험과 의도의 오해를 줄여야 한다.

복잡한 서비스나 조립의 설치에 대한 품질보증은 계약에 규정하기가 매우 어렵다. 특히 가장 중요한 검사가 서비스나 조립이 거의 완료될 때까지 남아 있어야 하는 경우에는 많은 하부 조립부품들과 구성 부품들에 거의 접근할 수 없게 될 것이다. 이러한 경우 조직의 품질 책임자가 회사의 작업장 관리에서 제공되어야 하는 모든 중요한 정보를 세부적으로 기술한 품질계획을 개발하고 작성하는 것이 반드시 필요하다.

품질계획은 상세한 시험, 검사, 감사 프로그램 단계와 함께 제품과 관련되어 일어날 일들의 순서, 책임의 구체적 할당, 방법, 품질 절차 그리고 업무 지침이 사용될 모든 품질 업무와 자원을 다루도록 해야 한다. 그럼에도 불구하고 품질계획은 신축성이 있어야 하며 변화하는 환경을 반영하기 위해 그 내용을 수정하는 것이 가능한 그런 방법으로 작성되어야 한다.

어찌하든 품질계획의 주요 요구사항은 분명하고 간결한 지침 그리고 안내와 함께 적절한 검사 방법과 절차를 제공하는 것이다. 검사 결과(거절을 포함하여)와 재작업 또는 수리를 위해 허용된 세부사항은 모두 분명하게 기록되어 앞으로의(가능한) 검사에서 사용할 수 있어야 한다.

사려 깊게 작성된 품질계획은 프로젝트, 서비스, 제품 또는 조립작업의 단계들로 구분하고 어떤 형태의 검사가 각 단계의 시작, 중간 그리고 마지막에 완료되어야 하는지를 보여주며 이러한 세부사항들이 최종 문서에 어떻게 기록되어야 하는지를 표시할 것이다. 품질계획은 설계, 개발, 제조, 하부계약 그리고 설치작업과 연계하여 기획되고 개발되어야 하며 모든 기능들이 완전하게 제공 되었다는 것을 보증해야 한다.

품질계획의 주요 목표 중의 하나는 새롭기 때문에, 익숙하지 않아서, 경험이 부족해서 또는 선례가 없기 때문에 통상적이지 않은 이들 요구사항을 포함하고 있는 어떤 특별한 또는 통상적이지 않은 요구사항, 프로세스 그리고 기술을 파악하는 것이다. ISO 9004:2000이 지적하는 바와 같이 품질계획이 필요하다는 것을 계약에서 명시하는 경우에 이러한 품질계획은 다음 사항을 확실히 해야 한다.

- 설계, 계약, 개발, 제조 그리고 설치 활동은 문서로 잘 작성되며 적절해야 한다.
- 조직이 요구되는 품질을 달성하기 위하여 보유해야 하는 모든 통제, 프로세스, 검사장비, 설비, 도구, 인력자원 그리고 역량이 파악되고, 기록되었으며 추가의문서 등 요구되는 모든 것을 획득하기 위한 필요한 조치를 취했다.
- 품질 통제, 검사, 시험 기술(새로운 기구의 개발 포함)이 갱신되었다.
- 제품을 검사하기 위해 요구되는 새로운 측정기술(또는 현재 알려진 최신기술을 초과하는 측정능력과 관련된 모든 측정)이 파악되었으며 그러한 능력을 개발하기 위한 조치를 취했다.
- 모든 특성과 요구사항에 대한 수용성의 기준(주관적 요소를 담고 있는 것들을 포함)이 분명히 기록되었다.
- 설계의 호환성, 제조공정, 설치, 검사 절차 그리고 적절한 문서화가 생산이 개시되기 전에 확실히 보증되었다.
- 각각의 특별한 요구사항이 파악되면서 시험 방법과 제품 및 서비스가 요구사항에 성공적으로 충족할 수 있다는 것을 입증할 수 있는 방법이 고려되었다.

주 ▶ 어떤 경우에는(새로운 기술) 기존의 검사 업무가 부적절할 수 있으며 새로운 검사가 개발되어야 할 수도 있다.

QMS에 특별하거나 통상적이지 않은 요구사항을 통합하는 것은 주의 깊게 살피고 기획되고 문서화 되어야 한다.

품질계획은 실제 품질 매뉴얼의 효과적인 하부 세트이다. 품질계획의 형식은 품질 매뉴얼과 매우 유사하며 통상적으로 품질 매뉴얼에 포함된 품질계획과 작업 지침을 참조(특정 시스템에 대한 QP와 WI가 아닌)한다.

약어 및 두문자어

ALARP	As Low as Reasonably Practicable
AM	Amplitude Modulation
ARS	Automatic Route Setting
ATC	Automatic Train Control
ATO	Automatic Train Operation
ATP	Automatic Train Protection
ATR	Automatic Train Regulation
ATS	Automatic Train Supervision
ATSS	Automatic Train Supervision System
AWS	Automatic Warning System
BART	Bay Area Rapid Transit
CATP	Continuous ATP
CBI	Computer Based Interlocking
CBTC	Communication Based Train Control
CCTV	Closed Circuit Television
CD	Closed Door (indicator)
CENELEC	European Committee for Electrotechnical Standardisation
CM	Coded Manual
CoMet	Community Metros
CPM	Codes Per Minute
CSDE	Correct Side Door Enable
DC	Direct Current
DLR	Docklands Light Railway
DSP	Digital Signal Processing
DTS	Data Transmission System
EEC	European Economic Community (now referred to as the EU)

EMC	Electro Magnetic Compatability
EMI	Electro Magnetic Interference
EMU	Electric Multiple Unit
ERRI	European Rail Research Institute
ERTMS	European Rail Traffic Management System
ETCS	European Train Control System
FAT	Factory Acceptance Test
FMECA	Failure Modes and Effects Critical Analysis
FSK	Frequency Shift Keying
GAMAB	Global au moir au se bon
GPL	Ground Position Light (signal)
GRTR	Signal Relay Track Proving
GSM	Global System Mobile
HAZOP	Hazards and Operational Study
HVITC	High Voltage Impulse Track Circuit
HMI	Human Machine Interface
HMRI	Her Majesty's Railway Inspectorate
HSE	Health & Safety Executive
IATP	Intermittent Automatic Train Control
INTERSIG	Proprietary name
IRJ	Insulated Rail Joint
IRSE	Institution of Railway Signal Engineers
ISL	Island Line
ITCS	Integrated Supervisory Control System
JTC	Jointless Track Circuit
KCR	Kowloon Canton Railway
KTL	Kwun Tong Line
LAR	Lantau & Airport Railway

LCU	Local Control Unit
LMA	Limit (of) Movement Authority
LP	Local Processor
LRT	Light Rapid Transit
LT	London Transport
LUL	London Underground Limited
MA	Movement Authority
MATP	Manual (with) ATP
MBP	Moving Block Processor
MBSS	Moving Block Signalling System
MIS	Management Information System
MRT	Mass Rapid Transit
MSS	Maximum Safe Speed
MTBWSF	Mean Time Between Wrongside Failures
MTR	Mass Transit Railway
MTRC	Mass Transit Rail Corporation
NS	Nederlands Spoorwagen (Dutch railways)
NX	Abbreviated term for Entrance-Exit system
OCC	Operation Control Centre
OCS	One Control Switch
OCU	Operators Control Unit
OPO	One Person Operation
ORE	Oraganisation d'Recherche European (now ERRI)
P of S	Proof of Safety
PA	Public Address (System)
PBI	Processor Based Interlocking
PC	Personal Computer
PCI	Positive Crew Identification

PI	Platform Indicator
PLC	Programmable Logic Controller
PPP	Public Private Partnership
PSD	Platform Screen Door
PSR	Permanent Speed Restriction
PTI	Positive Train Identification
PWM	Pulse Width Modulation
QM	Quality Manual
QMS	Quality Management System
QP	Quality Procedure
RATP	Regie Autonome des Transports Parisiens
RCS	Radio Control System
RM	Restricted Manual
RMATP	Restricted Manual (with) ATP
RPS	Repetition Ponctuelle des Signaux
SACEM	Proprietary name
SCADA	Supervisory Control and Data Acquisition
SCS	Station Controller Systems
SELNET	Proprietary name
SELTRACK	Proprietary name
SEQ	Selection d'Entrée a Quai
SER	Signalling Equipment Room
SIL	Safety Integrity Level
SMC	System Management Centre
SPAD	Signal Passed At Danger
SSI	Solid State Interlocking
SSR	Spread Spectrum Radio
SSR	System Safety Report

STC	Station Controller System
T&C	Test & Commissioning
TBS	Transmission Based Signalling
TC	Track Circuit
TCL	Tung Chun Line
TD	Train Description (or Train Describer)
TI	Train Identity
TPH	Trains Per Hour
TQ	Track Relay (secondary winding)
TS	Target Speed
TTC	Toronto Traffic Commission
TWL	Tsuen Wan Line
UGTMS	Urban Guided Train Management System
UIC	Union International des Chemins de fer
UK	United Kingdom
VAL	Vehicle Automatic Legere
VCC	Vehicle Control Centre
VDU	Visual Display Unit
VOBC	Vehicle On-Board Controller
VPI	Vital Processor Interlocking (Proprietary name)
VSC	Vital Site Control
VVC	Vital Vehicle Computer
WBS	Westinghouse Brake & Signal Company
WESTRACE	Proprietary name
WI	Work Instruction
WRSL	Westinghouse Rail Systems Ltd

용 어 해 설

절대 폐색	폐색구간에 1개 열차만 허용하는 철도교통 제어시스템
어드레스	메시지의 출처 또는 수신을 식별하기 위해 사용되는 데이터 비트
문자 및 숫자 진로표시기	문자 및 숫자로 정보를 전달하는 진로 표시기
자동진로 선택	바이털 신호시스템에서 하부 시스템을 사용하여 진로를 설정하는 것. 한 사람이 넓은 지역을 제어할 수 있고, 진로설정을 기다리는데 따른 열차의 지연을 최소로 해주며, 설계된 운전시격을 달성하도록 해준다.
고지장치(기)	가청 지시장치(벨, 부저)
접근 표시등	열차가 접근할 때만 켜지는 신호등
접근 제어	기관사가 분기통과 속도에 따르도록 또는 유도,입환 진로에 따른 열차속도로 제어하도록 하는 제한신호 현시
접근 쇄정	신호기가 진행 현시하는 것을 기관사가 보았을 때 (열차가 접근구간에 진입) 그 신호기로부터의 모든 진로는 쇄정된다. 신호가 위험 신호로 바뀌면 접근하는 열차가 정지할 수 없기 때문에 일정시간 간격 동안 통과하도록 진로쇄정이 그 진로를 해정하지 못하도록 방지한다.
현시	기관사에게 표시하여 가시적으로 유효한 지시를 하는 것
현시 순서	신호기 현시에 관한 정보를 기관사에게 주기 위해 표시하는 현시의 순서
자동차량 식별	선로변의 고정지점을 차량이 통과할 때 자동으로 인식되도록 개별 차량번호를 인가하는 시스템
자동진로 설정	신호 취급자의 동작 없이 진로를 설정하기 위한 시스템
자동신호	열차의 통과에 의해 제어되는 신호기. 평상시 일반적으로 진행 현시이다.

자동속도 조정장치	원하는 속도를 유지하기 위해 견인력을 제어하는 차상 ATO의 한 부분
자동열차 제어	열차의 이동, 열차의 안전, 열차의 운전을 자동으로 제어하는 시스템. ATC의 하부 시스템은 자동열차 운전, 자동열차 방호, 자동열차 감시를 위한 하부 시스템을 포함하고 있다.
자동열차 방호	안전한 열차 운전을 유지하기 위한 자동열차 제어의 하부시스템. ATP 하부 시스템은 열차검지, 열차분리, 연동장치 그리고 속도제한의 시행을 포함하고 있다.
자동열차 감시	교통 패턴을 유지하고 운영계획상의 열차지연의 영향을 최소화하기 위해 열차시스템의 운영관리에 필요한 감시와 제어를 행하는 자동열차 제어의 하부 시스템
차축 카운터	열차검지의 한 방법. 궤도에 설치된 장치로 궤도구간의 끝에서 들어오고 나가는 차축의 수를 센다. 계산된 수는 그 궤도구간의 점유와 개통 여부를 결정하는데 사용한다.
양방향 선로	두 방향 모두 주행 이동 하도록 신호시스템이 준비된 선로
양방향 신호	하나의 주행 선로 상에서 열차가 양방향으로 주행하도록 허용하는 신호
폐색 구간	신호에 사용할 목적으로 고정된 지점간의 정의된 궤도의 거리
폐색 신호	폐색에 의해 정의된 철도교통 제어시스템. 통상 하나의 폐색 구간에 하나의 열차만을 허용된다.
제동 곡선	궤도의 구배, 제동특성, 열차의 속도와 관련하여 열차의 제동 거리를 그래프로 나타낸 것
제동 거리(비상)	최악의 조건 아래서 비상제동 시 열차가 정지하는 거리
제동 거리(서비스)	주어진 속도에서 주행하면서 열차를 정지시켜 가는 거리 승객이 불편하거나 놀라지 않도록 하는 감속
차상 신호	반복해서 또는 선로변 신호기가 있는 곳에서 주어지는 열차의 운전실에 설치된 신호

유도	운전 취급자가 기관사에게 개통되지 않은 위험한 곳의 신호를 통과하도록 허가하는 것
유도 신호	점유 구간으로 이동하는데 사용되는 신호기
중앙 관제(센터)	주요 열차제어 콘솔, 표시패널 그리고 자동열차 감시 장치가 있는 건물
집중 제어	한 선구나 여러 노선을 모두 모아서 운영 관리하는 것
절체 / 전환	열차가 없는 동안 시험할 수 있는 것과 같이(야간에) 새로운 시스템을 교체 설치하는 과정 그리고 기존시스템이 열차가 운영되는 교통시간에 정상적으로 복귀되는 과정
선로속도 제한	구배, 곡선, 연동장치, 역과 같은 물리적 특성에 의한 속도제한
개통(신호)	제한 현시에서 덜 제한하는 현시로 신호현시가 바뀌는 것
개통 현시	진행 현시를 표시하는 신호
개통 지점	열차가 폐색 구간에 접근할 수 있도록 사전에 개통되어야 하는 선로의 지점
근접 신호	승강장에서의 운전시격을 최적화하고 역 접근 상의 사전 분기 개통을 제공하는 신호기
조건부 쇄정	두 신호 간에 다른 한편의 신호기능 상태에 따르는 연동
제어 테이블	각 신호기능을 위해 신호제어의 세부사항을 정의한 신호시스템사양의 한 부분
교정 전략	열차운영의 주요 지장을 보상하도록 설계된 활동. 현재 스케줄의 보충, 역 통과, 진로변경, 상업운전 열차의 수 변경을 포함한다.
위험(신호)	정지하도록 신호에 의해 주어지는 지시
탈선기	허락 받지 않고 이동하는 열차를 탈선시키는 레일에 붙은 안전장치
검지	연동장치에 정위 또는 반위의 포인트 위치를 입증

폭음 장치	작고 둥근 원형의 가청 경보장치. 레일 두부에 설치하여 열차통과 시 폭발시켜 비상 또는 방호 목적으로 사용.
차이(제한 속도)	열차의 형식에 따라 적용될 수 있는 2개의 값을 갖는 제한속도
직접 궤도 쇄정	열차가 있거나 있을 수 있다고 할 때 포인트를 쇄정
원방 표지	고정 원방 신호기와 동등한 원방 표지
관제사	신호 취급자를 부르는 또 다른 이름
다양한 포인트 쇄정	예를 들어 전공 선로전환기와 같이 물리적 작동이 빠르게 반응 하는 방법으로 분기를 운영하는데 사용한다. 진로 설정 시 포인트를 쇄정하기 위해 사용되는 다양한 현장 회로의 실례
분기 진로	분기에서 빠르거나, 동등하거나, 직진으로 갈라지는 모든 진로
분기 진로유보	자동진로 선택 하에서 단속 궤도회로("불규칙"궤도회로)의 동작에 의해 진로가 설정되는 것을 방지하는데 사용한다.
정차	열차가 역 정차위치에 정지한 순간부터 다시 움직이기 시작할 때까지 시간으로 측정된 기간
조기 진로 해정	열차의 길이가 일정할 때 열차의 전 두부 검지를 열차의 후부가 진로의 일부를 벗어났다는 간접표시로 사용할 수 있다. 이것을 진로의 일부를 해정하는데 사용할 수 있으며 또 다른 진로설정을 허용할 수 있게 된다.
비상 표시기	기관사에게 비상 속도 제한을 전하는 전호
비상 해정	비상 또는 고장의 경우 신호기능이 작동하도록 허용하는 장치
강제 열차분리	이것은 이동을 허가하는 모든 신호기와 관련된 오버랩 거리에 사용된다. 오버랩 거리는 최악의 경우 최고속도로 주행하는 열차가 위험신호를 통과하고 자동으로 비상제동이 체결되어 열차가 정지할 때까지 충분하게 계산된다. 열차가 선행하는 열차와 부딪치지 않도록 확보하는 것이다.

입, 출구 시스템	입구와 출구 신호를 순차적으로 선택하여 제어되는 지리적 위치에 대한 하나의 진로설정 시스템이다. 진로에 의해 요구되는 모든 포인트 설정 역시 실행한다.
대향(방향)	열차가 포인트를 통과할 때 레일의 첨단을 먼저 만나는 진행 방향
대향 포인트	대향 방향으로 주행 이동할 수 있는 포인트
훼일 세이프	고장 발생 시 그 결과가 안전 측으로 되도록 설계하는 원리
측면 방호	부가적인 신호나 연동에 의해 집중되는 궤도로 접근하는 과주 방호
완전 자동열차 운전	“기관사 또는 안내자 없이 운전”의 다른 용어
열차 서비스 공백	전형적으로 계획된 서비스 간격의 1.5 배 이상의 간격
지상 등열식 신호기	지상에 설치된 등열식 신호기
지상 입환 신호기	지상에 설치된 입환 신호기
운전 시격	열차간의 시간 간격
표시기(선로변)	열차운전에 관련된 정보를 제공하는 선로변 시각 표시 장치
궤도절연 이음매	두 궤도구간 사이의 전기적 절연을 하는 이음매
연동	불안전한 상태가 생기지 않도록 방지하기 위하여 신호기와 포인트를 설정하고 해제하는 제어의 기능을 수행하는데 적용하는 일반적 용어
분리	사용 상태에서 장치를 들어내는 것
무절연 궤도회로	궤도 양단에 절연된 레일 이음매가 필요하지 않은 궤도회로
분기 표시기	기관사에게 어느 길로 설정되었는지 알려주기 위하여 분기 신호기에 설치된 표시기
분기 신호기	하나 이상의 주행 진로를 가지며 진로를 표시하는 신호기
소등 검지	램프에 흐르는 전류를 측정하여 필요한 등이 켜졌는지 확인하는 것
이동허가의 제한	이동이 허가된 열차의 지위

선로 용량	주어진 선구에서 신호시스템에 의해 허용되는 시간당 실용적 최대 열차 수
선로 개통	폐색구간에 진입하기 전에 열차를 수락한 폐색구간의 상태
선로 속도	선로 상에서 최대로 허용할 수 있는 속도
로칼 패널	대안 또는 비상으로 신호시스템을 제어하기 위해 제공된 제어 패널
쇄정	조건에 따라 또는 조건에 관계없이 신호 시스템의 다른 부분에 의해 상태나 위치의 변화를 방지하는 신호기능 또는 장치의 상태
직원보호 쇄정 장치	직원들이 궤도에 접근할 수 있도록 안전을 목적으로 열차의 통과를 제한 또는 방지하는 시스템
표지	정확한 위치에서 열차에 데이터를 전달하는데 사용되는 선로변 장치
최소 운전시격	열차를 가장 가깝게 운전할 수 있는 시격
논 바이털	신호시스템에서 철도교통에 직접 위험을 일으키지 않거나 연동의 통합성을 감소시키지 않는 고장 또는 비 가용성 부분의 설명
정위(포인트)	포인트의 위치. 관습에 의해 가장 많이 사용되거나 방호되는 방향
궤도 점유	궤도구간에 열차의 어느 부분이라도 존재하는 것
운영 여유	열차 서비스 수행에 영향을 주는 요인의 범위에서 변화의 여유를 감안하는데 사용하는 허용 오차
운영 관제센터	중앙 관제 참조
단독 스위치 제어	각 진로제어에 하나의 스위치(또는 다른 장치)를 가지고 있는 제어 패널의 형식

오버랩	정지신호 구간을 비 점유 상태가 되도록 하고 필요한 경우, 신호기로 접근하는 주행 이동 신호 시 쇄정 되어야 한다. 이것 신호기 또는 이동허가 경계지점에서 정지에 실패한 열차에게 비상제동 거리의 여유를 감안하는 것이다.
중첩 궤도회로	다른 궤도회로 내에 또는 추가하여 운영되는 궤도회로. 통상 특정위치에서 전 열차의 통과를 검지하기 위해 사용된다.
과주 방호	신호 과주를 검지하는 즉시 과주 궤도회로 상의 열차와 충돌이 발생할 수 있는 해당 과주 궤도회로 또는 진로를 포함하는 모든 다른 신호기를 위험 신호로 설정하는 것.
과속 제어	최고속도 제한을 시행하는 열차에 탑재된 ATP 장치의 기능
상시 속도제한	선구의 곳곳에서 열차 운영을 위해 통상적으로 행하는 속도제한
허용 폐색	허용절차로 폐색구간을 통과하는 방식
허용 절차	궤도 점유구간으로 주행 이동을 허용하는 방법
단자 절체	절체 시 단자 퓨즈를 옮기거나 금속 링크를 움직이는 것
승강장 중계기	열차의 출발이 허용되었는지 승강장 직원에게 보여주는 표시기
승강장 출발 신호기	역 승강장 끝 출발지점의 정지 신호기
포인트 검지기	개통 신호가 주어지기 전에 포인트 통과 허용을 위해 포인트가 올바르게 설정되었는지 검증하는 장치
선로전환기	동력에 의해 운영되는 포인트 설정 장치
포인트	열차를 다른 방향으로 돌릴 수 있는 기계장치
포인트 표시기	기관사에게 관련된 포인트가 올바르게 설정되었는지 알려주는 표시기
등열식 신호기	빛의 위치로 현시를 나타내는 주신호기와는 다른 신호기
정규 열차식별	차상장치에서 직접 열차를 식별하는 시스템

점유(신호장치의)	작업을 위해 보수담당자와 운영자간에 협의된 신호장치 사용의 차단 또는 제한
진행 현시	기관사에게 신호기를 통과하도록 허용한 모든 신호 현시
프로그램 정지	예정된 지점에서 정지하는 속도-거리 프로파일에 따른 열차의 정지
추진 이동	다른 차량에 의해 차량을 밀어서 이동하는 것
잘못된 측 고장방호	신호시스템의 또 다른 부분이 하나의 방호 레벨로 받아들일 수 있을 때 잘못된 측의 고장
펌프 핸들	크램프 쇄정의 수동 운영을 위한 휴대용 핸들
레일 회로	전기회로에 레일을 사용하여 열차가 존재하는지(반대로 없는지) 검지하는 장치. 궤도회로 및 중첩 궤도회로 참조
연결해독	기관사가 접근하고 있는 신호기 뒤로 연결된 하나 또는 그 이상의 신호를 감시할 수 있는 능력
적색(현시)	기관사에게 그 신호기에서 정지하도록 지시하는 현시
계전기	신호시스템에 여러 형태로 사용되는 전기-기계적 스위치 장치
원격보안 포인트	신호고장 조건에서 포인트 이동을 방지하는 독립적 수단으로 사용. 포인트를 지나 열차이동을 허가할 수 있도록 원격으로 시행할 때 사용되며 열차 운영자는 반드시 요구되는 표시를 확인하여야 한다.
수익 서비스	요금을 지불한 승객의 수송
수익 시스템	수익 서비스를 수행하는 시스템의 부분
반위(포인트)	정위 (포인트)의 반대 방향
위험	열차이동의 안전에 해를 끼칠 수 있는 이례적 조건의 상태
올바른 측 고장	통상 신호시스템에 의한 방호의 감소를 초래하지 않는 고장
진로	이동허가를 제한하는 궤도 구간
진로 표시기	분기지점에서 진로의 개통을 기관사에게 표시하는 것

진로 쇄정	열차가 통과할 때까지 장치(포인트 또는 맞은편 신호)가 쇄정되도록 하여 하나의 진로와 관련된 쇄정을 유지하는 연동의 한 형태
진로 해정	진로 쇄정의 해제
진로 설정	하나 또는 두 개의 제어기능을 조작하여 진로내의 모든 포인트를 요구되는 위치로 설정하고 진로의 진입 신호기를 개통시키는 시스템
진로설정 패널	진로에 대한 관련된 모든 신호의 상태를 제어하고 표시하기 위하여 명확한 지리적 위치에 구체적으로 나타낸 패널
역 주행 검지	열차가 자신의 진행 방향과 반대로 움직이기(구배로 인해) 시작하는 것을 자동으로 멈추게 해준다.
안전한 출입문 운영	열차가 이동 중에 또는 역간에서 멈추었을 때 출입문이 우발적으로 운영되지 않도록 방지하고 승강장에 근접해서만 문이 열리도록 한다. 통상 비상시에 사용을 위해 무효화 될 수 있다.
안전 거리	이동허가를 제한할 때 비상제동 거리 계산에 더해지는 계산할 수 없는 특징과 시간의 지연을 고려하는 허용오차
전환 쇄정	열차가 안전하게 통과하도록 포인트가 움직이지 못하게 하는 수단
쇄정 간	포인트의 움직임을 방지하는 고정 쐐기
봉인 해제	조작하기 전에 봉인을 파기하도록 요구되는 비상 해제
설정(포인트)	포인트가 올바른 위치로 이동하도록 제어하는 연동기능을 가리킨다.
입환(진로)	승객 없이 낮은 속도로 이동하는데 사용되는 진로
측선	차량유치 또는 짐을 싣고 내리고, 서비스 준비 등을 위한 선로로 주행선로를 개통하도록 해준다.
확인거리(신호)	신호기로부터 이를 확인하는 지점까지의 거리

확인지점(신호)	신호기로부터 기관사가 신호현시 또는 진로표시를 확실하게 관찰할 수 있는 가장 먼 거리
신호기	기관사의 진행허가와 관련하여 지시를 전달하거나 사전 예고를 제공하는 가시적 표시장치
신호 취급소	신호시스템에 대한 제어와 표시시스템이 설치된 신호취급자가 있는 건물
신호취급소 도표	신호취급자를 안내하기 위해 신호취급소에서 담당하는 제어지역을 도표형식으로 나타낸 것
신호기구	색등식 신호기의 신호현시를 표시하는 부분
신호기 식별표지	신호기를 식별하기 위해 신호기 주에 부착한 판
신호기 번호	식별을 위한 신호기 관련 번호
통과 제어	열차가 역에서 정차하지 않고 통과할 수 있는 명령
속도 표시기	속도제한의 시작과 허용된 속도를 나타내는 궤도변 표시기
분기진로 속도	분기된 진로로 통과가 허용된 속도
속도 감지기	열차속도에 비례하여 출력을 만들어 내는 장치
직원보호 특징	제한된 공간(터널)의 궤도지역에 들어가야 하는 직원을 위해 열차의 진입 또는 그 지역에서의 이동을 방지하는 기능을 작동한다.
단계별 작업	신호장치 설치와 위임인도의 일련의 단계
기본 레일	스위치 레일이 밀착되어야 할 포인트 양측의 고정된 레일
정지 신호기	정지 현시 또는 표시를 보여줄 수 있는 모든 주 신호기
시가전차(스트리트 카)	영국의 트램과 같은 미국의 노면전차
지원 설비	조명, 난방, 냉방, 배수와 같은 설비
스위치	영국의 포인트와 같은 미국에서의 호칭
스위치 레일	한 조의 포인트 양측의 움직이는 부분의 레일
타코제네레이터	열차속도 관계 신호를 만들어 주는 장치

임시 속도제한	단기간 동안 부과되는 속도제한
종단 구간	그 열차가 점유한 궤도 내에서 역방향으로 주행할 수 있게 규정된 궤도의 길이
시분할 다중통신	둘 또는 그 이상의 서로 다른 신호를 시간 간격을 사용하여 공통 경로를 통해 전송 처리하는 것
시간 해정	정해진 시간이 경과할 때까지 신호기능의 작동을 방지하는 데 사용하는 장치 또는 제어
궤도회로	정의된 선로구간에 열차가 없음을 검지하는 레일을 전기회로로 사용하는 전기장치
궤도회로 블록	궤도회로를 사용하여 안전을 확보하는 선로구간에서의 열차 운영 방법
궤도회로 최소길이	검지에 필요한 차량의 바퀴간 거리보다 커야만 하는 궤도회로의 최소길이
견인제어 시스템	선구 신호의 열차에 대응하도록 차량견인 작용을 직접 제어하는 차량 제작자 공급 차상장치
열차 표시장치	열차의 식별(열차 행선지)과 그 위치를 신호취급자에게 표시하는 시스템. 또 역에서 열차의 방향을 알려주는 표시기
열차 검지	정의된 선로구간에서 열차의 존재여부를 입증
열차 식별	열차의 행선지, 번호, 길이로 이루어진 각 열차에 할당된 부호
열차에 의한 진로 해정	신호취급자의 별도 행동 없이 열차 통과 후 진로를 해정하는 방법
열차/선로변 통신시스템	열차와 선로변 간의 통신을 위한 디지털 데이터 통신시스템
열차정지 장치	위험 신호를 통과하는 모든 열차에 제동을 체결시키는 궤도변 장치
전환 구간	수익 시스템으로 들어가거나 벗어나는 구간
트랜스폰더	통과하는 열차에 전자적으로 정보를 전하는 통상 궤도상에 또는 인접한 곳에 고정된 장치

탈선 포인트	탈선 포인트 인접한 주행선로를 방호하기 위해 이동이 허가되지 않은 열차를 탈선하도록 측선 또는 분기선으로부터 진출하는 곳에 설치된 대향포인트
트레들	특정 위치에서 열차의 존재 또는 통과를 검지하기 위해 기계적 또는 전기적으로 작동되는 장치
트립 콕	열차에 제동을 체결하기 위한 열차정지 장치와 접촉하는 차상장치
분기 속도	분기하는 진로를 설정할 때 대향의 포인트를 통과하는 허용속도
2현시 신호	두 개의 현시를 표시할 수 있는 색등식 신호기
방호되지 않는 잘못된 측 고장	신호시스템에서 방호를 제공하는 부분이 없는 경우의 잘못된 측 고장
VDU	각종 형태의 정보를 표시하는 스크린
바이털	신호시스템의 안전성에 올바른 작동이 반드시 필요한 장치에 쓰이는 설명
잘못된 측 고장	신호시스템에 의해 통상 제공되는 방호의 축소를 초래하는 고장

참 조

IRSE "Railway Signalling"	website at www.irse.org
IRSE "Railway Control System"	website at www.irse.org
IRSE "European Railway Signalling"	website at www.irse.org
IRSE Technical Papers	website at www.irse.org for full List of publications
Business perspectives of signalling and train control systems	Mr P McKenna D1, IEE Ninth Residential course on Railway Signalling systems
Supervision and operation of rapid transit systems	E Goddard D2, IEE Ninth Residential course on Railway Signalling systems
Railway safety case regulations - Guidance	HSE - 1994
Railway safety critical work regulations - Guidance	HSE - 1994
Construction design and management regulations, 1994	HSE 1994
Railway safety principles and guidance	HSE 2000

찾 아 보 기

역자
유 광 균

약 력

한국 철도대학 교수
공학박사
철도 신호 기술사
IRSE, Fellow
한국철도학회 부회장 역임
국토해양부 고속철도, 철도건설 심의위원
서울특별시, 인천광역시 건설기술 심의위원
서울메트로, 서울도시철도공사 기술자문위원
인천, 대전광역시 도시철도 자문위원
한국철도 시설공단 설계자문위원
한국산업 인력공단 전문위원 등

도시철도 신호공학

2008년 4월 15일 초판 인쇄
2008년 4월 25일 초판 발행

역 자 : 유 광 균
발행인 : 김 복 순
1975년 3월 31일 등록 등록번호 제6-25호

발행처 : (株) 圖書出版 技多利
서울특별시 성동구 성수1가 2동 13-187
TEL : 02)497-1322~4
FAX : 02)497-1326
E-mail : kidarico@hanmail.net
http://www.kidari.co.kr

정가 : 45,000원

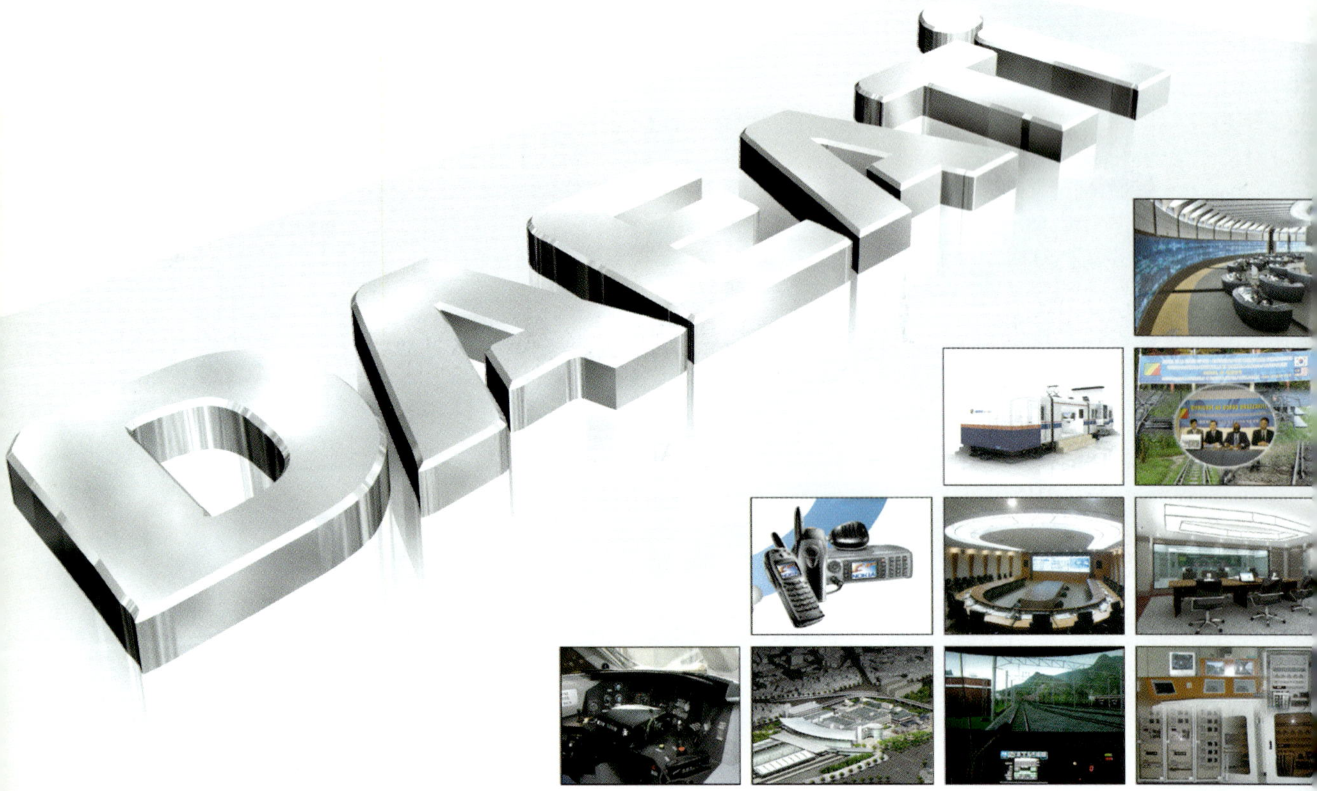

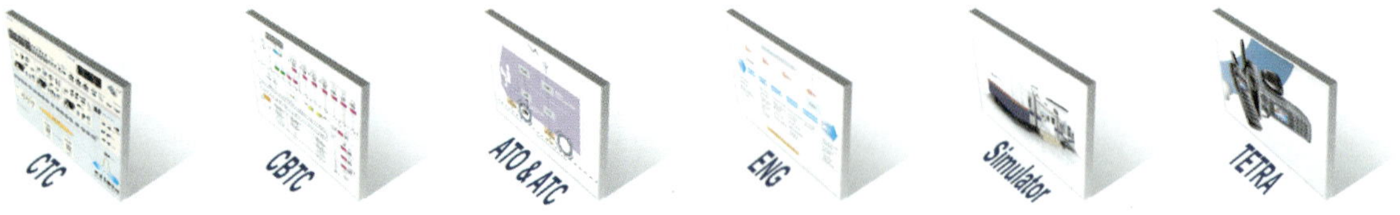